Convergenze

a cura di
G. Bolondi, L. Giacardi, B. Lazzari

T0236570

Vinicio Villani
Claudio Bernardi
Sergio Zoccante
Roberto Porcaro

Non solo calcoli

Domande e risposte sui perché della matematica

 Springer

VINICIO VILLANI
Dipartimento di Matematica
Università di Pisa

CLAUDIO BERNARDI
Dipartimento di Matematica
Sapienza Università di Roma

SERGIO ZOCCANTE
Centro Ricerche Didattiche
"Ugo Morin"
Paderno del Grappa (TV)

ROBERTO PORCARO
Liceo Scientifico Statale
"A. Pacinotti"
La Spezia

ISBN 978-88-470-2609-4
DOI 10.1007/978-88-470-2610-0

ISBN 978-88-470-2610-0 (eBook)

Springer Milan Dordrecht Heidelberg London New York

© Springer-Verlag Italia 2012

Questo libro è stampato su carta FSC amica delle foreste. Il logo FSC identifica prodotti che contengono carta proveniente da foreste gestite secondo i rigorosi standard ambientali, economici e sociali definiti dal Forest Stewardship Council

Layout copertina: Valentina Greco, Milano
Progetto grafico e impaginazione: CompoMat S.r.l., Configni (RI)
Stampa: GECA Industrie Grafiche, Cesano Boscone (MI)

Springer-Verlag Italia S.r.l., Via Decembrio 28, I-20137 Milano
Springer fa parte di Springer Science + Business Media (www.springer.com)

Prefazione

La principale molla per l'acquisizione di nuove conoscenze in qualsiasi ambito deriva dalla nostra curiosità, che ci induce a formulare domande e a cercare risposte. Fin dalla prima infanzia impariamo ad esprimere tali domande ponendo i classici interrogativi "cosa?", "come?" e "perché?".

Purtroppo, però , l'interesse per le risposte ai più svariati "perché" tende a diminuire con l'avanzare dell'età. E in ambito scolastico non è raro constatare già all'inizio della Scuola secondaria di primo grado il manifestarsi di una disaffezione per lo studio della matematica e per i suoi "perché".

Una decina di anni fa, partendo da queste riflessioni, confermate dalla mia pluriennale esperienza di docente di didattica della matematica all'Università di Pisa e alla SSIS Toscana, decisi di affrontare l'argomento in due libri, il primo sui "perché" dell'aritmetica e dell'algebra (cfr. [Villani, 2003]), il secondo sui "perché" della geometria (cfr. [Villani, 2006]).

Per completare un'analisi critica degli argomenti matematici normalmente affrontati nelle nostre scuole secondarie e nei corsi universitari di primo livello, mancava la trattazione di tre importanti settori: *TEORIA DEGLI INSIEMI E LOGICA MATEMATICA, ANALISI MATEMATICA, PROBABILITÀ E STATISTICA MATEMATICA*[1].

Non avendo la pretesa di atteggiarmi a tuttologo, mi sono allora rivolto a tre carissimi amici e valenti colleghi, invitandoli a collaborare ad un completamento del mio precedente lavoro. I loro nomi, elencati nell'ordine in cui si susseguono i rispettivi contributi, sono: Claudio Bernardi (per Teoria degli insiemi e Logica matematica), Sergio Zoccante (per Analisi matematica), Roberto Porcaro (per Probabilità e Statistica). Li ringrazio sentitamente per aver accettato il mio invito.

Per la precisione aggiungo che il piano generale del lavoro è stato concordato collegialmente, mentre la stesura dei singoli contributi è stata curata dai singoli collaboratori. Pertanto il testo risulta suddiviso in tre parti.

Naturalmente, è stata collegiale anche l'organizzazione e la revisione di tutto il materiale. Abbiamo quindi ritenuto opportuno usare un'unica numerazione progressiva per tutti i capitoli, un unico indice analitico e un'unica bibliografia.

Quanto al titolo del libro, abbiamo inteso compendiarvi sinteticamente il seguente messaggio. Nella Logica si affronta il Calcolo delle proposizioni e il Calcolo dei predicati, l'Analisi matematica è conosciuta anche col nome di Calcolo infinitesimale o brevemente Calcolo (in inglese Calculus), la Probabilità viene detta

---

[1]Nei programmi scolastici, nei corsi universitari e nei libri di testo l'ordine nel quale i tre argomenti si susseguono è variabile. A volte la teoria degli insiemi e la logica matematica vengono considerate come propedeutiche all'analisi e alla probabilità, altre volte vengono invece intese come spunti per una riflessione critica conclusiva, altre volte ancora la teoria degli insiemi risulta scissa dalla logica matematica.

spesso Calcolo delle probabilità. In tutti e tre i casi si potrebbe essere quindi indotti a focalizzare l'attenzione sulla sola parola "Calcolo". E ciò sarebbe gravemente riduttivo. Il calcolo è in tutti e tre i casi una componente importante, ma altrettanto importante è e deve essere la comprensione dei ragionamenti che stanno alla base di tali calcoli, nonché la capacità di scegliere di volta in volta le schematizzazioni più appropriate per affrontare e risolvere problemi teorici e applicativi anche in situazioni non stereotipate.

Infine esprimo, anche a nome dei tre coautori del libro, il nostro più vivo ringraziamento all'UMI, ai revisori (anonimi) che ci hanno fornito numerosi spunti per migliorare una precedente stesura del libro, e alla casa editrice per avere curato i non facili aspetti tipografici.

Pisa, maggio 2012   *Vinicio Villani*

Indice

Parte III Probabilità e Statistica

Parte I

Teoria degli insiemi e Logica matematica

Capitolo 1
Qual è, o quale dovrebbe essere, il ruolo della teoria degli insiemi nell'insegnamento della matematica?

1.1 La teoria degli insiemi e la "matematica moderna"

Iniziamo precisando, una volta per tutte, che è molto meglio parlare di *teoria degli insiemi* piuttosto che di *insiemistica* (termine che si riferisce solo a un ambito didattico elementare e che, per fortuna, sta cadendo in disuso).

In questo capitolo parliamo della teoria *intuitiva* degli insiemi (in inglese: *naïve set theory*). Per cenni alla teoria *assiomatica*, rinviamo ai capitoli 4 e 10. Nella teoria intuitiva non si dà una definizione precisa di insieme: si cerca di spiegare il concetto parlando di aggregati, raccolte, classi, ..., ma è chiaro che queste parole non sono che sinonimi di insieme.

Accettiamo dunque insieme come termine primitivo, non nel senso che è precisato da assiomi, ma come una parola che viene data per buona, perché da un lato è ragionevolmente nota e dall'altro sarebbe troppo difficile precisarla.

Nei decenni passati, gli insiemi sono stati al centro delle polemiche, spesso vivaci ed accese, sulla cosiddetta "matematica moderna": c'era chi vedeva negli insiemi uno strumento insostituibile per insegnare un qualunque argomento matematico e chi riteneva che si trattasse di concetti inutili o addirittura fuorvianti, perché in realtà avevano ben poco a che fare con la matematica. Negli anni intorno al 1960, in numerosi Paesi e specialmente in Francia e in Belgio, ci sono state indubbie esagerazioni (specialmente a livello delle Scuole Elementari), seguite da nette inversioni di marcia. Per informazioni a proposito della "moda" degli insiemi, si possono consultare gli articoli di Piaget e di Thom riportati in [Sitia, 1979].

Negli ultimi decenni, la teoria degli insiemi è stata molto ridimensionata nella didattica sia in Italia sia all'estero. Vediamo rapidamente la situazione in Italia.

Nelle Indicazioni per le Medie emanate in seguito alla legge 53/2003 (la "Legge Moratti"), compare una sola frase sugli insiemi: *Intuizione della nozione di insieme e introduzione delle operazioni elementari tra essi.* C'è qualche riga in più nelle Indicazioni per il Liceo Scientifico: *Linguaggio naturale e linguaggio simbolico (linguaggio degli insiemi, dell'algebra elementare, delle funzioni, della logica matematica). Utilizzare il linguaggio degli insiemi e delle funzioni...*

Nelle Indicazioni del 2007 per la Scuola Primaria e per la Scuola Media (il cosiddetto Decreto Fioroni) gli insiemi non sono nemmeno nominati.

Infine, nelle Indicazioni per i Licei del 2010 (Ministro Gelmini) si legge una sola frase non troppo diversa dalle precedenti, che si ritrova quasi identica nelle In-

Villani V., Bernardi C., Zoccante S., Porcaro R.: Non solo calcoli. Domande e risposte sui perché della matematica
DOI 10.1007/978-88-470-2610-0_1, © Springer-Verlag Italia 2012

dicazioni per gli Istituti Tecnici e Professionali: *Obiettivo di studio sarà il linguaggio degli insiemi e delle funzioni (dominio, composizione, inversa, ecc.).*

Un punto su cui sono ormai quasi tutti d'accordo è *che un capitolo sugli insiemi, staccato dal resto e confinato all'inizio o alla fine di un ciclo di studi, serve a ben poco.* Un discorso analogo si applica, del resto, a tutta la logica: si tratta di concetti che possono risultare utili ed efficaci nell'insegnamento *solo* se si riesce a integrarli con argomenti usualmente affrontati.

Un altro punto che va onestamente riconosciuto riguarda i primi concetti sugli insiemi, come le operazioni di unione e intersezione, o la relazione di sottoinsieme. Questi si ritrovano ripetuti, senza sostanziali differenze, nei libri di testo di tutti gli ordini scolastici, dalla Scuola Primaria all'Università. Mentre gli altri rami della matematica ad ogni livello sono sviluppati basandosi su conoscenze che si suppongono acquisite ai livelli precedenti, sembra che nella teoria degli insiemi si debba ogni volta ripartire da zero. Una tale impostazione è forse un dato di fatto, ma è difficilmente difendibile.

Il nostro parere è che, passati gli anni in cui gli insiemi erano ingenuamente visti come panacea della didattica, non occorre cadere nell'eccesso opposto. Un uso moderato e ragionato degli insiemi è da incoraggiare. Nelle pagine seguenti vedremo come e in quali contesti possano risultare utili concetti di teoria degli insiemi.

Naturalmente occorre evitare quelle improprietà e quegli errori in cui si incorre (anche in libri di testo) più facilmente nella teoria degli insiemi che non negli altri settori. Alcuni di questi errori sono entrati nel folklore, diventando fin troppo famosi, come l'esempio secondo cui l'intersezione fra l'insieme dei gatti neri e l'insieme dei gatti bianchi è l'insieme dei gatti grigi, o secondo un'altra versione l'insieme dei gatti a strisce ...

Al di là degli errori, consigliamo comunque di *evitare* sottigliezze sostanzialmente fini a sé stesse; ad esempio, parlando di funzioni, una distinzione fra *campo di definizione* e *dominio* non è né utile né convincente, né alle Superiori né all'Università.

Va anche evitata una *terminologia superflua.* Per esempio, in vari testi sono chiamati *"sottoinsiemi impropri* di un insieme *A"* l'insieme vuoto e l'insieme *A.* Questa definizione è inutile (non serve mai nel seguito) e anche ambigua perché non è coerente con l'espressione "un insieme è contenuto propriamente in un altro": infatti, con quest'ultima espressione non si esclude affatto che il primo insieme sia vuoto. Altri termini sostanzialmente superflui, ma meno diffusi, sono: "rappresentazione *sagittale"* e "funzione *univoca*[1]".

---

[1]Parleremo fra poco della definizione di funzione. È invece opportuno sottolineare il concetto di funzione biiettiva da un insieme A ad un insieme B (o biiezione, o corrispondenza biunivoca fra A e B), in cui non soltanto ad ogni elemento di A corrisponde uno e un solo elemento di B, ma anche, viceversa, ogni elemento di B proviene da uno e un solo elemento di A. Volendo, ogni funzione è una corrispondenza univoca, ma non pensiamo che valga la pena introdurre questo aggettivo.

Capitolo 1 • Qual è, o quale dovrebbe essere, il ruolo della teoria degli insiemi?

5

1.2 Applicazioni della teoria degli insiemi. Confronto di definizioni

La teoria degli insiemi è una teoria ricca e potente. In particolare la teoria degli insiemi è più forte dell'aritmetica di Peano (di cui parleremo nel capitolo 12, nel senso che nella teoria degli insiemi si riescono a costruire i numeri naturali, mentre in una teoria dei numeri naturali non si riesce a parlare in generale di insiemi.

In un certo periodo si è sperato che gli insiemi potessero fornire una fondazione logica per l'intera matematica. Si può discutere se e in che misura questo obiettivo sia stato raggiunto, ma è fuori discussione che la teoria degli insiemi offre oggi un linguaggio comune a tutti i rami della matematica. Di conseguenza, alcuni concetti, come quelli di funzione, ordine, relazione di equivalenza, sono concetti base in analisi, in algebra, in geometria e in probabilità.

Così, è normale parlare dell'*insieme ordinato* $\mathbb{R}$ dei numeri reali con i suoi *sottoinsiemi* (intervalli, semirette, ...), di funzione *biiettiva* e di funzione *inversa*, di *coppie* ordinate o non ordinate, di un gruppo o un anello o uno spazio vettoriale come *insieme* con opportune *operazioni* binarie (dove un'operazione in un insieme A va vista come una *funzione* da $A \times A$ ad A), di *sottoinsiemi* dello spazio degli eventi in probabilità, di *relazioni di equivalenza* e del conseguente *passaggio al quoziente*, ecc.

Si potrebbe obiettare che molte di queste idee siano in realtà più antiche (si veda la parte di Analisi per il concetto di funzione), ma solo una trattazione all'interno della teoria degli insiemi permette definizioni chiare e non ambigue.

A proposito dell'ultimo punto vediamo ora, in due esempi significativi, un confronto tra *definizioni diverse* di una stessa nozione matematica. In ciascun caso abbiamo due definizioni corrette, ma nella prima definizione non entrano in gioco concetti della teoria degli insiemi, che invece sono alla base della seconda definizione.

Iniziamo con uno fra i concetti più importanti, quello di funzione.

Definizione 1 *Si chiama **funzione** da un insieme A ad un insieme B una legge di natura qualsiasi che ad ogni elemento x di A fa corrispondere uno e un solo elemento y di B.*

Definizione 2 *Si chiama **corrispondenza** fra un insieme A e un insieme B un sottoinsieme del prodotto cartesiano $A \times B$, cioè un insieme di coppie ordinate con il primo elemento in A e il secondo in B.*

*Si chiama **funzione** da un insieme A ad un insieme B una corrispondenza fra A e B in cui per ogni elemento x di A esiste uno e un solo elemento y di B tale che la coppia (x, y) faccia parte della corrispondenza.*

Qualunque sia la definizione scelta, l'insieme A si dice **dominio** della funzione.

Commento La definizione 1 appare più semplice: in casi particolari avremo a che fare con una legge di natura algebrica, in generale con un metodo per passare dal primo elemento al secondo. In effetti, anche nei primi anni universitari si preferisce spesso la definizione 1.

Se però ci viene chiesto che cosa significa *legge*, ci troviamo in difficoltà. Sembra quasi che si tratti di un altro termine "primitivo", che viene dato per noto e che si può spiegare solo ricorrendo a sinonimi.

La definizione 2 ha forse il difetto di non mettere in evidenza l'aspetto operativo della funzione, ma è chiara e rigorosa perché non contiene parole ambigue[2]. Inoltre, il concetto di legge si applica in modo convincente al caso in cui gli elementi considerati siano numeri, mentre non sempre a funzioni fra generici insiemi A e B.

In sostanza: a livello didattico si può discutere (e probabilmente in molti contesti è meglio limitarsi per semplicità alla definizione 1), ma sul piano del rigore la definizione 2 è preferibile alla 1.

Che cos'è un *angolo*? Il concetto di angolo è notoriamente delicato. Senza entrare nel merito dei problemi didattici e delle ambiguità discusse per esempio in [Villani, 2006], pag. 133 ss, confrontiamo due fra le definizioni più diffuse.

Definizione 3 *Date nel piano due semirette con la stessa origine (che non giacciono sulla stessa retta), si chiama* **angolo convesso** *la regione convessa compresa fra le due semirette; si chiama* **angolo concavo** *la regione concava compresa fra le due semirette.*

Definizione 4 *Date nel piano due rette incidenti, si chiama* **angolo convesso** *l'intersezione fra due semipiani individuati dalle due rette; si chiama* **angolo concavo** *l'unione di due semipiani individuati dalle due rette.*

Commento La definizione 3 è chiara, ma …che cosa significa *compresa*? Ci troviamo ancora di fronte a un concetto che, di per sé, non sembra porre problemi di comprensione, ma che non si riesce a spiegare, se non facendo una figura e indicando la regione voluta.

La definizione 4 è rigorosa, almeno se è stato introdotto il concetto di semipiano. In proposito, si enuncia spesso un postulato del tipo seguente. Ogni retta r suddivide il piano in tre sottoinsiemi a due a due disgiunti: r, H e K. I sottoinsiemi H e K sono tali che un segmento i cui estremi appartengono entrambi ad H (o entrambi a K) non ha alcun punto in comune con r, mentre un segmento i cui estremi appartengono l'uno ad H e l'altro a K ha un punto in comune con r.[3] In

---

[2]Disquisire sulla parola legge può sembrare un eccesso di scrupolo. Ma la parola è davvero ambigua, tanto che talvolta, anche a livello elementare, si distingue fra legge algebrica (o legge matematica) e legge empirica; e poi, coerentemente, si contrappongono le funzioni matematiche alle funzioni empiriche, quasi ci fossero due tipi diversi di funzioni! Si pongono anche problemi linguistici e di cardinalità: legge è qualcosa che, almeno in linea di principio, è descrivibile in formule o parole? Se la risposta è affermativa, allora esiste solo un'infinità numerabile di leggi, e quindi solo un'infinità numerabile di funzioni. Invece, si accetta comunemente che ci sia un'infinità più che numerabile di funzioni da $\mathbb{R}$ ad $\mathbb{R}$ (basta pensare alle funzioni costanti!).

[3]Per quanto riguarda la definizione 3, la parola compresa si potrebbe precisare facendo riferimento al concetto topologico di componente connessa, ma il discorso si complica.

Capitolo 1 • Qual è, o quale dovrebbe essere, il ruolo della teoria degli insiemi?

7

trattazioni meno elementari si introduce l'assioma di Pasch, equivalente a quello citato, che è riportato nel paragrafo 10.3.

Nei due casi esaminati, riteniamo che ogni insegnante possa tranquillamente scegliere la definizione che preferisce. La nostra preferenza va alla seconda possibilità in entrambi i casi, non tanto per il rigore della singola definizione, quanto perché la scelta si ripropone per altri concetti (in geometria basta pensare ai triangoli) e la definizione 4 permette un inquadramento generale più coerente.

1.3 La teoria degli insiemi nella didattica

Abbiamo detto che non ha molto senso presentare la teoria degli insiemi come argomento a sé stante, da aggiungere agli argomenti tradizionali. Vediamo allora in quali occasioni è utile parlare di insiemi a Scuola.

Ci sono almeno due aspetti per cui la teoria degli insiemi riveste oggi un ruolo importante nella didattica della matematica:

1 la teoria degli insiemi offre un linguaggio molto generale, utile per un'introduzione rigorosa e per un inquadramento chiaro di concetti elementari;

2 i diagrammi di Eulero Venn permettono di confrontare insiemi, e quindi di classificare concetti, in modo rapido ed efficace.

Esempi per il punto 1) - Geometria Nella geometria a due dimensioni, il piano è usualmente visto come insieme di punti; le rette sono sottoinsiemi del piano, così come le figure più comuni (il discorso è analogo nella geometria dello spazio). Sono così corrette espressioni come: "le due rette r, s hanno un punto in comune", "il triangolo ABC è contenuto nel cerchio Γ", ecc.

Abbiamo già parlato di angoli. Varie altre figure si possono presentare come *unione* o *intersezione* di figure più semplici. Per esempio:

- il contorno di un poligono è l'unione dei suoi lati;
- il luogo dei punti che hanno una distanza fissata da una retta è l'unione di due rette;
- un settore circolare è l'intersezione fra un cerchio e un angolo con il vertice nel centro;
- un trapezio si può introdurre come intersezione fra un angolo e una striscia con i lati incidenti ai lati dell'angolo;
- una retta è tangente ad un cerchio se l'intersezione fra le due figure contiene un sol punto.

Si noti che espressioni come "il contorno di un poligono è l'insieme dei suoi lati" ricorrono nell'uso corrente, ma non sono del tutto corrette: il contorno, in quanto figura, è un sottoinsieme del piano e, quindi, è un insieme di punti, non un insieme di segmenti.

Una situazione più interessante si incontra a proposito del parallelismo fra rette nel piano. Accettando la definizione secondo cui due rette sono *parallele* quando sono *disgiunte* (l'intersezione è vuota) oppure coincidono ([Villani, 2006], pag.

50-51]), si dimostra che il parallelismo è una relazione di equivalenza, perché gode delle proprietà riflessiva, simmetrica, transitiva; le classi di equivalenza sono i fasci di rette parallele. Ebbene, ogni classe di equivalenza si può chiamare (per definizione!) *punto improprio* o *punto all'infinito* di ciascuna delle rette appartenenti al fascio.

Esempi per il punto 1) - Aritmetica e Algebra Unione e intersezione di insiemi compaiono di frequente anche in campo algebrico.

Per esempio, se A è l'insieme delle soluzioni dell'equazione $p(x) = 0$ e B è l'insieme delle soluzioni dell'equazione $q(x) = 0$, allora:

- l'insieme delle soluzioni del sistema

$$\begin{cases} p(x) = 0 \\ q(x) = 0 \end{cases} \quad \text{è } A \cap B,$$

- l'insieme delle soluzioni dell'equazione $p(x) \cdot q(x) = 0$ è $A \cup B$.

In aritmetica, consideriamo l'insieme degli interi positivi e chiamiamo M_n l'insieme dei multipli del numero n. Allora $M_a \cap M_b$ è l'insieme dei multipli del mcm(a, b). Si può poi caratterizzare il MCD(a, b) come il più piccolo numero n tale che M_n contenga $M_a \cup M_b$. Se si estende il concetto di multiplo all'insieme $\mathbb{Z}$ degli interi relativi, allora $M_{\text{MCD}(a,b)} = M_a + M_b$, dove la somma di insiemi indica l'insieme di tutte le somme fra un elemento di M_a e un elemento di M_b. Per esempio, $M_2 = M_4 + M_6$.

Le successive *estensioni dei sistemi numerici*, cioè l'introduzione (partendo dall'insieme $\mathbb{N}$ dei numeri naturali) degli interi relativi, dei razionali, dei reali e dei complessi, si ottengono attraverso procedimenti di teoria degli insiemi.

Richiamiamo brevemente tali procedimenti, anche se non riteniamo opportuno parlarne a Scuola, se non in circostanze particolari.

Per introdurre gli *interi relativi*, si definisce nel prodotto cartesiano $\mathbb{N} \times \mathbb{N}$ la relazione R ponendo $(a, b)R(c, d)$ se e solo se $a + d = b + c$ (l'idea è di scrivere $a - b = c - d$, ma questo non sempre è lecito in $\mathbb{N}$). Dopo aver dimostrato che R è una relazione di equivalenza, si chiama $\mathbb{Z}$ l'insieme quoziente. È facile dimostrare che ogni classe di equivalenza o contiene una coppia del tipo $(a, 0)$, e allora sarà indicata con il simbolo $+a$, ovvero contiene una coppia del tipo $(0, a)$, e allora verrà indicata con $-a$.

Il procedimento per introdurre i razionali è analogo. Precisamente, detto $\mathbb{Z}_*$ l'insieme $\mathbb{Z} \setminus \{0\}$, si considera l'insieme $\mathbb{Z} \times \mathbb{Z}_*$ (insieme delle *frazioni*); in questo insieme si introduce la relazione S (proporzionalità) così definita: $(a, b)S(c, d)$ se e solo se $a \cdot d = b \cdot c$ (l'idea è di scrivere $a/b = c/d$, ma questo non sempre è lecito in $\mathbb{Z}$). Dopo aver dimostrato che S è una relazione di equivalenza, si chiama $\mathbb{Q}$ l'insieme quoziente. Questo approccio permette di distinguere con chiarezza tra *frazione* (coppia di interi) e *numero razionale* (elemento di $\mathbb{Q}$, classe di equivalenza di frazioni).

Ci sono poi vari procedimenti per definire i *numeri reali*: le *sezioni* di Dedekind, le *successioni fondamentali* di Cantor, le *classi contigue*. Più semplicemente,

Capitolo 1 • Qual è, o quale dovrebbe essere, il ruolo della teoria degli insiemi?

9

in una Scuola Superiore i numeri reali si possono introdurre come *allineamenti decimali illimitati*: un numero reale r viene cioè presentato come un numero intero a seguito da infinite cifre decimali $r_1, r_2, \ldots$, cioè $r = a, r_1 r_2 \ldots$ In sostanza, presentare un numero reale come allineamento decimale significa rifarsi a un caso particolare di classi contigue: ad esempio, scrivere $\pi = 3,141\ldots$ equivale ad individuare π mediante le classi contigue $(3; 3,1; 3,14; 3,141; \ldots)$ e $(4; 3,2; 3,15; 3,142; \ldots)$.

Infine, per introdurre i *numeri complessi*, si considera il prodotto cartesiano $\mathbb{R} \times \mathbb{R}$ con opportune operazioni fra coppie.

Esempi per il punto 2) Oggi i diagrammi di Eulero Venn sono probabilmente meno di moda di una ventina di anni fa. Il problema, al solito, è l'uso che se ne fa. Disegnare un diagramma fine a sé stesso, solo per dire che quel diagramma rappresenta un certo insieme, serve a poco. Se invece ci proponiamo di confrontare più insiemi, e quindi di classificare più concetti, i diagrammi di Eulero Venn offrono uno strumento rapido ed efficace. Vediamo un esempio con la classificazione dei triangoli rispetto agli angoli e rispetto ai lati. Altri classici esempi riguardano altre figure geometriche, insiemi numerici, ecc.

In Fig. 1.1 è rappresentato l'insieme T dei triangoli. L'insieme è diviso in tre sottoinsiemi: l'insieme A dei triangoli acutangoli, l'insieme R dei triangoli rettangoli, l'insieme O dei triangoli ottusangoli. Sono poi indicati altri due sottoinsiemi di T: l'insieme I dei triangoli isosceli e, all'interno di questo, l'insieme E dei triangoli equilateri.

Questo diagramma si può presentare alle Superiori e forse anche alle Medie; in ogni caso, richiede una certa attenzione da parte dello studente. Il diagramma riassume varie informazioni: in particolare dice che un triangolo isoscele può essere acutangolo, rettangolo o ottusangolo, mentre un triangolo equilatero è necessariamente acutangolo.

Nel disegno, può essere utile indicare (con un puntino o con altro accorgimento) che nessuna delle 7 zone risulta vuota. Un utile esercizio consiste nel disegnare, per ciascuna di queste 7 zone, un triangolo che appartenga a tale zona.

I diagrammi furono usati da Eulero, in un ambito strettamente logico, nelle *Lettere a una principessa tedesca* per spiegare la teoria del sillogismo. L'opera originale, scritta in francese, risale al 1770; una traduzione italiana, a cura di G. Cantelli, è stata pubblicata da Boringhieri nel 1958.

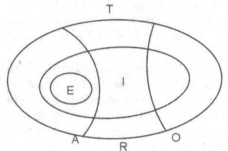

◀ **Figura 1.1**

Eulero correda la sua trattazione con numerose ed efficaci figure. L'esposizione è chiara e dettagliata; tuttavia, l'idea di usare figure per rappresentare i sillogismi è sicuramente precedente. Eulero prima introduce le quattro specie di proposizioni (affermative universali, affermative particolari, negative universali, negative particolari), poi aggiunge:

Queste quattro specie di proposizioni si possono rappresentare per mezzo di figure. [...] Ciò è di grandissimo aiuto per spiegare in modo distinto in che cosa consiste un ragionamento. Poiché una nozione generale comprende in sé un'infinità di oggetti individuali, la si considera come uno spazio in cui sono contenuti tutti questi individui.

Vediamo un esempio di sillogismo, con il commento e con la figura originari:

ogni A è B;

ora, alcuni C non sono B;

dunque, alcuni C non sono A.

Se la nozione C ha una parte fuori della nozione B, questa stessa parte sarà certamente fuori dalla nozione A, perché quest'ultima è tutta intera nella nozione B.

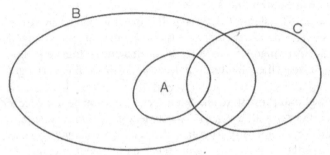

◀ Figura 1.2

1.4 Confronto fra insiemi infiniti

La teoria degli insiemi permette di "studiare l'infinito" in termini matematici. Il confronto fra insiemi infiniti era esplicitamente citato nei programmi PNI (*Piano Nazionale Informatica*) per il triennio del Liceo Scientifico e del Liceo Classico. Si tratta di concetti specifici della teoria degli insiemi, anzi dei concetti su cui Cantor costruì la sua nuova teoria. La teoria di Cantor deve il suo successo proprio al fatto che permette di studiare l'infinito, superando gli antichi paradossi, e di confrontare la grandezza di due insiemi infiniti. Oggi gli insiemi infiniti sono usati con disinvoltura e sicurezza, ma non è stato sempre così (si vedano alcune citazioni nel paragrafo 3.3).

I risultati principali di Cantor riguardano l'*esistenza di cardinali infiniti diversi* (in particolare, la differenza fra numerabile e continuo) e la *non esistenza di un cardinale maggiore di tutti gli altri*. Cerchiamo di spiegare la situazione. Il numero cardinale (o la cardinalità) di un insieme finito non è altro che il numero dei suoi elementi; è chiaro che due insiemi finiti hanno lo stesso numero di elementi se e solo se si possono porre in corrispondenza biunivoca.

Capitolo 1 • Qual è, o quale dovrebbe essere, il ruolo della teoria degli insiemi?

11

Quando si passa agli insiemi infiniti, il discorso diventa complesso e insidioso. Sostanzialmente, Cantor riesce ad associare un numero cardinale anche ad ogni insieme infinito (intuitivamente, si tratta ancora del numero dei suoi elementi), conservando la proprietà secondo cui *due insiemi hanno lo stesso numero cardinale se e solo se si possono porre in corrispondenza biunivoca*. Cantor dimostra che non tutti gli insiemi infiniti hanno lo stesso numero cardinale, cioè un insieme infinito può avere più elementi oppure "meno elementi" di un altro; torneremo sull'argomento parlando dei paradossi di Cantor e di Russell nel capitolo 4.

Questi risultati sono profondi; nonostante il rischio concreto di una comprensione superficiale da parte degli studenti, riteniamo che, almeno in certi contesti, sia utile parlarne con gli studenti delle Superiori per la loro valenza culturale e per l'indubbio "fascino dell'infinito".

Qui ci limitiamo a un riassunto schematico delle principali proprietà. Una trattazione più completa si trova con facilità, anche in manuali scolastici.

Un insieme A è *numerabile* se si può porre in corrispondenza biunivoca con l'insieme $\mathbb{N}$ dei numeri naturali, cioè se esiste una funzione biiettiva da $\mathbb{N}$ ad A. Sono numerabili i sottoinsiemi infiniti di $\mathbb{N}$, come gli insiemi dei numeri pari o dei numeri primi. Sono numerabili anche insiemi di cui $\mathbb{N}$ è sottoinsieme, come $\mathbb{Z}$ e $\mathbb{Q}$ (vedi seguito).

Per illustrare in modo convincente la differenza fra insiemi finiti e numerabili, si ricorre spesso all'*albergo di Hilbert*. Si tratta di un albergo immaginario che contiene un'infinità numerabile di stanze singole, contrassegnate con i numeri 0, 1, 2, ... L'albergo è al completo. Contrariamente a quello che avviene negli alberghi reali, è possibile ospitare un nuovo cliente, facendo traslocare opportunamente i clienti già presenti (basta spostare il cliente della camera n nella camera $n + 1$: la camera 0 resta libera per il nuovo cliente). Si riesce facilmente a sistemare anche un'infinità numerabile di nuovi clienti, perché basta spostare il cliente della camera n nella camera $2n$ (e restano libere tutte le camere dispari). Un problema più difficile consiste nel mostrare che è possibile ospitare un'infinità numerabile di amici per ognuno dei clienti già presenti. La situazione è concettualmente analoga all'osservazione che segue ($\mathbb{N} \times \mathbb{N}$ è numerabile): guardando lo schema con le coppie di naturali (Fig. 1.3), si può pensare la prima riga come l'insieme dei clienti alloggiati inizialmente e ogni colonna come l'insieme degli amici di ciascun cliente.

Sorprendente è il fatto che anche $\mathbb{N} \times \mathbb{N}$ è numerabile. In Fig. 1.3 è illustrata una nota dimostrazione di tipo geometrico.

Seguendo le frecce, si dispongono tutte le coppie ordinate di numeri naturali in una successione; si ottiene così la seguente funzione biiettiva f da $\mathbb{N}$ a $\mathbb{N} \times \mathbb{N}$:

$$f(0) = (0;0); \; f(1) = (0;1); \; f(2) = (1;1); \; f(3) = (1;0); \; f(4) = (2;0); \ldots$$

dove le coppie corrispondenti ai vari numeri non si determinano mediante una formula, ma si ottengono seguendo appunto le frecce illustrate in Fig. 1.3.

Ci sono anche dimostrazioni che si basano sull'esistenza di una funzione iniettiva da $\mathbb{N} \times \mathbb{N}$ ad $\mathbb{N}$, come la funzione $g(a, b) = 2^a 3^b$, che associa un numero

$$
\begin{array}{ccccccc}
(0;0) & & (1;0) & \rightarrow & (2;0) & & (3;0) & \rightarrow & \dots \\
\downarrow & & \uparrow & & \downarrow & & \uparrow & & \dots \\
(0;1) & \rightarrow & (1;1) & & (2;1) & & (3;1) & & \dots \\
& & & & \downarrow & & \uparrow & & \dots \\
(0;2) & \leftarrow & (1;2) & \leftarrow & (2;2) & & (3;2) & & \dots \\
\downarrow & & & & & & \uparrow & & \dots \\
(0;3) & \rightarrow & (1;3) & \rightarrow & (2;3) & \rightarrow & (3;3) & & \dots \\
\dots & & \dots & & \dots & & \dots & & \dots
\end{array}
$$

▲ **Figura 1.3**

naturale ad ogni coppia di naturali, in modo che coppie diverse abbiano immagini diverse. Se ne deduce che l'insieme $\mathbb{Q}$ dei razionali è numerabile, perché ogni razionale è individuato da una frazione (con numeratore e denominatore primi fra loro) e quindi da una coppia di interi.

Anche l'insieme dei numeri algebrici è numerabile (si ricordi che un numero è *algebrico* se è soluzione dell'equazione che si ottiene uguagliando a 0 un polinomio a coefficienti interi).

L'insieme dei reali $\mathbb{R}$, così come l'insieme dei punti di una retta, non è numerabile.

Più precisamente, applicando il *procedimento diagonale* di Cantor, si dimostra che l'intervallo $[0, 1]$ non è numerabile: una successione di numeri appartenenti all'intervallo non può esaurire l'intervallo stesso. L'idea della dimostrazione consiste nel costruire un numero che abbia come n-esima cifra decimale una cifra diversa dall'n-esima cifra decimale dell'n-esimo numero. La cardinalità di $\mathbb{R}$ si chiama *potenza del continuo*.

Sorprendentemente, $\mathbb{R}$ si può porre in corrispondenza biunivoca sia con un qualunque segmento (purché non degenere), sia con $\mathbb{R}^n$ (per ogni n intero positivo). Questo si può esprimere dicendo che un piano ha tanti punti quanti una retta, o tanti quanti un segmento; quindi, la cardinalità di uno spazio geometrico reale non è legata alla sua dimensione.

Ricordiamo, infine, che anche l'insieme dei sottoinsiemi di $\mathbb{N}$ ha la potenza del continuo.

▼ **Tabella 1.1** Cardinalità di alcuni insiemi infiniti

Insiemi numerabili	Insiemi con la cardinalità del continuo	Insiemi con la cardinalità maggiore del continuo
$\mathbb{N}$ = insieme dei naturali	$\mathbb{R}$ = insieme dei reali	insieme delle funzioni da $\mathbb{R}$ in $\mathbb{R}$
$\mathbb{Z}$ = insieme degli interi	$[a, b]$ intervallo sulla retta (con $a < b$)	$P(\mathbb{R})$ l'insieme dei sottoinsiemi di $\mathbb{R}$
$\mathbb{Q}$ = insieme dei razionali	insieme dei punti del piano	
insieme dei numeri primi	$P(\mathbb{N})$ l'insieme dei sottoinsiemi di $\mathbb{N}$	

Capitolo 2
Che cosa significa che due insiemi sono uguali?
La parola "uguale" e il simbolo "=" hanno un unico significato in matematica?

Due insiemi sono **uguali** quando sono lo stesso insieme, cioè quando hanno gli stessi elementi, indipendentemente dal modo in cui sono indicati i due insiemi (in particolare, dall'ordine con cui sono elencati i loro elementi). Questa definizione è coerente con l'idea generale di uguaglianza. Ma il discorso non si può concludere qui.

Nel linguaggio corrente si usa spesso l'aggettivo *uguali* con un significato più ampio. Se uno dice a un amico "ho comperato una camicia uguale alla tua", intende dire che le due camicie hanno gli stessi colori, sono fatte con lo stesso tessuto, hanno il collo della stessa forma, ... Ma, sicuramente, *non* intende dire che si tratta della stessa camicia; abbiamo a che fare con due camicie che, anzi, possono differire per aspetti che si ritengono meno significativi, come la taglia.

Torniamo agli insiemi e alla matematica. In generale, il segno = collega due scritture che indicano uno stesso oggetto:

$$\{\, n \in \mathbb{N} \mid n \text{ è un divisore di } 8 \,\} = \{\, 1, 2, 4, 8 \,\}$$
$$11 = \text{il minimo numero primo maggiore di 10.}$$

Quindi, il segno = non stabilisce l'uguaglianza delle notazioni e dei simboli, ma degli oggetti indicati dai simboli.

Scriviamo anche $3/2 = 6/4$, intendendo che il segno = si riferisca non alle frazioni (che, a rigore, sono equivalenti e non uguali), ma ai numeri razionali corrispondenti.

In algebra, usiamo il segno = scrivendo, ad esempio, $a^2 - b^2 = (a - b)(a + b)$. Le due espressioni sono formalmente diverse e corrispondono a diversi algoritmi di calcolo. Se, tuttavia, pensiamo ciascuno dei due membri come *funzione* (in due variabili), le due funzioni sono uguali, nel senso che assumono lo stesso valore per ogni coppia (a, b). Il discorso è un po' diverso nel caso di un'equazione. Consideriamo per esempio l'equazione $2x + 3 = x - 1$ e pensiamo ancora i due membri come funzioni (ad ogni x la prima associa il valore $2x + 3$, mentre la seconda associa $x - 1$. Con la scrittura precedente non pretendiamo di affermare che le due funzioni sono uguali, ma vogliamo dire che si cercano i valori di x per cui le due funzioni assumono lo stesso valore.

Naturalmente, con gli studenti il simbolo = e la parola uguale si usano per lo più in modo operativo, senza troppe discussioni.

Proprio dal punto di vista operativo, il simbolo = spesso significa solo *uguale per quanto ci interessa, per i nostri scopi*. Quando eseguiamo operazioni, le frazioni $3/2$ e $6/4$ sono interscambiabili, così come in algebra possiamo sostituire $a^2 - b^2$ con $(a - b)(a + b)$ ogni volta che lo riteniamo utile.

Villani V., Bernardi C., Zoccante S., Porcaro R.: Non solo calcoli. Domande e risposte sui perché della matematica
DOI 10.1007/978-88-470-2610-0_2, © Springer-Verlag Italia 2012

Passiamo alla geometria. In alcune trattazioni vengono considerate *uguali* solo le figure coincidenti, cioè si stabilisce che "ogni figura è uguale solo a sé stessa"; si chiamano, poi, *congruenti* due figure che si ottengono l'una dall'altra mediante un movimento rigido. Se si pensa una figura come insieme di punti, questa scelta terminologica è in accordo con la precedente definizione di uguaglianza di insiemi: due triangoli sono uguali solo se hanno gli stessi punti.

Tuttavia, si può discutere su quale terminologia sia da preferirsi. Sul piano didattico, riteniamo che l'aggettivo *uguale*, proprio per il suo uso nel linguaggio corrente, indichi più direttamente l'idea geometrica che si vuole trasmettere: come diciamo che sono uguali due monete da 1 euro (italiane e dello stesso anno), in un senso del tutto analogo parliamo di triangoli uguali. Del resto, come abbiamo già notato, a rigore non dovremmo nemmeno dire che la frazione 6/4 è uguale alla frazione 3/2, ma, in questo come in altri casi, un atteggiamento di eccessivo rigore complica le cose senza alcun sostanziale vantaggio. Anche su un piano teorico si parla spesso di *"uguaglianza a meno di ..."*, cioè di uguaglianza per gli scopi che interessano in quel momento. Anzi, per questa via si arriva al programma di Erlangen di Felix Klein [[Villani, 2006], pag. 217], che inquadra il problema in modo molto convincente, con riferimento a un gruppo di trasformazioni: in un certo contesto una figura è identificabile con ("uguale a") tutte quelle che si ottengono applicando opportune trasformazioni.

In sostanza riteniamo che, dal punto di vista sia teorico sia didattico, la parola *uguale* vada interpretata con riferimento allo studio che si sta facendo; e, in geometria elementare, la scelta più spontanea ci sembra quella di pensare all'uguaglianza a meno di movimenti rigidi. Qualunque sia la terminologia preferita dall'insegnante (o dagli autori del libro di testo), è importante che si spieghi agli alunni la situazione.

Sempre in geometria, e soprattutto in geometria analitica, qualora si voglia esprimere la coincidenza di due punti A e B, è frequente l'uso del simbolo ≡. Il discorso è analogo al precedente: basta scrivere $A = B$; se, tuttavia, attribuiamo al simbolo = un valore più ampio, allora può essere opportuno modificare il simbolo quando si ha a che fare con due punti coincidenti.

C'è differenza fra le espressioni "dati due punti A e B" e "dati due punti distinti A e B"?

Il problema riguarda la parola *due*. Se la intendiamo come numero degli elementi di un insieme (cioè se stiamo considerando un insieme di punti con cardinalità due), allora l'aggettivo *distinti* è superfluo: se un insieme ha due elementi (punti, numeri, ...), i due elementi sono necessariamente distinti. In quest'ordine di idee, all'inizio dei *Fondamenti della Geometria*, Hilbert afferma che, quando parla di due o più punti A, B, ..., "si deve sempre intendere punti distinti".

Questa precisazione è giustamente sparita nei testi attuali, perché molto spesso non conviene escludere il caso di due oggetti coincidenti: per esempio, scrivendo la formula che esprime la proprietà associativa o la formula risolutiva delle equazioni di secondo grado, non si esclude affatto che lettere diverse indichino uno stesso numero. Del resto, quando sommiamo *due* numeri, accettiamo senz'altro il caso particolare in cui i due addendi sono uguali.

Capitolo 2 • Che cosa significa che due insiemi sono uguali?

15

Che cosa significa, allora, la parola due? Se vogliamo essere pignoli (con il rischio di complicare le cose), in questa accezione dobbiamo interpretare il *due* come *dominio di una funzione*. Per chiarire il discorso, pensiamo al fatto che i due numeri, o i due punti ..., vengono spesso indicati con una scrittura del tipo a_1, a_2. Noi usiamo correntemente scritture del tipo a_i; in queste scritture l'indice i rappresenta una variabile indipendente: potremmo scrivere $a(i)$, anche se la notazione risulterebbe indubbiamente più pesante. In sostanza, abbiamo una funzione che associa al numero 1 l'oggetto a_1 e al numero 2 l'oggetto a_2: i due oggetti possono essere diversi (la funzione è iniettiva) oppure coincidere.

Un problema analogo si incontra quando diciamo che l'equazione $x^2+2x+1 = 0$ ha *due soluzioni coincidenti*, oppure che una retta tangente a una circonferenza Γ ha *due punti coincidenti* di intersezione con Γ. È corretto questo modo di esprimersi? Crediamo che la risposta dipenda dal contesto.

A rigore, se consideriamo l'insieme delle soluzioni dell'equazione, oppure l'intersezione fra retta e circonferenza, allora questi insiemi hanno un solo elemento.

D'altra parte, noi possiamo indicare, come in effetti si fa, con x_1, x_2 le due soluzioni di un'equazione di secondo grado e notare che, in casi particolari, le due soluzioni assumono lo stesso valore. Questo modo di esprimersi è giustificato dall'uso delle formule risolutive delle equazioni e, soprattutto, dal teorema fondamentale dell'algebra, dove ogni radice va considerata con un'opportuna molteplicità.

Analogamente, ci pare meglio dire che una circonferenza e una retta tangente hanno un solo punto in comune. Tuttavia, parlare di due punti coincidenti è accettabile quando si considerano le due intersezioni fra la circonferenza e una retta secante, e si pensa alla retta tangente come limite di una retta secante.

Torniamo al simbolo =, che ha molti significati non sempre facili da distinguere. Noi scriviamo uguaglianze come 3 + 7 = 10, così come usiamo il simbolo = fra i vari passaggi mediante i quali semplifichiamo un'espressione algebrica. In questi casi la relazione di uguaglianza gode della *proprietà simmetrica*?

Dal punto di vista matematico la risposta è affermativa: se 3 + 7 = 10 allora 10 = 3 + 7. Tuttavia, nelle intenzioni di chi sta svolgendo un calcolo, quel simbolo = indica che il primo membro *si riduce* al secondo, che risulta più semplice del primo; del resto, nel linguaggio parlato si dice "tre più sette fa dieci", e quel fa non è simmetrico.

Lo stesso segno = si usa anche quando si attribuisce un valore a una lettera o si definisce una funzione, ad esempio dicendo "poniamo $a = 2^{32} - 1$", oppure "$f(x) = 3x^2 + 2$". In questi casi, c'è chi preferisce il simbolo :=, che sicuramente rappresenta una notazione più precisa perché chiarisce che l'uguaglianza corrisponde a una definizione (si veda anche il capitolo 11). Ancora una volta, rimane il dubbio didattico se valga la pena appesantire il discorso, correndo talora il rischio di qualche incongruenza.

Riassumendo: il simbolo = e la parola *uguale* hanno vari significati, che è utile analizzare e discutere, ma che non crediamo siano causa di confusione.

Capitolo 3
Che cosa significa che un insieme è infinito, oppure che è finito?

3.1 La definizione di Dedekind

Pur con tutte le problematiche filosofiche legate al concetto di infinito, la distinzione fra insiemi finiti e insiemi infiniti è chiara da un punto di vista intuitivo. Ma, in questo come in altri casi, è difficile tradurre l'idea intuitiva in termini rigorosi. Così, capita che, su libri di testo per le Scuole Secondarie, si leggano frasi del tipo "un insieme si dice *infinito* se l'elenco dei suoi elementi non ha termine". Queste non sono naturalmente definizioni rigorose, ma sono accettabili come spiegazioni, se non altro perché non è facile proporre alternative.

Per una definizione matematica di insieme infinito occorre arrivare a Richard Dedekind (1872), secondo cui *un insieme A si dice **infinito** se può essere messo in corrispondenza biunivoca con un suo sottoinsieme proprio cioè con un insieme B contenuto in A ma diverso da A.* Un'idea non troppo diversa era stata enunciata da Bernard Bolzano nel 1848.

Per chiarire la definizione, è bene fare un passo indietro. Da molti secoli è noto che c'è una corrispondenza biunivoca fra l'insieme $\mathbb{N}$ dei numeri naturali e l'insieme P dei numeri pari, perché basta far corrispondere ad ogni numero il suo doppio. La situazione è strana: da un lato, i numeri pari sono tanti quanti i numeri naturali, dall'altro i numeri pari sono solo una parte dei naturali ($P \subset \mathbb{N}$) e quindi sembrano di meno dei naturali.

Galileo, nella prima giornata dei *Discorsi e dimostrazioni matematiche intorno a due nuove scienze*, presenta il paradosso dei *numeri quadrati*: "converrà dire che i numeri quadrati siano tanti quanti tutti i numeri, poiché tanti sono quante le lor radici [...] e pur dicemmo tutti i numeri esser assai più che tutti i quadrati, essendo la maggior parte non quadrati." L'esempio di Galileo è analogo al precedente, ma è più raffinato, perché "si va la moltitudine de i quadrati sempre con maggior proporzione diminuendo, quanto a maggior numeri si trapassa". In termini rigorosi, oggi si dice che la *densità asintotica* dei quadrati è 0, mentre quella dei pari è 1/2.

Galileo prosegue dicendo, in sostanza, che è meglio rinunciare a confrontare due insiemi infiniti: "Queste son di quelle difficoltà che derivano dal discorrer che noi facciamo col nostro intelletto finito intorno a gli infiniti, dandogli quegli attributi che noi diamo alle cose finite e terminate; il che penso che sia inconveniente, perché stimo che questi attributi di maggioranza minorità ed ugualità non convenghino a gl'infiniti, de i quali non si può dire, uno essere maggiore o minore o eguale all'altro."

Con l'opera di Dedekind e soprattutto di Cantor (si veda il capitolo 4), si superano le difficoltà di cui parlava Galileo. L'idea di Dedekind è molto bella, quasi coraggiosa: per *definire* gli insiemi infiniti, usiamo proprio la caratteristica para-

Villani V., Bernardi C., Zoccante S., Porcaro R.: Non solo calcoli. Domande e risposte sui perché della matematica
DOI 10.1007/978-88-470-2610-0_3, © Springer-Verlag Italia 2012

dossale prima discussa. L'insieme $\mathbb{N}$ è infinito appunto perché si può porre in corrispondenza biunivoca con l'insieme P dei numeri pari; anche P è infinito perché si può porre in corrispondenza biunivoca con l'insieme dei multipli di 4 (basta ancora far corrispondere ad ogni numero pari il suo doppio).

Partendo dalla definizione citata, si ottiene una buona trattazione matematica degli insiemi infiniti. Ci limitiamo qui ad enunciare un solo teorema.

Teorema 1   *Un insieme A è infinito se e solo se esiste una funzione iniettiva da $\mathbb{N}$ in A.*

Di conseguenza, sono infiniti gli insiemi numerici $\mathbb{Z}$, $\mathbb{Q}$, $\mathbb{R}$ (come, del resto, si potrebbe verificare direttamente).

Ma il discorso non si può considerare concluso.

In primo luogo, chi ci assicura che la definizione di Dedekind catturi la nostra idea intuitiva? Dopo tutto, almeno a priori, la definizione non è in alcun modo legata all'idea di infinito. Ci sono situazioni analoghe in altri rami della matematica, cioè situazioni in cui, per tradurre un concetto intuitivo, si dà una definizione rigorosa, ma non ci sono motivi evidenti per sostenere che la definizione rappresenti una traduzione fedele del concetto intuitivo. Esaminiamo due di queste situazioni: la continuità di una funzione da $\mathbb{R}$ in $\mathbb{R}$ e le funzioni ricorsive.

Nel primo caso, per dire che riusciamo a tracciare il grafico di una funzione senza staccare la penna dal foglio, ci inventiamo una frase complicata in cui compaiono ε e δ (si veda il capitolo 15). La definizione è indubbiamente difficile e, anche per gli studenti migliori, è necessario un po' di tempo per "capire" che la definizione è adeguata a quello che si vuole dire. D'altra parte, è interessante notare che la definizione rigorosa permette poi di affrontare nuove situazioni (funzioni in più variabili, o fra spazi diversi da $\mathbb{R}$) in cui sarebbe difficile dare un senso alla definizione intuitiva.

È forse più chiaro il secondo caso, in cui si vogliono caratterizzare le funzioni computabili, cioè le funzioni che, almeno in linea teorica, si possono effettivamente calcolare (ad esempio con un computer). Prima si introduce la definizione di funzione parziale ricorsiva[1] ed è chiaro che le funzioni parziali ricorsive sono computabili; poi si dice che le funzioni computabili sono *soltanto* quelle parziali ricorsive, e che non ce ne sono altre. Quest'ultima affermazione è nota come *Tesi di Church*: la Tesi di Church asserisce appunto che l'idea intuitiva di funzione computabile è tradotta fedelmente dalla definizione rigorosa. Non si tratta di un

---

[1]Accenniamo a una definizione di funzione parziale ricorsiva; una definizione equivalente si può dare ricorrendo alle macchine di Turing. È importante far riferimento alle funzioni parziali, cioè definite in un sottoinsieme A di $\mathbb{N}$ ovvero di $\mathbb{N}^n$ (senza escludere, naturalmente, il caso $A = \mathbb{N}$). Si parte dalle funzioni base (la costante 0, la funzione successivo, le proiezioni) che sono sicuramente computabili. Si introducono i procedimenti di composizione e recursione per costruire, a partire da funzioni computabili, altre funzioni computabili. Si introduce poi un altro procedimento per costruire funzioni a partire da funzioni note: la minimalizzazione, che fa passare da una funzione $g: \mathbb{N}^2 \to \mathbb{N}$ alla funzione che ad ogni x associa il minimo y, se esiste, tale che $g(x, y) = 0$. A questo punto, si chiamano parziali ricorsive tutte le funzioni da A ad $\mathbb{N}$ (dove $A \subseteq \mathbb{N}^n$) che si ottengono dalle funzioni base applicando un numero finito di volte i procedimenti di composizione, recursione e minimalizzazione (quest'ultimo procedimento va applicato solo a funzioni che hanno per dominio $\mathbb{N}^2$ e non un suo sottoinsieme).

Capitolo 3 • Che cosa significa che un insieme è infinito, oppure che è finito?

19

teorema (non si può dimostrare), ma di una tesi che esprime una nostra fiducia, supportata dalla considerazione di molti esempi e, almeno per ora, dalla mancanza di controesempi. Anche nel caso degli insiemi infiniti abbiamo a che fare con una tesi analoga, che tuttavia non viene esplicitata.

Oggi la definizione di Dedekind è comunemente accettata. A priori la definizione appare in qualche misura misteriosa; ma gli esempi e, soprattutto, la teoria successiva (come il teorema prima ricordato) confermano che la definizione è adeguata.

3.2 Finito e infinito. Limitato e illimitato

In alcune trattazioni si dà la definizione di *insieme finito* a partire da quella di insieme infinito: un insieme è finito se non è infinito. A prima vista, questo modo di procedere lascia dubbiosi: è del tutto spontaneo che i due concetti di finito e infinito siano l'uno la negazione dell'altro, ma sembra che si dovrebbe partire dal finito per poi introdurre l'infinito.

Ma come definiamo direttamente gli insiemi finiti? Ci sono varie possibilità, per lo più equivalenti fra loro, ma piuttosto complesse. Per esempio, possiamo dire che un insieme è finito se ha come cardinalità un numero naturale; questa definizione, tuttavia, presuppone che siano stati introdotti in teoria degli insiemi i numeri naturali (e la cosa non è facile, né breve).

In effetti, la strada più semplice consiste proprio nel rifarsi alla definizione di Dedekind: "un insieme è *finito* quando *non* si può porre in corrispondenza biunivoca con un suo sottoinsieme proprio". Questa strada lascia insoddisfatti almeno sul piano etimologico: in italiano, come pure in inglese, francese, tedesco, spagnolo …, infinito è la negazione di finito e non viceversa. Ma da un punto di vista filosofico e anche matematico si può discutere a lungo. A pensarci bene, è ragionevole che in ciascuno di noi nasca prima l'idea di infinito e, solo in un secondo tempo, quella di finito come negazione: sembra improbabile che uno abbia un'intuizione autonoma di finito e poi passi per negazione all'infinito.

Se ci riferiamo a insiemi di numeri, o a insiemi di punti del piano, occorre distinguere con attenzione i concetti di insieme infinito e insieme illimitato.

Un sottoinsieme A dell'insieme $\mathbb{R}$ dei numeri reali si dice *limitato* se esiste un numero positivo M tale che $|x| < M$ per ogni x appartenente ad A. Analogamente, un sottoinsieme A di $\mathbb{R}^2$ (identificabile con l'insieme dei punti del piano) si dice *limitato* se esiste un numero M tale che $\sqrt{x^2 + y^2} < M$ per ogni coppia (x, y) appartenente ad A.

È chiaro che se un insieme non è limitato, allora è necessariamente infinito. D'altra parte, esistono insiemi limitati ma infiniti (limitato non implica finito o, se si preferisce, infinito non implica illimitato): basta pensare a un intervallo nella retta reale oppure, nel piano, all'insieme dei punti di un cerchio o di un poligono. Anche l'insieme delle frazioni con numeratore 1, cioè l'insieme $\{ 1/1, 1/2, 1/3, \cdots \}$ è limitato ma infinito (più precisamente numerabile).

Si noti che, invece, un sottoinsieme di $\mathbb{N}$ o di $\mathbb{Z}$ è limitato se e solo se è finito.

3.3 Citazioni sull'infinito

Vediamo infine alcune citazioni sul concetto di infinito. Partiamo da Descartes che, in un contesto più generale, affronta proprio il problema visto all'inizio del paragrafo precedente e concludiamo con un pensiero, naturalmente non ottimista, di Leopardi.

René Descartes: "Né debbo supporre di concepire l'infinito solo per mezzo della negazione di ciò che è finito [...]: poiché, al contrario, vedo manifestamente che si trova più realtà nella sostanza infinita che nella sostanza finita e quindi che ho, in un certo modo, in me prima la nozione dell'infinito che del finito, cioè prima la nozione di Dio che di me stesso."

David Hilbert: "L'infinito! Nessun altro problema ha mai scosso così profondamente lo spirito umano; nessuna altra idea ha stimolato così proficuamente il suo intelletto; e tuttavia nessun altro concetto ha maggior bisogno di chiarificazione che quello di infinito."

Carl Friedrich Gauss: "Io devo protestare nel modo più deciso contro l'uso dell'infinito come qualcosa di compiuto, cosa che non è permessa in matematica. L'infinito non è che una *façon de parler*."

La frase di Gauss è stata scritta prima dei risultati di Cantor; la successiva citazione di Poncaré va collocata dopo la scoperta dei paradossi che vedremo nel capitolo seguente, ma prima della teoria assiomatica degli insiemi.

Henri Poincaré: "Non esiste alcun infinito attuale. I Cantoriani l'hanno dimenticato e sono caduti in contraddizione."

André Delessert: "L'insegnamento della matematica deve mirare a due obiettivi che gli sono propri: il senso del rigore logico e la nozione di infinito."

Giacomo Leopardi (dallo *Zibaldone*): "[L'infinito] è un parto della nostra immaginazione, della nostra piccolezza a un tempo e della nostra superbia."

Capitolo 4
La teoria degli insiemi è meno "sicura" delle altre teorie matematiche, come l'algebra o la geometria? E perché non è lecito parlare dell'insieme di tutti gli insiemi?

4.1 I paradossi di Cantor e di Russell

La teoria degli insiemi è rigorosa e affidabile al pari delle altre teorie matematiche, ma è vero che richiede maggiori cautele dell'algebra o della geometria. Intendiamoci: sappiamo bene che in tutta la matematica è necessaria molta attenzione per non cadere in errore, ma la teoria degli insiemi presenta qualche rischio in più per via dei celebri paradossi. Esaminiamo rapidamente i ragionamenti che portano ai più noti paradossi in teoria degli insiemi; nel capitolo successivo, discuteremo in generale il concetto di paradosso.

Iniziamo ricordando che ci sono due modi per definire un insieme: per *elencazione* e tramite una *proprietà caratteristica*.

Introdurre un insieme per **elencazione** significa fare una lista dei suoi elementi, per esempio ponendo $A = \{ 17, 19, 23 \}$. Quando invece si enuncia una **proprietà caratteristica**, si individua l'insieme formato da tutti e soli gli elementi che godono della proprietà; così, l'insieme A dell'esempio precedente è uguale a $\{ x \mid x$ è un numero primo tale che $15 < x < 25 \}$.

Il *principio di comprensione* afferma proprio che è lecito definire un insieme per mezzo di una proprietà caratteristica, qualunque sia la proprietà considerata: *ad ogni proprietà corrisponde un insieme*. Non ci sono problemi nemmeno se si considera una proprietà contraddittoria: per esempio, $\{ x \mid x \neq x \}$ è l'insieme vuoto $\emptyset$.

È chiaro che per elencazione si possono introdurre solo insiemi finiti. È vero che si usano talvolta scritture del tipo $Y = \{ 0, 2, 4, 6, \dots \}$; questa notazione è comoda e tutto sommato poco ambigua, ma non è rigorosa: chi ci assicura che il numero 8 appartenga ad Y? D'altra parte, un'elencazione si può sempre sostituire con una proprietà caratteristica: se per esempio $B = \{ 11, 13, 22 \}$, allora possiamo anche scrivere $B = \{ x \mid x = 11,$ oppure $x = 13,$ oppure $x = 22 \}$.

Tuttavia, proprio il principio di comprensione è alla base dei paradossi di Cantor e di Russell.

Paradosso di Cantor (1895) Per un teorema dello stesso Cantor, *l'insieme delle parti $P(A)$ di un qualunque insieme A*, cioè l'insieme di tutti i sottoinsiemi di A, *ha cardinalità maggiore di quella di A*. In termini intuitivi, un qualsiasi insieme ha un "maggior numero" di sottoinsiemi che di elementi.

Ora, sia U l'insieme di tutti gli insiemi, cioè poniamo $U = \{ X \mid X$ è un insieme $\}$ (la scrittura è lecita per il principio di comprensione). Il paradosso nasce perché:

Villani V., Bernardi C., Zoccante S., Porcaro R.: Non solo calcoli. Domande e risposte sui perché della matematica
DOI 10.1007/978-88-470-2610-0_4, © Springer-Verlag Italia 2012

da un lato, designata con Card(A) la cardinalità di un insieme A, per il teorema citato, si ha Card(U) < Card $P(U)$, dall'altro Card(U) $\geq$ Card($P(U)$) in quanto U è l'insieme di tutti gli insiemi e, quindi, contiene un qualunque insieme, anche $P(U)$.

Paradosso di Russell (1902) Da un punto di vista storico, questo paradosso ebbe maggiore influenza del precedente, perché non c'è alcun riferimento a concetti particolari come l'insieme delle parti o la cardinalità.

Si parte dall'insieme $R = \{ X \mid X \notin X \}$, cioè dall'insieme che ha per elementi tutti e soli gli insiemi che non appartengono a sé stessi[1]. A questo punto, la definizione di R equivale a dire:

per ogni insieme X, si ha $X \in R$ se e soltanto se $X \notin X$.

Quest'ultima affermazione vale per ogni X. Ma se consideriamo il caso particolare $X = R$, troviamo una contraddizione:

$$R \in R \text{ se e soltanto se } R \notin R.$$

Sono state proposte numerose varianti del paradosso di Russell. La più celebre è il cosiddetto *paradosso del barbiere*. In un villaggio c'è un unico barbiere (maschio) che ha ricevuto il seguente ordine: "devi radere tutti e soli quelli che non radono sé stessi". La domanda è: chi rade il barbiere? Se il barbiere si rade da solo, allora non può radersi; ma se non si rade, allora deve radersi.

Accenniamo anche al *paradosso dei cataloghi*. Pensiamo a cataloghi in campo editoriale e proponiamoci di costruire il catalogo dei cataloghi che non citano sé stessi: in questo bizzarro catalogo dobbiamo citare anche il catalogo in questione oppure no?

Queste illustrazioni sono utili su un piano didattico, ma non contengono vere e proprie contraddizioni logiche: ad esempio, nel primo caso, si tratta di un ordine che a priori può sembrare sensato, ma in realtà non è eseguibile.

4.2 L'insieme di tutti gli insiemi e la teoria assiomatica

I paradossi di Cantor e di Russell non nascono perché abbiamo commesso un errore nei nostri ragionamenti, ma perché abbiamo accettato l'esistenza di insiemi "troppo grandi".

---

[1]Talvolta, a livello divulgativo, dopo questa definizione di R, si cercano esempi di insiemi che non appartengono a sé stessi ed esempi di insiemi che appartengono a sé stessi, con una certa difficoltà in quest'ultimo caso (si può pensare all'insieme di tutti gli insiemi infiniti che è, a sua volta, infinito). Ma non c'è bisogno di alcun esempio per giustificare il ragionamento che segue: non ha importanza se R è vuoto (e in tal caso non ci sono esempi di insiemi che non appartengono a sé stessi), o se, viceversa, contiene tutti gli insiemi (e quindi non ci sono esempi di insiemi che appartengono a sé stessi). Il punto è solo che la definizione di R è corretta per il principio di comprensione.

Capitolo 4 • La teoria degli insiemi è meno "sicura" delle altre teorie matematiche?

23

In effetti, la teoria degli insiemi permette di introdurre e studiare insiemi infiniti, anche molto grandi, ma potremmo dire che, accettando l'insieme di *tutti* gli insiemi, ...abbiamo esagerato.

Per chiarire la situazione, osserviamo in primo luogo che è lecito parlare di *insiemi di insiemi*. A livello elementare, spesso si pensa ad alcuni elementi base e poi ci si limita agli insiemi che si costruiscono con quegli elementi. Ma gli insiemi possono essere, a loro volta, elementi di altri insiemi: basta pensare all'insieme delle parti $P(A)$ di un insieme A, che ha per elementi i sottoinsiemi di A. Del resto, in molti contesti abbiamo a che fare con insiemi di insiemi: in geometria ciascun poligono è pensato come insieme di punti, il che non impedisce di considerare l'insieme dei triangoli, o dei parallelogrammi (che, quindi, sono insiemi di insiemi). In topologia si considerano insiemi di intervalli, nello studio delle strutture algebriche si parla dell'insieme dei sottogruppi di un gruppo, ecc.

Cantor riuscì a dare una sistemazione matematica coerente all'infinito attuale; e questo è il suo principale merito storico. Come abbiamo già ricordato, Cantor dimostrò che l'insieme delle parti $P(A)$ di un qualunque insieme A ha cardinalità maggiore di quella di A. Naturalmente è lecito considerare poi l'insieme delle parti di $P(A)$, cioè $P(P(A))$, e proseguire in modo analogo. Così, partendo da un insieme A infinito, possiamo affermare che

$$\text{Card}(A) < \text{Card}(P(A)) < \text{Card}(P(P(A))) < \text{Card}(P(P(P(A)))) < \ldots$$

ottenendo che non esiste una massima cardinalità.

È difficile farsi un'idea intuitiva degli insiemi citati. Comunque, considerando ad esempio l'insieme $\mathbb{R}$ dei numeri reali, possiamo dire che l'insieme $P(\mathbb{R})$ ha un maggior numero di elementi dell'insieme $\mathbb{R}$, ma l'insieme dei sottoinsiemi di $P(\mathbb{R})$ ha un numero di elementi ancora più grande.

Di fronte a questa gerarchia di infiniti sempre più grandi, si può rimanere sconcertati per la potenza della teoria degli insiemi, specie pensando che su questi numeri cardinali, che sembrano sfuggire ad ogni tentativo di visualizzazione, si riescono a definire le operazioni di addizione, moltiplicazione ed elevamento a potenza.

Tuttavia, la teoria non permette di studiare tutto quello che si vorrebbe: ci sono collezioni "troppo grandi" per essere considerate insiemi. Così, per non cadere nei paradossi visti, dobbiamo rinunciare a parlare dell'*insieme di tutti gli insiemi*.

Per superare i paradossi, cioè per trattare senza rischi la teoria degli insiemi, è necessario precisare con cura le regole lecite nella costruzione degli insiemi; in particolare, è necessario porre opportune limitazioni al principio di comprensione.

Si arriva così alle *teorie assiomatiche degli insiemi*, la più nota delle quali è la teoria Zermelo-Fraenkel, detta comunemente *ZF* (riprenderemo in generale il discorso sui sistemi di assiomi nel capitolo 10). Nelle dimostrazioni condotte in una teoria assiomatica, si può far riferimento solo alle proprietà espresse dagli assiomi e non a proprietà che ci sono suggerite dall'intuizione. Come nella geometria razionale (che è appunto una teoria assiomatica), le idee intuitive non sono tuttavia da eliminare, perché rimangono utili a livello euristico e sono di aiuto per la comprensione. Nel caso della teoria *ZF*, si rinuncia all'idea intuitiva secondo cui, se si considerano certi elementi, questi costituiscono sempre un insieme: ogni volta che si introduce un insieme, bisogna giustificarne l'esistenza in base a un assioma.

Al posto del principio di comprensione, si assume l'*assioma di isolamento*, secondo il quale, dati un insieme A e una proprietà caratteristica, si può considerare l'insieme formato da tutti e soli gli elementi di A che godono della proprietà citata. Diventano così lecite le scritture $\{ x \in A \mid x$ è $'...\}$, come ad esempio $\{ x \in \mathbb{N} \mid x$ è primo $\}$, dove tuttavia è sempre obbligatorio far riferimento ad un insieme già noto, in cui si "isola" una parte.

Gli assiomi permettono di costruire gli insiemi usualmente studiati in matematica, come gli insiemi numerici $\mathbb{N}$, $\mathbb{Z}$, $\mathbb{Q}$, $\mathbb{R}$, $\mathbb{C}$. Non c'è invece alcuna possibilità per introdurre l'insieme di tutti gli insiemi o l'insieme R di Russell, e così si evitano i paradossi (...o almeno quelli noti!).

4.3 Quali esigenze portano alle teorie assiomatiche?

Torniamo alla domanda iniziale, sul fatto che la teoria degli insiemi sembra meno affidabile di altre teorie. In effetti, nel caso della geometria o dell'aritmetica, un'impostazione assiomatica sembra rispondere *soltanto* ad esigenze di rigore: uno studio intuitivo della geometria o dell'aritmetica non è rigoroso perché non è specificato il punto di partenza, ma non presenta grossi rischi di cadere in contraddizione. Nella teoria degli insiemi, invece, il ricorso agli assiomi serve per evitare che la teoria sia contraddittoria; quanto meno, se pure non si procede per via strettamente assiomatica, è necessario sapere che non sono ammesse certe costruzioni, come l'insieme di tutti gli insiemi.

D'altra parte, c'è chi sostiene che anche l'impostazione assiomatica della geometria è legata a motivi non troppo diversi: dopo la scoperta dell'incommensurabilità fra lato e diagonale di un quadrato, ci si rese conto che l'idea di un segmento formato da un numero finito di punti porta a contraddizioni. Quindi si cercò di precisare con chiarezza le costruzioni geometriche e le proprietà da accettare, fino ad enunciare gli assiomi.

In quest'ottica, il passaggio alla geometria razionale non è troppo diverso dall'introduzione di assiomi per la teoria degli insiemi.

Concludiamo raccomandando cautela: non tutto questo capitolo è "adatto ai minori". Si può, o forse si deve, cercare di incuriosire i ragazzi, anche accennando a problemi difficili (si veda ad esempio il capitolo 13 sui problemi aperti in matematica), ma certi concetti richiedono una maturità e una padronanza della matematica che difficilmente si possono raggiungere prima dell'Università.

Anche pensando all'Università gli argomenti di questo paragrafo non sono sempre raccomandabili. A noi sembra che quanto abbiamo visto sia appropriato nei corsi di laurea in Matematica e in Filosofia, e nei corsi per la preparazione degli insegnanti.

Capitolo 5
Che cosa è, in generale, un paradosso?
Quali sono i paradossi più significativi?
E qual è il loro ruolo in matematica?

5.1 Una prima classificazione. Ragionamenti che contengono errori

La parola **paradosso** assume almeno tre significati:

a) una *contraddizione* (si parla, in questo senso, anche di *antinomia*);

b) un'affermazione che sembra *molto strana*, che è in contrasto con le nostre aspettative, ma in realtà è corretta;

c) un ragionamento che sembra impeccabile, ma contiene un *errore* e porta ad una conclusione assurda.

I paradossi di Russell o di Cantor di cui al capitolo precedente rientrano nel caso *a*. Se una teoria contiene un paradosso di questo tipo, allora la teoria va corretta, o addirittura abbandonata.

In un certo senso, rientrano in questo primo caso anche i paradossi di Zenone. Almeno nelle intenzioni di Zenone, si trattava di mettere in discussione l'idea di movimento e la possibilità di descrivere un movimento in termini matematici: secondo Zenone, le applicazioni della matematica ai concetti di spazio e tempo rischiano di portarci in contraddizione[1]. Queste contraddizioni appaiono oggi meno convincenti, ma è stato necessario precisare concetti e strumenti matematici, in particolare ammettendo che in certi casi una somma di infiniti termini positivi è finita.

Da un punto di vista etimologico, il significato *b* è il più appropriato: la parola paradosso deriva dal greco $\pi\alpha\rho\grave{\alpha}$ $\delta\grave{o}\xi\alpha$, che significa oltre, al di là dell'opinione. In questa accezione, si tratta di un fatto sorprendente, inatteso, contrario all'opinione corrente. Vale la pena di riportare una spiegazione che risale a Cicerone:

---

[1] Il celebre paradosso di Achille e la Tartaruga è indubbiamente utile per introdurre le serie. Qualche volta, tuttavia, si aggiunge che il paradosso nasce perché Zenone non conosceva le serie; il che è scorretto sul piano storico e filosofico. Senza entrare in delicate questioni critiche sulle intenzioni di Zenone, limitiamoci alla matematica e alla fisica. Per spiegare il paradosso con le serie, occorre accettare intervalli di tempo e di spazio sempre più piccoli, il che non è scontato; poi, per affermare che la successione delle somme parziali, monotona e limitata, ammette limite, occorre accettare anche la completezza; e nemmeno questa è scontata. La domanda che allora si pone è: la matematica è adatta per uno studio dello spazio e del tempo? Oggi tutti accettano una risposta affermativa, ma sono necessarie molte precisazioni; ad esempio, se la struttura del mondo è atomica (nel senso che esistono particelle non ulteriormente scomponibili), l'insieme $\mathbb{R}$ dei reali non consente una descrizione fedele della realtà.

Villani V., Bernardi C., Zoccante S., Porcaro R.: Non solo calcoli. Domande e risposte sui perché della matematica
DOI 10.1007/978-88-470-2610-0_5, © Springer-Verlag Italia 2012

"quae sunt mirabilia contraque opinionem omnium" (cose mirabili e contrarie all'opinione di tutti).

In un senso del tutto analogo, si parla di paradossi in fisica, come il paradosso idrostatico e i paradossi della relatività: fatti reali, che tuttavia non ci aspettiamo, perché contrastano con il senso comune.

Esaminiamo alcuni dei paradossi matematici più conosciuti, rimandando alla fine del capitolo per qualche concisa spiegazione in merito.

Partiamo dal caso c che è l'accezione più banale, ma ha un'utilità didattica, perché incuriosisce e suggerisce cautela nell'attività matematica. Naturalmente, invitiamo il lettore ad esaminare i vari ragionamenti per trovare l'errore, senza leggere subito le spiegazioni riportate nel paragrafo 5.5.

1 Sia data l'uguaglianza $a = -b$. Con semplici passaggi, troviamo successivamente: $a^2 = b^2$; $a^2 - a = b^2 + b$ (sottraendo membro a membro le due uguaglianze); $a^2 - b^2 = a + b$; $(a - b)(a + b) = a + b$; $a - b = 1$. Tenendo conto dell'uguaglianza iniziale, concludiamo $2a = 1$. Quindi $a = 1/2$, mentre non abbiamo a priori alcuna informazione su a.

2 È immediato verificare che $(a - b)^2 = (b - a)^2$ qualunque siano a e b. Ne deduciamo successivamente: $\sqrt{(a - b)^2} = \sqrt{(b - a)^2}$; $a - b = b - a$; $2a = 2b$; $a = b$, cioè due numeri qualsiasi sono uguali fra loro.

3 Ci proponiamo di dimostrare che un qualsiasi triangolo ABC è isoscele. Siano a e b rispettivamente l'asse del segmento AC e la bisettrice dell'angolo in B. È abbastanza facile rendersi conto che le rette a e b non sono mai parallele distinte e che, se a e b coincidono, allora il triangolo ABC è effettivamente isoscele. Consideriamo quindi il caso in cui a e b sono incidenti in un punto O, supponendo in un primo tempo che O sia interno al triangolo ABC (Fig. 5.1). Sia M il punto medio del segmento AC; siano poi H, K i piedi delle perpendicolari condotte da O rispettivamente ad AB e a BC. È facile verificare che: il triangolo AOM è uguale al triangolo COM (sono due triangoli rettangoli che hanno un cateto uguale e l'altro in comune); il triangolo HBO è uguale al triangolo KBO (sono due triangoli rettangoli che hanno l'ipotenusa in comune e un angolo uguale). Se ne deduce che $AO = OC$, $HO = OK$, $HB = BK$. Di conseguenza, anche i triangoli AHO e CKO sono uguali (triangoli rettangoli che hanno uguali l'ipotenusa e un cateto), e quindi $HA = KC$. In conclusione: $AB = AH + HB = CK + KB = CB$. Infine, nel caso in cui O sia esterno al triangolo ABC (Fig. 5.2), con un ragionamento analogo al precedente si ha: $AB = BH - AH = BK - CK = BC$.

4 Posto $1 + 2 + 4 + 8 + 16 + \ldots = S$ si ricava $2 + 4 + 8 + 16 + 32 + \ldots = 2S$. Se ne deduce $S = 1 + (2 + 4 + 8 + 16 + \ldots) = 1 + 2S$ e si conclude $S = -1$, mentre S è la somma di infiniti numeri positivi sempre più grandi! ·

5 $0,\overline{5} = 0,5 + 0,05 + \ldots = (1 - 0,5) + (1 - 0,95) + \ldots = 1 + (-0,5 + 1) + (-0,95 + 1) + \ldots = 1,\overline{5}$.

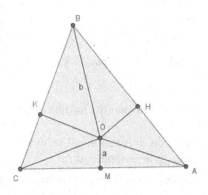

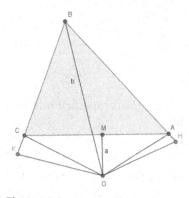

▲ **Figura 5.1**　　　　　　　　　　▲ **Figura 5.2**

5.2 Situazioni paradossali

Passiamo al *significato b*, cioè esaminiamo alcune *situazioni indubbiamente sorprendenti, ma non contraddittorie.*

6 *Un paradosso dell'infinito.* Si dispone di un'urna, inizialmente vuota, e di un'infinità numerabile di gettoni, contrassegnati con i numeri interi positivi. Il primo giorno si mettono nell'urna i gettoni contrassegnati con i numeri da 1 a 10 e si toglie il gettone 1; il secondo giorno si mettono nell'urna i gettoni corrispondenti ai numeri da 11 a 20 e si toglie il gettone 2. Si procede così, ogni giorno aggiungendo 10 nuovi gettoni e togliendo quello contrassegnato con il minimo numero fra i gettoni presenti nell'urna. È facile convincersi che dopo n giorni ci saranno nell'urna $9n$ gettoni. Quanti gettoni rimarranno nell'urna alla fine, dopo un'infinità numerabile di giorni? Visto che il numero dei gettoni aumenta ogni giorno di 9, è spontaneo pensare che alla fine ci saranno infiniti gettoni.

7 *Una figura uguale a una sua parte.* Una celebre nozione comune di Euclide afferma che "il tutto è maggiore della parte". Invece, nel piano euclideo esistono figure geometriche che sono uguali a loro sottoinsiemi propri, cioè figure che, in opportune isometrie, hanno per immagine solo una parte di sé stesse. Quali?

8 *La tromba di Torricelli.* Consideriamo l'iperbole equilatera di equazione $y = 1/x$ e limitiamoci ai punti di ascissa $x \geqslant 1$. Facciamo ruotare quest'arco di iperbole di un angolo giro intorno all'asse x. La superficie di rotazione Σ che si ottiene (Fig. 5.3) fu proposta nel 1644 da Evangelista Torricelli (1608-1647) (si veda la figura; attenzione, non si tratta di un iperboloide, perché la sua equazione cartesiana non è di secondo grado ma di quarto: $y^2 = \frac{1}{x^2+z^2}$. La tromba di Torricelli gode di una bizzarra proprietà: Σ ha area infinita, ma il volume del solido limitato da Σ è finito. Il che significa, pensando Σ come recipiente, che lo si può riempire con una quantità finita di vernice, ma per di-

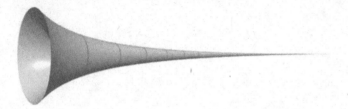

◀ **Figura 5.3**

pingere la sua superficie interna sarebbe necessaria una quantità infinita di vernice!

I calcoli non sono difficili. Trattandosi di un solido di rotazione, il volume si calcola con un integrale (nel nostro caso un integrale generalizzato): $\int_1^{+\infty} \frac{\pi}{x^2} \mathrm{d}x = \lim_{a \to +\infty} \left[-\pi\frac{1}{x}\right]_1^a = \pi$. Per l'area della superficie, conviene considerare gli intervalli $[1,2]$, $[2,3]$, $[3,4]$, ... e, in ciascuno di essi, sostituire a Σ il cilindro "inscritto", che ha per asse l'asse x e per raggio rispettivamente $1/2, 1/3, 1/4, \dots$. È chiaro che la superficie laterale del cilindro relativo all'intervallo $[n, n+1]$ ha area $\frac{2\pi}{n+1}$, ed è chiaro che l'area della corrispondente porzione di Σ è maggiore. Ma la serie $\sum_{n \geqslant 1} \frac{2\pi}{n+1}$ è divergente.

Prima di esaminare altri paradossi, fermiamoci a riflettere sul *valore dei paradossi*. Spesso, molto spesso, un paradosso nasce con un ragionamento che esce dagli schemi usuali, per condurci a conclusioni errate o comunque inattese.

Di fronte a un paradosso, la reazione istintiva di un matematico è il tentativo di "far tornare le cose", per chiarire se c'è un errore nel ragionamento (caso *c*), ovvero se la contraddizione è solo apparente (caso *b*). Ma, qualunque sia la situazione, *capire un paradosso* non significa solo superarlo: la cosa più importante è *approfondire quel ragionamento*. È molto probabile che lo si possa riprodurre in altri contesti con risultati interessanti. Questo è il caso, in particolare, del paradosso 9 e del teorema di Gödel, che vedremo nel capitolo 12.

Riportiamo una curiosa citazione del logico Jean-Ive Girard: "Un paradosso è una chiave di cui occorre trovare la porta".

5.3 Paradossi semantici e paradossi linguistici

Si chiamano *semantici* i paradossi in cui entrano in gioco i valori di verità degli enunciati (*vero – falso*); le argomentazioni si basano sull'assunzione che ogni frase di senso compiuto sia o vera o falsa, anche quando noi non siamo in grado di stabilirlo. I paradossi *linguistici* sono quelli che nascono dalle ambiguità del linguaggio corrente.

Non è sempre facile una classificazione di questi paradossi. Da un lato, rientrano nel caso *a*, perché mostrano che la logica naturale e, rispettivamente, il linguaggio corrente sono contraddittori. Da un altro punto di vista, si può sostenere che rientrano nel caso *c*, perché si compiono passaggi non corretti.

9 *Il paradosso del mentitore.* È il più celebre dei paradossi semantici, noto fin dall'antichità. Il poeta cretese Epimenide ebbe a dire: "tutti i cretesi sono mentitori". Se Epimenide dice la verità allora Epimenide, essendo cretese, è un mentitore e quindi dice il falso. Ma se mente, ...

La conclusione non è tuttavia così semplice. A rigore, se Epimenide mente, se ne deduce solo che non tutti i cretesi mentono: questo non significa che *tutti* i cretesi dicono la verità, ma che *almeno un* cretese dice la verità. Quindi, se ci pensiamo bene, non c'è una contraddizione logica. La conclusione è anzi del tutto ragionevole: almeno un cretese dice la verità e il giudizio sommario di Epimenide è errato. Tuttavia, è decisamente sconcertante che dall'affermazione di Epimenide segua (logicamente!) che di sicuro almeno un cretese dice la verità. In ogni caso, è facile riformulare il paradosso in modo da ottenere una contraddizione vera e propria. Basta considerare la frase "io sto mentendo" (nel senso che "quello che sto dicendo in questo momento è una bugia"). Se dico la verità, allora mento; se mento, allora dico la verità! Si possono costruire varianti: "questa frase è falsa", oppure, per evitare l'aggettivo questa, "la frase scritta alla riga 15 di pagina 29 del libro Non solo calcoli è falsa".

9 bis *Una variante spiritosa.* Consideriamo la frase: "cuesta fraze contiene tre errori". Quanti errori contiene la frase? Ci sono due vistosi errori ortografici, quindi è sbagliato anche il numero degli errori: in conclusione la frase contiene ...errori. Ne siamo sicuri?

Il paradosso del mentitore è attribuito a Eubulide di Mileto, filosofo della Scuola Megarica vissuto nel IV secolo a.C. Fu contemporaneo di Aristotele, e, secondo la tradizione, maestro di Demostene. Eubulide è celebre per i suoi paradossi. Ne riportiamo altri tre, per lo più legati alle ambiguità del linguaggio.

10 *Il paradosso dell'uomo mascherato.* "Conosci quest'uomo mascherato?" "No." "Ma è tuo padre. Così, tu non conosci tuo padre!".

11 *Il paradosso del mucchio.* Un singolo granello di sabbia non è un mucchio di sabbia. L'aggiunta di un singolo granello non trasforma in un mucchio qualche cosa che non è un mucchio. E tuttavia, continuando a aggiungere granelli di sabbia al granello iniziale, a un certo punto avremo un mucchio di sabbia.

12 *Il paradosso della coda.* Tu hai quello che non hai perso. Ma tu non hai perso la coda. Quindi tu hai la coda.

13 *Il paradosso di Berry* (G.G. Berry fu bibliotecario dell'università di Oxford). Scegliamo un dizionario italiano e costruiamo frasi (in cui compaiano solo parole riportate nel dizionario) che individuano un numero naturale, limitandoci alle frasi che contengono al più cento lettere. Ad esempio: "mille", "il più piccolo numero primo maggiore di un milione". Sia A l'insieme costituito da tutti i numeri naturali individuabili con le frasi considerate. A è un insieme finito, perché è finito l'alfabeto di cui disponiamo e le frasi hanno lunghezza limitata. Sia n_0 il minimo numero che non appartiene ad A, cioè sia n_0 "il minimo numero naturale che non è definibile con una frase che contiene al più cento lettere". Per costruzione $n_0 \notin A$. Ma, allo stesso tempo, $n_0 \in A$ perché lo abbiamo individuato con una frase con meno di cento lettere ...

14 Ricalcando lo schema dei sillogismi, consideriamo il seguente ragionamento. Prima premessa: 3 e 7 sono numeri primi; seconda premessa: i numeri primi sono infiniti. La conclusione è: 3 e 7 sono infiniti. I due *paradossi* che seguono, così come quelli del paragrafo 5.4, sono *più recenti*, e quindi meno noti. I ragionamenti coinvolti sono complessi, ma molto interessanti.

15 *Il paradosso di Löb* (noto anche come *paradosso di Curry*). Sia (A) la frase: "Se questa frase è vera, allora $2 + 2 = 5$", dove l'aggettivo questa si riferisce a tutta la frase (A). Supponiamo che (A) sia vera: in tal caso è vera non solo l'implicazione (A), ma anche l'ipotesi ("questa frase è vera"). Ne segue che è vera anche la tesi ("$2 + 2 = 5$"). Pertanto abbiamo dimostrato che, se si accetta come ipotesi che la frase sia vera, allora si ottiene che $2 + 2 = 5$. Ma l'ultima affermazione non è altro ... che la frase (A), che risulta pertanto dimostrata e quindi vera. Seguendo il ragionamento già visto, si conclude che $2 + 2 = 5$. Notiamo che nella frase (A) non compare esplicitamente la negazione.

Il paradosso 15, come alcuni dei precedenti, si basa sull'*autoreferenza*, cioè su un enunciato che parla di sé stesso. Una possibilità per superare questi paradossi consiste nell'escludere l'autoreferenza. Tuttavia, di frequente si accettano frasi che si riferiscono a sé stesse. Basti pensare a frasi del tipo: "io sto dicendo la verità"; "io parlo un italiano perfetto"; "questa è una lettera di protesta". Oppure all'art. 138 della Costituzione Italiana, che stabilisce come si modifica la Costituzione.

16 *Il paradosso di Yablo.* Consideriamo un'infinità numerabile di persone: a_0, a_1, a_2, ..., ciascuna delle quali afferma che "tutti quelli che hanno un indice maggiore del mio dicono il falso". La situazione descritta porta ad una contraddizione, nel senso che non riusciamo ad attribuire un valore di verità (*vero* o *falso*) alle varie affermazioni in modo coerente. Infatti, supponiamo che a_n, per un certo n, dica il vero. Quindi tutti gli a_m con $m > n$ mentono. In tal caso, l'affermazione di a_{n+1} risulta vera e quindi a_{n+1} non mente. Supponiamo ora che a_n dica il falso. Allora esiste un $m > n$ tale che a_m dice il vero: si può dunque riprodurre il ragionamento precedente considerando m al posto di n. In ogni caso si arriva ad una contraddizione.

5.4 Due paradossi di tipo diverso

17 *Il paradosso dell'ipergioco.* Consideriamo *giochi* fra due giocatori A e B. Un gioco si dice *finito* quando le sue regole sono tali che, dopo un numero finito di mosse, ogni partita ha termine (anche se non sappiamo a priori quante mosse sono necessarie per concludere la partita). L'ipergioco è il gioco che si svolge nel modo seguente: A sceglie un gioco finito, B fa la prima mossa e la partita procede secondo le regole del gioco. Si vede subito che l'ipergioco è un gioco finito: infatti il gioco scelto da A è finito e, dunque, la partita termina in un numero finito di mosse. Il paradosso sta nel fatto che, se l'ipergioco è un gioco finito, il giocatore A può scegliere l'ipergioco stesso, lasciando a B la scelta del gioco. Ma anche B può scegliere l'ipergioco, dopo di che A può ancora scegliere l'ipergioco, eccetera. Abbiamo così trovato una partita infinita in un gioco finito ...

18 *Un paradosso in probabilità (paradosso di Bertrand)* (cfr. capitolo 30). Consideriamo un cerchio Γ di raggio R. *Qual è la probabilità che una corda del cerchio,
scelta a caso, sia più lunga del lato del triangolo equilatero inscritto?* Illustriamo
tre modi diversi di rispondere alla domanda; l'aspetto paradossale è che i tre
modi portano a tre risultati diversi.

Primo metodo. Fissiamo sulla circonferenza un punto A, da pensarsi come
primo estremo della corda. Costruiamo il triangolo equilatero inscritto che ha
un vertice in A; siano B e C gli altri due vertici (Fig. 5.4). Chiaramente, solo le
corde AX con X punto dell'arco BC soddisfano la richiesta: siccome i tre archi
AB, BC, CA sono uguali (il triangolo è equilatero) la probabilità è 1/3.

Secondo metodo. Fissiamo la direzione della corda AX e consideriamo il diametro d perpendicolare a tale direzione. Costruiamo i due triangoli regolari
inscritti con un lato nella direzione considerata (Fig. 5.5). Tali lati intersecano
il diametro d nei due punti Y e Z che distano R/2 dal centro O di Γ. La corda
AX è maggiore del lato del triangolo se e solo se il suo punto d'intersezione con
il diametro d appartiene al segmento YZ. E siccome la lunghezza di YZ è R,
cioè metà del diametro, la probabilità è 1/2.

Terzo metodo. Ogni corda ammette un punto medio interno al cerchio. Viceversa, dato un punto H interno a Γ, esiste una sola corda che abbia H come
punto medio (si tratta dell'unica corda perpendicolare ad OH e passante per
H). In altre parole, esiste una corrispondenza biunivoca naturale tra l'insieme
delle corde e l'insieme dei punti interni ad un cerchio (per la precisione, occorre escludere i diametri, a ciascuno dei quali corrisponde il centro di Γ, ma
si tratta di un caso particolare che non influisce sul risultato generale). Se ora
si costruisce il cerchio Γ* concentrico a Γ di raggio R/2, è facile controllare
che ai punti di Γ* corrispondono tutte e sole le corde di Γ maggiori del lato
del triangolo regolare inscritto. In quest'ottica, dato che l'area di Γ* è la quarta
parte di quella di Γ, la probabilità è 1/4.

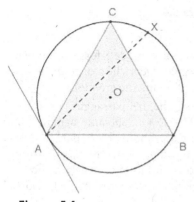

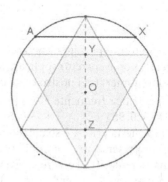

▲ **Figura 5.4**   ▲ **Figura 5.5**

5.5 Qualche commento su alcuni dei paradossi visti

1 In un passaggio, è stata fatta una divisione per 0. Una cautela didattica: se presentiamo in classe questo paradosso e il successivo, all'inizio è probabilmente necessario spiegare in che senso la conclusione è paradossale, perché, forse, qualche studente non trova nulla di strano nel fatto che si sia calcolato il valore di a ...

2 Il paradosso serve per ricordare agli studenti che $\sqrt{x^2} = |x|$.

3 L'errore è nella figura. Conviene tracciare la circonferenza Γ circoscritta al triangolo (Fig. 5.6). Ovviamente, l'asse di AC incontra Γ nel punto medio dell'arco AC; ma anche la bisettrice dell'angolo in B passa per lo stesso punto. Abbiamo così che O è il punto medio dell'arco AC e, dunque, è esterno al triangolo. Nel quadrilatero $ABCO$ (inscritto in Γ), gli angoli in A e in C sono supplementari: o sono entrambi retti (e allora il triangolo è davvero isoscele), oppure sono uno acuto e uno ottuso. A questo punto, si conclude che il punto K è interno al lato BC, mentre H è esterno al lato AB (o viceversa): quindi $AB = BH - HA$, ma $BC = BK + KC$.

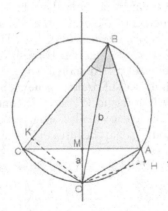

◄ **Figura 5.6**

4 Negli ultimi passaggi, abbiamo risolto l'equazione come se S fosse un numero reale: non è corretto applicare le consuete regole algebriche a oggetti che non sono numeri (nel nostro caso, una quantità infinitamente grande).

5 Una critica frequente al ragionamento visto è che, nel passaggio $(1 - 0,5) + (1 - 0,95) + ... = 1 + (-0,5 + 1) + (-0,95 + 1) + ...$ abbiamo aggiunto un "1". Questa critica è sbagliata, perché anche nel primo membro quel numero 1 era presente nei "puntini" (e non c'è, in nessuno dei due membri, un'ultima parentesi!). L'errore è diverso: abbiamo applicato la proprietà associativa che non vale per le serie, se non con ipotesi non soddisfatte nel caso in esame.

6 Contrariamente alle aspettative, l'urna sarà vuota! Il motivo è semplice: per ogni n, il gettone contrassegnato con n viene tolto nel giorno n. E quindi nessun gettone rimane nell'urna fino alla fine.

7 L'esempio più semplice è una semiretta di origine O e passante per P, a cui si toglie il segmento OP (per la precisione, non va tolto il punto P). Oppure pensiamo a un angolo convesso: se si toglie metà di una striscia, come suggerito in Fig. 5.7, rimane un angolo uguale all'angolo iniziale. Naturalmente, in tutti i casi, si tratta di figure con infiniti punti.

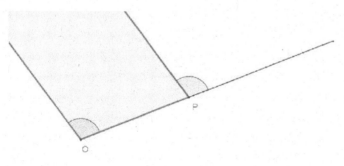

▲ **Figura 5.7**

8 Il riferimento alla vernice è discutibile: per dipingere una superficie si stende su di essa uno strato che ha un certo spessore ε, sia pure molto piccolo. Ma, se pensiamo di riempire di vernice la tromba di Torricelli, da un certo punto in poi lo spessore della tromba è minore di ε.

9 bis È spontaneo rispondere tre. Ma, in tal caso, il numero degli errori diventa giusto, e quindi non ci sono altri errori, oltre ai due errori ortografici. Ma allora ... Il punto è che è impossibile dare una risposta coerente alla domanda: la risposta *due* va corretta in *tre*, ma la risposta *tre* va corretta in *due*.

14 La conclusione, errata, è stata ricavata da premesse corrette e seguendo uno schema corretto. L'errore nasce dall'ambiguità legata al verbo essere: "i numeri primi sono infiniti" significa che *l'insieme* dei numeri primi è infinito e non che ogni numero primo è infinito. In italiano, si esprimono in modo formalmente analogo proprietà di un insieme (i numeri primi sono infiniti) e proprietà degli elementi di un insieme (i numeri primi, maggiori di 2, sono dispari). Da notare che questo paradosso è tipico della lingua italiana, ma non di tutte le lingue: in inglese si può dire *prime numbers are odd* ma non *prime numbers are infinite* (si dice, invece, *there are infinitely many prime numbers*).

18 La differenza fra i risultati che si ottengono con i tre procedimenti dipende dal fatto che non è chiaro che cosa si intenda per tracciare *a caso* una corda: i tre procedimenti corrispondono a modi diversi di scegliere una corda in un cerchio dato.

Capitolo 6
In che cosa si differenzia il linguaggio della logica dal linguaggio che usiamo tutti i giorni? Ci sono legami fra i simboli logici e i simboli della teoria degli insiemi?

6.1 Il linguaggio naturale e le sue ambiguità

Nel seguito, parleremo di *linguaggio naturale* per intendere il linguaggio corrente, non simbolico, che si è sviluppato a livello storico culturale e che usiamo tutti i giorni, anche parlando di matematica. Il linguaggio naturale (nel nostro caso, l'italiano) presenta molte *ambiguità*, perfino in ambito matematico.

Ci sono parole con due significati: ad esempio, se parliamo di *tangente* possiamo riferirci ad una retta oppure ad una funzione goniometrica; *rettangolo* è un sostantivo che denota i quadrilateri con quattro angoli retti, ma la stessa parola può diventare un aggettivo e allora si riferisce ai triangoli con un angolo retto. Fra le altre parole che ammettono più significati, citiamo *base* (di un triangolo, di una potenza, di uno spazio vettoriale), *radice* (di un numero o di un'equazione) e *quadrato*. Nel caso di *quadrato* l'ambiguità può costituire un aiuto, perché c'è un ovvio legame fra la figura geometrica e l'operazione di elevamento alla seconda potenza. Meno felici sono le locuzioni *segmento circolare* e *segmento parabolico*, dove la parola segmento, che in genere si riferisce ad una parte di linea retta, indica una porzione di piano.

Molto insidioso è il doppio significato della parola *ipotesi*, parola che spesso si contrappone a tesi nell'enunciato di un teorema (e indica allora quello che sappiamo in partenza), ma talvolta esprime una congettura, un enunciato non ancora sicuro che si vorrebbe dimostrare (un'ipotesi scientifica, oppure, in ambito matematico, l'*ipotesi di Riemann*).

Ci sono poi espressioni linguistiche simili nella struttura, ma con significati logicamente diversi: per un esempio, si veda il paradosso 14 nel capitolo 5.

Commento Molto probabilmente un linguaggio naturale *deve* avere margini di ambiguità. Mentre il rigore matematico ci chiede in primo luogo di essere precisi e non ambigui, nella vita quotidiana spesso facciamo volutamente ricorso a parole interpretabili in più modi, oppure cerchiamo di spiegare una sfumatura in modo indiretto. Del resto, la comunicazione orale fra esseri umani è quasi sempre accompagnata da gesti e sguardi e, comunque, il tono della voce ha un'influenza sul significato.

Le ambiguità prima citate (che variano da lingua a lingua) possono causare incertezze, ma sono di rado motivo di errori veri e propri da parte di studenti. In ogni caso, non va sottovalutata la varietà dei significati che alcuni termini matematici assumono nel linguaggio corrente: si pensi a *teorema*, che nel linguaggio

Villani V., Bernardi C., Zoccante S., Porcaro R.: Non solo calcoli. Domande e risposte sui perché della matematica
DOI 10.1007/978-88-470-2610-0_6, © Springer-Verlag Italia 2012

giornalistico si usa per indicare una convinzione a priori, non giustificata da fatti oggettivi (per il significato in matematica si veda il capitolo 8), oppure a *volume*, che in matematica esprime la misura di un solido, ma nel linguaggio naturale è un libro, o anche l'intensità di un suono. Un discorso a parte merita *angolo*, che nell'uso corrente ha un significato più ristretto rispetto al significato matematico: mettere un mobile in un angolo significa collocarlo vicino al vertice dell'angolo, o allo spigolo dell'angolo se si pensa ad un angolo diedro (si possono vedere in proposito il paragrafo 1.2 e [Villani, 2006], pag. 133 ss).

Un utile esercizio linguistico per studenti dei primi anni delle Superiori consiste nel mettere a confronto le definizioni di questi ed altri termini riportate nei più diffusi dizionari con le definizioni che si danno in matematica (cfr. [Batini, 2004]). La diversità di significati è una possibile fonte di fraintendimenti: in genere, per uno studente il significato del linguaggio comune prevale su quello matematico.

6.2 Ambiguità ed errori logici nella vita corrente

Nel paragrafo precedente abbiamo visto alcune ambiguità nel significato di singole parole. Vediamo ora imprecisioni ed errori, di carattere più squisitamente logico, nella struttura di frasi che si usano nel linguaggio quotidiano. Talvolta si tratta solo di frasi poco precise, mentre in altri casi abbiamo a che fare con messaggi pubblicitari che possono facilmente essere equivocati (per questi messaggi, è anzi legittimo il sospetto che siano detti e scritti in modo da indurre nell'equivoco e trarre in inganno). Il lettore interessato può trovare altri esempi in [Copi, 1999].

- *Quella strada è sicura all'*80%. A che cosa si riferisce la percentuale? Non vogliamo certo intendere che, su 100 automobili che percorrono quel tratto di strada, solo 80 escono senza incidenti: in tal caso, anche una strada sicura al 99% dovrebbe essere immediatamente chiusa per motivi di sicurezza! In sostanza, invece di esprimere un giudizio puramente qualitativo ("quella strada è poco sicura"), si usa il numero 80 senza attribuire un senso preciso al numero citato. L'impressione è che, nel linguaggio corrente, il ricorso a numeri serva a dare un'immagine di accuratezza, se non di scientificità.

- Si trovano numerosi esempi nel linguaggio pubblicitario: la tal crema aumenta del 75% la luminosità del viso, oppure il tale shampoo rende i capelli più soffici del 58%. È difficile dare un significato a quei numeri, ma l'impressione di chi ascolta la pubblicità è che la ditta che produce crema o shampoo abbia fatto precise ricerche in proposito.

- Su una confezione di biscotti è scritto *prodotti con farina integrale* (o con frumento d'avena, ecc.). Se si legge l'elenco degli ingredienti, che compare per legge sulla confezione, talvolta si ha una sorpresa: i biscotti contengono effettivamente farina integrale o d'avena, ma anche normale farina di frumento. La frase iniziale non è falsa, ma può facilmente essere interpretata come "prodotti *solo* con farina integrale".

- Nell'insegnamento della matematica si pone giustamente attenzione alla differenza fra un'implicazione "se *P* allora *Q*" e l'implicazione "se *Q* allora *P*" (detta *inversa* della precedente). Per esempio, è corretto affermare che se un

Capitolo 6 • In che cosa si differenzia il linguaggio della logica?

37

quadrilatero è un rettangolo allora è inscrivibile in un cerchio, ma è ovviamente sbagliato dire che se un quadrilatero è inscrivibile in un cerchio allora è un rettangolo. Tuttavia nella vita corrente siamo spesso meno precisi. Quando una persona dice "se è bel tempo domani vado al mare" in genere intende dire "domani vado al mare se e solo se è bel tempo". A rigore, nell'implicazione iniziale non si dice nulla su come ci si comporta in caso di cattivo tempo, ma è spontaneo pensare che, se piove, chi ha detto la frase citata non vada al mare.

- La confusione fra un'implicazione e la sua inversa è frequente nel linguaggio comune. Vediamo altri due casi; esamineremo esempi in proposito anche nel paragrafo 8.4. *Se uno ha l'influenza, allora ha la febbre alta. Giuseppe ha la febbre alta; quindi ha l'influenza.* Il ragionamento, naturalmente, è sbagliato, perché la febbre è conseguenza di molte malattie e non solo dell'influenza. In effetti, per una diagnosi medica si deve proprio risalire dagli effetti alle cause, che tuttavia non sono univoche (uno stesso effetto può derivare da cause diverse): è allora necessario valutare altri sintomi e procedere con attenzione a valori probabilistici o statistici.

  Una situazione analoga si presenta in ambito poliziesco. Supponiamo che sia stato stabilito che l'assassino è stato ripreso da una certa telecamera (abbiamo a che fare con un'implicazione: se uno ha commesso il crimine, allora è stato ripreso). Se Tizio è stato ripreso dalla telecamera, ovviamente non è lecito concludere che Tizio è l'assassino. Si tratta di un indizio; ma il valore di quell'indizio dipende dal numero di persone riprese (se sono 200, l'indizio è poco significativo).

- *Chi è giovane veste gli abiti della linea Dress up.* Questa affermazione pubblicitaria corrisponde all'implicazione "se uno è giovane, allora veste *Dress up*", che non può essere corretta, perché non tutti i giovani indossano gli abiti dei quella marca. Per altro, il messaggio pubblicitario induce indirettamente a pensare l'implicazione inversa: "se uno veste *Dress up*, allora è giovane", invogliando così ad acquistare quei capi d'abbigliamento nella speranza di sentirsi un po' più giovani.

- Come vedremo nel paragrafo 8.3, l'implicazione "se P allora Q" equivale all'implicazione (detta *contronominale* della precedente) "se non vale Q allora non vale P". Tuttavia, in certe situazioni pare che il linguaggio naturale non rispetti questa regola logica. Per esempio, è ragionevole dire *se piove, prendo l'ombrello*. Invece, l'affermazione *se non prendo l'ombrello, non piove* fa pensare ad una persona troppo sicura delle proprie previsioni. La difficoltà è dovuta a fattori cronologici, importanti nella vita corrente, ma inesistenti in matematica e in logica. L'equivalenza fra una implicazione e la sua contronominale non vale se cambia l'ordine temporale (*prima* piove e *poi* prendo l'ombrello, o viceversa).

  Più complessa è la situazione relativa alla frase *se hai fame, c'è il prosciutto in frigorifero*, detta da una moglie premurosa al marito che rientra tardi. La contronominale *se non c'è il prosciutto in frigorifero, non hai fame* ci fa invece pensare ad una moglie molto più sbrigativa, che decide da sola se il marito ha o no fame. In questo caso, i problemi nascono dal fatto che la prima frase è ellittica, perché il suo significato è in realtà: "se hai fame, prendi il prosciutto che è in frigorifero" (e se il marito non lo prende, allora non ha fame).

- Una pubblicità assicurava che alcune persone che avevano usato regolarmente per un mese un prodotto dimagrante, avevano perso 3-4 kg alla fine del mese. Si tratta di un caso reale. La competente autorità accertò che quelle persone, nel mese in questione, avevano effettivamente usato il prodotto, ma avevano anche seguito una rigida dieta alimentare: qual era la causa del dimagrimento? In questo caso la pubblicità induceva in errore perché non diceva *tutta* la verità.

- Le norme consentono la pubblicità comparativa, che talvolta tuttavia porta ad affermazioni discutibili o fuorvianti. Un tipico esempio si trova nel confronto di tariffe telefoniche, perché ogni gestore ha spesso condizioni molto particolari, come grossi sconti per telefonate ad un determinato numero scelto dal cliente, o in orari particolari ecc. Si possono allora fare confronti in situazioni specifiche, trovando che quelle condizioni particolari assicurano un vantaggio di un gestore rispetto ad altri gestori; ma il confronto non garantisce affatto che, *in generale*, il contratto con quel gestore sia più conveniente.

- Nella legislazione l'interpretazione delle norme è spesso oggetto di discussione. Vediamo un esempio in ambito scolastico. Dopo l'abolizione degli esami di settembre, nelle Superiori la normativa prevedeva che, per *gli alunni che presentino un'insufficienza non grave in una o più discipline* il consiglio di classe *poteva* deliberare la promozione. Come doveva essere interpretata la frase precedente? Sembra che una o più insufficienze (quante?), se non sono gravi, non pregiudichino la promozione. Naturalmente, è discutibile che si promuova uno studente con tre "5" e si bocci uno studente con un singolo "4". A rigore, si noti che la norma citata non fissava alcun criterio chiaro, perché non escludeva la promozione nemmeno con molte insufficienze gravi ...

- Frasi molto ambigue sono spesso presenti nella pubblicità di corsi di formazione. Per esempio, se si legge di un "Corso per il conseguimento del titolo di giornalista", si pensa che chi segue con profitto quel corso, alla fine consegue il titolo; ma questo è impossibile perché, per quel titolo, è necessario per legge un periodo di praticantato. In termini logici, il corso viene visto come condizione sufficiente, mentre non è né necessario né sufficiente ... Il messaggio, sotto l'apparenza di un'offerta di lavoro, è in realtà finalizzato a promuovere un corso di formazione a pagamento.

  Si leggono spesso inserzioni del tipo: "Vuoi entrare nel mondo dello spettacolo? Noi selezioniamo giovani: i prescelti verranno proposti ecc.". Questi messaggi lasciano intendere che le società che gestiscono il corso cerchino personale da impiegare nei settori specificati. In molti casi reali, dalle indagini è emerso che, in realtà, al termine del corso di formazione (a pagamento!) la società non si occupa della futura occupazione, perché si limita ad organizzare i corsi. Pubblicità di questo tipo sono indubbiamente ingannevoli, anche quando non contengono vere e proprie bugie.

Capitolo 6 • In che cosa si differenzia il linguaggio della logica?

39

6.3 La logica e i linguaggi logici

La parola *logica* deriva dal greco λóγος (si legga *logos*), termine ricco di significati: parola, racconto, discussione, ragionamento.

Già a livello etimologico risulta chiara l'importanza della logica nella didattica della matematica: per uno studente, a tutti i livelli scolastici, la capacità di esprimersi con un linguaggio appropriato e di ragionare correttamente (in modo logico, appunto) è fondamentale ed è quasi sempre legata al suo rendimento in matematica. Riprendiamo una frase da recenti programmi: "la matematica fornisce un apporto essenziale alla formazione della competenza linguistica".

A differenza del linguaggio naturale, un *linguaggio logico* è un linguaggio simbolico, più preciso, ma inevitabilmente meno espressivo, del linguaggio naturale. Un linguaggio simbolico, proprio perché è meno ambiguo del linguaggio naturale, è *più adatto per la matematica*, in particolare *per esporre dimostrazioni*.

L'uso di simboli è tipico di tutta la matematica, a partire dai simboli più semplici, come +, =, <. Nel caso di un linguaggio logico, una frase può essere interamente tradotta in un'opportuna formula.

Vediamo come si procede per la costruzione di un *linguaggio logico*. In primo luogo si introducono simboli per i connettivi e i quantificatori; parliamo fin d'ora di enunciati o proposizioni: sul significato di queste parole torneremo nel paragrafo 6.4.

I **connettivi** usati più di frequente sono:

- ¬ *"non"*; questo simbolo, premesso ad un enunciato, ne fornisce la negazione;
- ∧ *"e"*; la congiunzione, come i connettivi seguenti, collega due enunciati;
- ∨ *"o"*; questo connettivo indica la disgiunzione inclusiva, che corrisponde al latino *vel*;
- ⟶ *"se ... allora"*; l'implicazione non va intesa nel senso di "causa-effetto", ma equivale a "non vale il primo enunciato oppure vale il secondo";
- ↔ *"se e solo se"*; la doppia implicazione esprime l'equivalenza fra due enunciati.

Vedremo più avanti alcune proprietà dei connettivi. Qui ci limitiamo a notare che $A \wedge B$ equivale a $B \wedge A$ e, analogamente, $A \vee B$ equivale a $B \vee A$. Anche $A \longleftrightarrow B$ equivale a $B \longleftrightarrow A$; mentre, ovviamente, $A \longrightarrow B$ *non* equivale a $B \longrightarrow A$.

Per i **quantificatori**, si usano i simboli:

- ∀ *"per ogni"*, detto quantificatore universale (si tratta di una A rovesciata, dall'inglese *all*);
- ∃ *"esiste almeno un"*, detto quantificatore esistenziale (si tratta di una E ribaltata, dall'inglese *exists*).

In alcuni testi, specie se non recenti, si possono trovare simboli diversi da quelli citati; naturalmente, dal punto di vista didattico, non è importante la scelta dei simboli, quanto il riconoscimento dell'importanza logica di certe parole.

Lo studio esplicito di connettivi e quantificatori si ritrova già nei filosofi dell'antica Grecia, dagli Stoici ad Aristotele; tuttavia, l'introduzione di opportuni simboli è molto più recente.

Se il linguaggio comprende solo i connettivi, si parla oggi di **logica delle proposizioni** o degli **enunciati**; se il linguaggio contiene sia connettivi sia quantificatori, si ha la **logica dei predicati**.

6.4 La logica delle proposizioni

In primo luogo, precisiamo il termine **proposizione**; con lo stesso significato si
usa anche *enunciato*; la traduzione inglese più diffusa è *sentence*.

Una proposizione è una *frase non ambigua, per la quale sia sensato chiedersi se
è vera o falsa*. Per esempio, "$3+4 = 8$" è una proposizione, mentre non lo è "?5(+1"
e nemmeno "$7x+2$". Invece, "$\pi^2 + \sqrt{e}$ è un numero razionale" è una proposizione,
anche se al momento attuale nessuno sa stabilire se la frase è vera o falsa.

Nel calcolo delle proposizioni, i connettivi collegano lettere che indicano, appunto, proposizioni. In questo modo, si costruiscono le formule, che sono scrit-
ture del tipo $C \wedge (A \longrightarrow (B \vee \neg A))$. In queste scritture le *parentesi* hanno la stessa
funzione che hanno nelle espressioni aritmetiche, e cioè indicare in quale ordine
va letta la formula: come al solito, va data la priorità ai connettivi racchiusi nelle
parentesi più interne.

I connettivi sono *verofunzionali*: questo significa che, se si congiungono due
proposizioni con un connettivo, il valore di verità (vero o falso) della proposizione
che si ottiene dipende esclusivamente dal valore di verità delle due proposizioni
iniziali. Per chiarire il discorso, pensiamo alla frase "A è avvenuto prima di B":
il legame "è avvenuto prima di" non è verofunzionale, perché, se per esempio
sappiamo che A e B sono entrambe vere, non siamo in grado di stabilire se la
frase precedente è vera o falsa. Invece, se sappiamo che A e B sono la prima vera
e la seconda falsa, possiamo senz'altro affermare che $A \wedge B$ è falsa mentre $A \vee B$ è
vera.

Il fatto che i connettivi siano vero funzionali permette di costruire le note *tavole di verità*, riportate nei testi di logica come per esempio [Mendelson, 1972],
[Toffalori, 2000], [Borga, 1984].

Qui ricordiamo solo la tavola di verità dell'*implicazione*, da cui risulta che
$A \longrightarrow B$ è falsa solo nel caso in cui A è vera e B falsa.

A	B	$A \longrightarrow B$
V	V	V
V	F	F
F	V	V
F	F	V

È inevitabile affrontare la domanda: perché per l'implicazione si introduce una
tavola di verità così poco convincente?

Per prima cosa si osservi che non è facile proporre altre tavole di verità. Se
per esempio stabilissimo che $A \longrightarrow B$ è falsa anche quando A è falsa e B è vera
(lasciando invariato il resto), troveremmo una tavola di verità *simmetrica* rispetto
all'ipotesi e alla tesi, il che sicuramente non è accettabile.

Una delle difficoltà dell'implicazione, e in generale del ragionamento matematico, risiede nel fatto che nel linguaggio corrente siamo spesso più interessati ai "se

Capitolo 6 • In che cosa si differenzia il linguaggio della logica?

41

e solo se" (si veda anche il paragrafo 6.2). Per altro, anche nel linguaggio usuale si trovano esempi che possono aiutare a capire la tavola di verità dell'implicazione. La frase *se uno vince al totocalcio diventa ricco per tutta la vita* è discutibile, ma che cosa dobbiamo fare per smentirla, cioè per mostrare che è falsa? L'*unica* possibilità è trovare uno che ha vinto al totocalcio (ipotesi vera), ma non è ricco (tesi falsa). Invece, la presenza di ricchi che non hanno vinto al totocalcio non contraddice la frase.

È utile considerare anche *ordini*, del tipo: *se uno guida deve avere con sé la patente*. Se "vero = obbedienza", chi obbedisce alla norma e chi, invece, può essere multato in base a questa legge? Gli unici che disobbediscono sono coloro che guidano senza avere con sé la patente.

6.5 La logica dei predicati

I quantificatori sono strettamente legati alle *variabili* e ai *predicati*. Vediamo direttamente un esempio. Per tradurre la frase "*esiste un numero primo maggiore di 100*" si può scrivere: $\exists x\,[P(x) \wedge (x > 100)]$. In questa formula x è una *variabile*; ed è chiaro che un quantificatore si può collegare *esclusivamente* ad una variabile (in logica, non ha alcun senso scrivere[1] né $\exists 2$ né $\forall 2$). La scrittura $P(x)$ è un *predicato*: con il simbolo P attribuiamo ad x una proprietà, come, appunto, "essere un numero primo". Naturalmente, per passare dal linguaggio naturale al linguaggio logico, o per tornare dal linguaggio logico al linguaggio naturale, dobbiamo precisare sia il *dominio* (cioè l'ambiente a cui ci riferiamo - nel nostro caso l'insieme dei numeri naturali), sia il significato attribuito ai predicati, cioè come vanno interpretati.

Anche $x > 100$ è un predicato, sia pure scritto in forma diversa: volendo, potremmo scrivere $M(x, 100)$ e precisare l'interpretazione della lettera M. C'è una differenza importante fra i due predicati precedenti: mentre $P(x)$ esprime una proprietà di un *singolo* numero, $x > 100$ corrisponde a un predicato *binario*, cioè a una relazione fra due numeri.

Abbiamo già accennato alle diverse esigenze del linguaggio naturale e del linguaggio logico formale. Il confronto fra i due linguaggi chiarisce (anzi, aiuta a capire) le ambiguità del linguaggio naturale. Limitiamoci a due esempi.

In logica, il simbolo $\wedge$ gode della proprietà commutativa: con riferimento alla formula precedente, scrivere $\exists x\,[P(x) \wedge (x > 100)]$ equivale a scrivere $\exists x\,[(x > 100) \wedge P(x)]$. Nel linguaggio corrente, invece, dire *sono uscito e sono andato al cinema* ha un significato ben diverso da *sono andato al cinema e sono uscito*. Nel secondo caso, l'ascoltatore capisce che il film era talmente brutto che

---

[1]Mentre scrivere $\forall 2$ è manifestamente errato, potrebbe sembrare accettabile la scrittura $\exists 0$, che in effetti si trova in qualche testo. In realtà, le scritture $\exists 0$ e $\forall 2$ sono ugualmente sbagliate. Cerchiamo di chiarire il discorso. Dire che esiste un elemento "zero" non ha molto senso fino a che non precisiamo le proprietà di cui gode quell'elemento. Al posto di $\exists 0$ scriveremo così: $\exists x \forall y (x + y = y)$ se intendiamo riferirci all'elemento neutro rispetto all'addizione, oppure $\exists x (x + x = x)$ se ci interessa un numero che sia uguale al suo doppio, oppure ancora $\exists x \forall z (x \cdot z = x)$ se pensiamo alla moltiplicazione, ecc. La scrittura con la variabile permette appunto di precisare la proprietà a cui intendiamo far riferimento.

chi parla è uscito dal cinema prima della fine. Nel linguaggio naturale la "e" ha spesso un valore temporale: prima ho fatto una cosa e poi un'altra; talvolta il valore della "e" è finale (*sono uscito per andare al cinema*). Naturalmente, il significato di una frase pronunciata nel linguaggio comune dipende dal contesto, dal tono di voce, dai gesti che l'accompagnano.

La parola *un* viene usata, perfino in matematica, con significati diversi. Con la frase *in un parallelogramma i lati opposti sono uguali* si intende enunciare una proprietà di cui godono tutti i parallelogrammi. Invece, dicendo che *fra i parallelogrammi, uno ha tutti i lati uguali*, si parla di alcuni specifici parallelogrammi. In termini più precisi, *un* rappresenta il quantificatore universale nel primo caso, il quantificatore esistenziale nel secondo.

Un'analoga ambiguità si presenta nella due frasi: *il quadrato di un numero pari è pari"* e "16 è *il quadrato di un numero pari*.

Commento In generale, un'analisi di frasi nel *linguaggio naturale* in termini logici richiede molta attenzione e talvolta può lasciare insoddisfatti. Occorre sempre tener presente che linguaggio naturale e linguaggio logico nascono con scopi diversi. Lo studio della logica non ha necessariamente un valore "normativo" nei confronti del nostro modo di esprimerci: non si tratta di modificare l'uso corrente, ma di capirlo.

In termini didattici, un traguardo importante dell'educazione logica è portare gli studenti alla *consapevolezza linguistica*: capire quello che si dice.

6.6 Qualche proprietà di connettivi e quantificatori

Per uno studio approfondito rimandiamo a testi di logica come [Mendelson, 1972], [Toffalori, 2000], [Borga, 1984]. Qui vediamo rapidamente alcune proprietà di uso frequente.

- Le leggi di De Morgan affermano che $\neg(A \wedge B)$ equivale a $\neg A \vee \neg B$; e che, analogamente, $\neg(A \vee B)$ equivale a $\neg A \wedge \neg B$.
- Non è lecito scambiare l'ordine di due quantificatori: $\forall x \exists y (x + y = 0)$ non equivale a $\exists y \forall x (x + y = 0)$. La prima affermazione è vera se interpretata nell'insieme dei numeri interi relativi (o nell'insieme dei reali relativi), mentre la seconda è falsa: per ogni numero c'è un opposto, ma non c'è un numero che, addizionato ad un qualsiasi altro numero, dia sempre come somma 0.
- Non è lecito neppure scambiare fra loro un quantificatore e la negazione $\neg \forall x A(x)$ non equivale a $\forall x \neg A(x)$. Per esempio, *non tutti* i numeri sono pari non significa che tutti i numeri sono dispari.
  Come è facile convincersi con qualche esempio, $\neg \forall x A(x)$ equivale a $\exists x \neg A(x)$ e, analogamente, $\neg \exists x A(x)$ equivale a $\forall x \neg A(x)$. Queste ultime formule esprimono, nel calcolo dei predicati, che *nessun* elemento soddisfa alla proprietà $A(x)$.
- Una qualunque delle due seguenti formule afferma che *esiste uno e un solo x* che soddisfa ad una data proprietà $H(x)$

$$\exists x \left[H(x) \wedge \forall y (H(y) \longrightarrow y = x) \right] \quad \text{o anche} \quad \exists x \forall y (H(y) \longleftrightarrow y = x).$$

Capitolo 6 • In che cosa si differenzia il linguaggio della logica?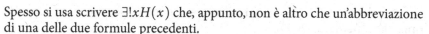

43

Spesso si usa scrivere $\exists!xH(x)$ che, appunto, non è altro che un'abbreviazione di una delle due formule precedenti.

• I connettivi $\wedge$ e $\vee$ godono delle proprietà *commutativa* e *associativa*, nel senso che per esempio la formula $(A \wedge B) \wedge C$ equivale alla (ha la stessa tavola di verità della) formula $A \wedge (B \wedge C)$. Le stesse proprietà valgono per il connettivo $\longleftrightarrow$, ma nel caso della proprietà associativa il discorso non è affatto intuitivo. Comunque, scrivendo le tavola di verità si controlla che le due formule $(A \longleftrightarrow B) \longleftrightarrow C$ ed $A \longleftrightarrow (B \longleftrightarrow C)$ sono equivalenti, perché sono vere negli stessi casi: "A, B, C sono tutte vere" oppure "è vera una sola fra di esse". Talvolta si usano scritture del tipo $A \longleftrightarrow B \longleftrightarrow C$, senza parentesi; per esempio, parlando degli angoli di un triangolo, si può scrivere: "un angolo è retto $\longleftrightarrow$ due angoli sono complementari $\longleftrightarrow$ un angolo è uguale alla somma degli altri due". In queste situazioni si vuole esprimere che A, B, C sono equivalenti a due a due: quindi, in realtà si pensa a un'altra formula, cioè $(A \longleftrightarrow B) \wedge (B \longleftrightarrow C)$.

6.7 I connettivi e la teoria degli insiemi

Sono spesso citati i legami fra i connettivi della *logica delle proposizioni* e le operazioni della *teoria degli insiemi*; precisamente: fra congiunzione e intersezione, fra disgiunzione e unione, fra negazione e passaggio al complementare. Questa corrispondenza tra logica e insiemi è utile in vari contesti (in particolare si veda il paragrafo 25.1, ma richiede qualche precisazione.

Per inquadrare il discorso in modo corretto, cominciamo con l'osservare che, una volta fissato un dominio A, ad ogni predicato $H(x)$ è associato il sottoinsieme formato dagli elementi di A che soddisfano la proprietà espressa da $H(x)$: per esempio, nell'insieme $\mathbb{N}$ dei naturali il predicato "essere primo" individua il sottoinsieme dei numeri primi. In generale, il sottoinsieme è indicato con la scrittura $\{\, x \in A \mid H(x) \,\}$ e la proprietà $H(x)$ è detta proprietà caratteristica (si veda, in proposito, il paragrafo 4.1. Se un elemento $a \in A$ soddisfa la proprietà espressa da $H(x)$, allora ovviamente $a \in \{\, x \in A \mid H(x) \,\}$.

Consideriamo ora due predicati $H(x)$, $K(x)$, a ciascuno dei quali corrisponde un insieme; se uno stesso elemento soddisfa entrambe le proprietà, allora appartiene a tutt'e due gli insiemi e, quindi, alla loro intersezione. Vale cioè l'uguaglianza:

$$\{\, x \in A \mid H(x) \wedge K(x) \,\} = \{\, x \in A \mid H(x) \,\} \cap \{\, x \in A \mid K(x) \,\}.$$

Così l'insieme dei numeri che sono contemporaneamente multipli di 2 e di 3 è uguale all'intersezione dell'insieme dei multipli di 2 e dell'insieme dei multipli di 3 (per inciso: si tratta dell'insieme dei multipli di 6). Analogamente, valgono le uguaglianze

$$\{\, x \in A \mid H(x) \vee K(x) \,\} = \{\, x \in A \mid H(x) \,\} \cup \{\, x \in A \mid K(x) \,\}$$
$$\{\, x \in A \mid \neg H(x) \,\} = A \setminus \{\, x \in A \mid H(x) \,\}.$$

Tutto ciò premesso, è errato concludere che ad ogni "e" corrisponde un'intersezione. Basta pensare a frasi come *porto a scuola i libri di matematica e di italiano*, dove l'operazione fra insiemi è semmai un'unione (per una discussione in proposito, si rimanda a [Bernardi, 2000].

6.8 La formalizzazione

La logica dei predicati permette di scrivere gli enunciati matematici in un linguaggio totalmente simbolico. Si parla, in questo senso, di *formalizzazione*.

L'argomento presenta ovvi legami con l'*informatica*, dove si costruiscono linguaggi artificiali, ed è molto interessante sul piano didattico, perché aiuta a chiarire e a comprendere la struttura logica delle varie frasi, superando quelle ambiguità del linguaggio naturale di cui abbiamo parlato nel paragrafi 6.1 e 6.2.

Tuttavia, il discorso si fa subito molto complicato. In primo luogo è necessario specificare in modo preciso i simboli del linguaggio. Oltre a connettivi e quantificatori, abbiamo:

- *variabili*, cioè lettere come x, y che possono essere interpretate in modo diverso e che possono essere precedute da un quantificatore;
- *costanti*, che denotano elementi particolari, come 0 e 1;
- *predicati* che indicano particolari relazioni; possiamo usare simboli consueti come $<$, $=$, oppure introdurre nuovi simboli precisandone il significato;
- *lettere per funzioni* (od operazioni); anche in questo caso possiamo usare simboli consueti come $+$, $\times$, oppure introdurre nuovi simboli precisandone il significato.

La scelta delle costanti, dei predicati e delle lettere per funzioni dipende dal contesto.

Si noti la differenza fra un predicato A e una lettera per funzione f: mentre $f(x, y)$ denota quell'elemento che si ottiene applicando f agli elementi x ed y, $A(x, y)$ è l'affermazione secondo cui gli elementi x ed y stanno in una certa relazione.

Il problema è che anche enunciati all'apparenza semplici sono difficili da formalizzazione. Vediamo un solo esempio. Per esprimere che *il quadrato di un numero pari è pari* in un linguaggio che contenga, oltre ai simboli logici, costanti per i numeri naturali e i simboli $+$, $\times$, $=$, possiamo scrivere:

$$\forall n\,[\exists a(n = 2 \times a) \longrightarrow \exists b(n \times n = 2 \times b)].$$

La scrittura è interessante, perché abbiamo messo in evidenza sia la presenza di un'implicazione (nascosta nel linguaggio naturale), sia il ruolo dei vari quantificatori. Ma, proprio esaminando questo esempio o altri analoghi, ci si convince che la formalizzazione in generale è complessa e richiede una buona maturità matematica. In concreto, verso la fine delle Superiori (se le circostanze lo permettono) suggeriamo di proporre qualche esempio, limitandosi a casi molto semplici o a situazioni specifiche, come l'introduzione del limite di una funzione. Un discorso generale sulla formalizzazione si potrà affrontare solo in un corso universitario in cui si presentino argomenti di Logica.

Capitolo 6 • In che cosa si differenzia il linguaggio della logica?

45

Aggiungiamo un'ultima osservazione, importante per chi si interessa di *fondamenti*. Se vogliamo introdurre un linguaggio simbolico, logico o informatico, proprio per spiegare come si scrivono le formule del linguaggio simbolico, è necessario disporre *a priori* di un linguaggio naturale, come l'italiano; quest'ultimo viene allora detto *meta-linguaggio*.

In sostanza, il passaggio dal linguaggio naturale a un linguaggio logico rende indubbiamente meno ambigue le frasi del linguaggio naturale; ma pretendere di rinunciare al linguaggio naturale sarebbe sciocco sul piano culturale e insostenibile sul piano logico.

Naturalmente, in quest'ottica risulta inevitabile che il linguaggio simbolico non possieda quella certezza assoluta che ingenuamente vorremmo attribuirgli. L'invito di Leibniz, il celebre *Calculemus!*, è un'illusione se si pretende che il calcolo logico simbolico permetta di dirimere ogni controversia o divergenza fra gli uomini. Intendiamoci: il calcolo logico può essere utile in molte occasioni, per porre in modo chiaro un problema, per dedurre le conseguenze di una scelta, per mettere in luce incoerenze. Ma il calcolo non è la panacea universale, che risolve in modo indiscutibile ogni problema umano. Con riferimento al titolo di questo libro, potremmo riassumere dicendo che la logica matematica comprende calcoli, ma ... *non solo calcoli!*

Capitolo 7
Oltre alle tavole di verità, ci sono altri esercizi di logica che vale la pena affrontare nelle Scuole secondarie?

7.1 La logica come tema trasversale

Sul piano didattico, la logica è un *tema trasversale*. Questo significa che la logica non va considerata come un settore che si aggiunge ad altri settori, tradizionali o recenti, come l'algebra, la geometria e la probabilità; si tratta, piuttosto, di affiancare via via lo svolgimento dei temi di aritmetica, algebra, geometria e probabilità con considerazioni e approfondimenti di carattere logico. Un tema trasversale è spesso più difficile per gli studenti e anche per gli insegnanti; per di più, l'insegnamento della logica presenta una difficoltà didattica specifica: l'inquadramento teorico ha un'importanza indiscutibile, ma non sembra facile affiancarlo con un eserciziario adeguato.

Fin da quando, negli ormai lontani anni '70 e '80, qualche insegnante cominciava a svolgere nelle Superiori elementi di logica, gli esercizi più diffusi riguardano le *tavole di verità* e le *tautologie*. Questi esercizi hanno un senso per acquisire familiarità con i connettivi e con l'idea stessa di *calcolo* logico, ma hanno il difetto di essere piuttosto meccanici e di non aver troppo a che fare con il ragionamento matematico.

Un esercizio di matematica ha un paio di requisiti generali, che vale la pena mettere in evidenza: in primo luogo non deve essere né troppo facile, né troppo difficile; d'altra parte, alla fine si deve arrivare a "qualcosa", a un risultato o a una conclusione.

Vediamo alcune tipologie di esercizi di logica, che non si riducono ad esercizi di routine (in generale, gli esercizi di routine, anche ripetitivi, sono necessari, ma non ci si può limitare ad essi).

7.2 L'isola di Smullyan

Molto interessanti sono, a nostro parere, gli esercizi sull'*isola di Smullyan* (cfr. [Smullyan, 1985]), abitata da *cavalieri*, che dicono sempre la verità, e *furfanti*, che mentono sempre; naturalmente, cavalieri e furfanti non sono distinguibili dall'aspetto. Problemi sull'argomento si trovano facilmente, per esempio nei classici libri di Smullyan.

Iniziamo osservando che nessun abitante dell'isola dirà *Io sono un furfante*, perché anche un furfante, a chi gli chiede di che tipo sia, risponderà di essere un cavaliere.

Invece, può capitare di sentire la frase *Io sono un furfante e mi chiamo Ugo*. Chi ha fatto questa affermazione non può essere un cavaliere, quindi è un furfante:

Villani V., Bernardi C., Zoccante S., Porcaro R.: Non solo calcoli. Domande e risposte sui perché della matematica
DOI 10.1007/978-88-470-2610-0_7, © Springer-Verlag Italia 2012

di conseguenza la frase è falsa. La frase è una congiunzione del tipo $A \wedge B$, dove A è vera, per cui B è necessariamente falsa: si conclude che chi ha parlato è un furfante che *non* si chiama Ugo.

Sottolineiamo, già in questo semplice esempio, che siamo arrivati al risultato richiesto traendo via via conseguenze da quanto noto, cioè con un ragionamento di logica.

Vediamo alcuni esercizi, grosso modo in ordine di difficoltà. I primi sono sicuramente proponibili nel biennio delle Superiori e, con qualche cautela, anche nelle Medie (il che non significa che siano banali!); gli ultimi due sono indubbiamente più difficili. Cenni delle risoluzioni sono riportati alla fine. Precisiamo che negli esercizi seguenti si arriva ad una e una sola conclusione; ma, in altri casi, la situazione può essere contraddittoria, nel senso che nessuna possibilità è coerente con l'enunciato, oppure sono accettabili più conclusioni.

1 Fra due abitanti A ed B dell'isola di Smullyan si svolge il seguente dialogo:

> A: "Noi due siamo dello stesso tipo."
> B: "Noi due siamo di tipo diverso."

Che cosa si può concludere?

2 Nell'isola di Smullyan si svolge il seguente dialogo fra A e B:

> A: "Almeno uno di noi due è un furfante."
> B: "Almeno uno di noi due si chiama Mario."

Che cosa si può concludere?

3 Fra tre abitanti dell'isola di Smullyan si svolge questo dialogo:

> A: "Voi due siete due furfanti."
> B: "C è un furfante."
> C: "A è un cavaliere."

Che cosa si può concludere?

4 Fra tre abitanti A, B, C dell'isola di Smullyan si svolge il seguente dialogo:

> A: "Fra noi tre c'è almeno un furfante."
> B: "Fra noi tre c'è almeno un cavaliere."

Che cosa si può concludere?

5 Un abitante dell'isola di Smullyan fa la seguente affermazione:

> A: "Io sono un furfante se e solo se B è un cavaliere."

Si può stabilire se A è un furfante o un cavaliere? Si può stabilire se B è un furfante o un cavaliere?

6 Un abitante A dell'isola di Smullyan dice "Io sono un cavaliere se e soltanto se mi chiamo Giorgio". Siamo in grado di stabilire se A è un cavaliere o un furfante? Conosciamo il suo nome?

7 Un abitante B dell'isola di Smullyan dice "Se io sono un cavaliere allora mi chiamo Mario". Siamo in grado di stabilire se B è un cavaliere o un furfante? Conosciamo il suo nome?

Capitolo 7 • Oltre alle tavole di verità, ci sono altri esercizi di logica?

49

8 *Dalla prova per le borse INdAM, 2006.* Nell'isola di Smullyan vivono infiniti abitanti $a_0, a_1, a_2, \ldots$ Un giorno, tutti gli abitanti a_{2n} dicono la seguente frase: "Sull'isola c'è solo un numero finito di cavalieri". Se ne può dedurre che:

(A) ci sono infiniti furfanti e infiniti cavalieri;
(B) ci sono infiniti furfanti ed un numero finito di cavalieri;
(C) ci sono infiniti cavalieri, ed un numero finito di furfanti;
(D) ci sono infiniti furfanti, ma non siamo in grado di stabilire se i cavalieri sono in numero finito o infinito;
(E) ci sono infiniti cavalieri, ma non siamo in grado di stabilire se i furfanti sono in numero finito o infinito.

Cenni di risoluzione

1 A prima vista il testo può lasciare dubbiosi, ma il problema è facile. Infatti, è chiaro che A ed B sono di tipo diverso (perché delle loro affermazioni una è vera e una è falsa); quindi A è un furfante e B è un cavaliere.

2 A non può essere un furfante (direbbe la verità), quindi è un cavaliere. Se ne deduce che B è un furfante e, di conseguenza, nessuno dei due si chiama Mario. Si noti che, all'inizio, abbiamo usato un semplice ragionamento per assurdo: A è un cavaliere perché, se assumiamo che sia un furfante, arriviamo a un assurdo. *Tertium non datur!*

3 Se A fosse un cavaliere, C dovrebbe essere un furfante, ma la sua affermazione risulterebbe vera. Dunque, A è un furfante. Si conclude senza troppa difficoltà che C è un furfante mentre B è un cavaliere.

4 Con un ragionamento analogo a quello visto nel secondo esercizio, si stabilisce che A è un cavaliere; dunque B dice la verità e quindi è un cavaliere. L'affermazione di A garantisce la presenza di un furfante, che non può essere che C (quello che non ha parlato).

5 Non si può stabilire di che tipo è A, mentre B è sicuramente un furfante. Infatti, se A è un cavaliere, la sua affermazione è vera: si tratta di un'affermazione del tipo $P \longleftrightarrow Q$; essendo P falsa, anche Q deve essere falsa. Se, invece, A è un furfante, l'affermazione $P \longleftrightarrow Q$ è falsa: essendo P vera, Q deve essere falsa.

Chi ha conoscenze più approfondite di logica formale, potrà indicare con A il fatto che A è un cavaliere, e analogamente per B. Con questa notazione (indubbiamente rischiosa per uno studente) A è vero se e solo se è vero che "$\neg A$ se e solo se B". Formalizzando si ha: $A \longleftrightarrow (\neg A \longleftrightarrow B)$. Dalla proprietà associativa della doppia implicazione (si veda la fine del paragrafo 6.5), deduciamo $(A \longleftrightarrow \neg A) \longleftrightarrow B$, cioè B equivale a una contraddizione. La conclusione è $\neg B$.

6 Il discorso è simile al precedente. In questo caso, sappiamo che A si chiama Giorgio, ma non sappiamo se è un cavaliere o un furfante.

7 La situazione è più complessa. Contrariamente a quanto ci si aspetta abbiamo più informazioni che nel caso 6. Partiamo dall'ipotesi che B sia un furfante. In tal caso la sua affermazione, che scriviamo nella forma Cav $\longrightarrow M$, è falsa; ma l'unico caso in cui l'implicazione Cav $\longrightarrow M$ è falsa si presenta quando Cav è vera ed M è falsa. Quindi, se B fosse un furfante, dovrebbe in particolare essere vera Cav, cioè B dovrebbe essere un cavaliere. Siamo arrivati ad un assurdo. Pertanto, B è un cavaliere, e la sua affermazione Cav $\longrightarrow M$ è vera; ora Cav è vera: concludiamo che anche M è vera. In definitiva, B è un cavaliere e si chiama Mario. Nel calcolo delle proposizioni, con una notazione analoga a quella già vista nell'esercizio 5, il testo del problema si scrive formalmente $B \longleftrightarrow (B \longrightarrow M)$, che ha la stessa tavola di verità di $B \wedge M$.

8 È chiaro che tutti gli abitanti a_{2n} sono dello stesso tipo. Se fossero cavalieri, allora la loro affermazione sarebbe falsa. Quindi sono tutti furfanti. Ne deduciamo che nell'isola ci sono anche infiniti cavalieri: la risposta corretta è A. Si noti che tutti i cavalieri hanno indice dispari, ma non è detto che tutti gli abitanti con indice dispari siano cavalieri.

7.3 Altri esercizi tratti da gare o prove di matematica

Spesso una gara di matematica contiene un problema di logica; si tratta, quasi sempre, di problemi che non richiedono conoscenze specifiche, ma un uso sicuro (sia pure non formalizzato) di concetti logici, come l'implicazione o i quantificatori. Vediamo qualche esempio, i primi due esempi sono adatti a studenti del biennio, gli ultimi sono più difficili (anche se i concetti matematici coinvolti sono elementari). Al solito, rimandiamo alla fine del paragrafo per le risposte.

1 *Dai Giochi di Archimede, 2008.* Un satellite munito di telecamera inviato sul pianeta Papilla ha permesso di stabilire che è falsa la convinzione di qualcuno che: "su Papilla sono tutti grassi e sporchi". Quindi adesso sappiamo che:

(A) su Papilla almeno un abitante è magro e pulito;
(B) su Papilla tutti gli abitanti sono magri e puliti;
(C) almeno un abitante di Papilla è magro;
(D) almeno un abitante di Papilla è pulito;
(E) se su Papilla tutti gli abitanti sono sporchi, almeno uno di loro è magro.

2 Si considerino le 6 seguenti affermazioni:
   "ho almeno due amici"   "ho non più di due amici";
   "ho meno di due amici"   "ho meno di tre amici";
   "ho almeno tre amici"   "ho più di due amici".
   Quali, fra le affermazioni precedenti hanno lo stesso significato?

3 *Dalla prova per le borse INdAM, 2007.* In una pagina di un vecchio manoscritto matematico si parla di due numeri positivi x e y. Il testo si è rovinato e non è più leggibile, ma si riesce a capire che solo una delle affermazioni seguenti deve essere vera. Quale?

(A) $x > y$;
(B) $x > 2y$;
(C) $x > y^2$;
(D) $x^2 > y^2$;
(E) $x^2 > 2y^2$.

Capitolo 7 • Oltre alle tavole di verità, ci sono altri esercizi di logica?

51

4 *Dalla Gara a Squadre di Roma, 2005.* Tre compagni di classe, Andrea, Barbara e Carlo, sono incerti se andare al cinema. Si sa che: condizione necessaria perché Barbara vada al cinema è che ci vada Andrea; condizione necessaria e sufficiente perché Barbara vada al cinema è che non ci vada Carlo; condizione sufficiente perché Carlo vada al cinema è che ci vada Andrea.
È possibile che tutti si comportino coerentemente con le condizioni citate? In tal caso, chi va sicuramente al cinema? Chi sicuramente non va al cinema? Per chi non siamo in grado di stabilire se va o no al cinema?

5 *Dalla Gara a Squadre di Roma, 2009.* Le seguenti affermazioni riguardano tre numeri interi relativi x, y, z, diversi da 0. Una e una sola delle affermazioni è *falsa*. Di quale si tratta?

(A) $xyz < 0$;
(B) se $x > 0$ allora $yz < 0$;
(C) se $y < 0$ allora $x > 0$;
(D) $z > 0$ se e solo se $xy > 0$;
(E) $yz > 0$ se e solo se $xy < 0$.

6 *Dalla Gara a Squadre – Roma 2006.* Sopra il tavolo di un mago sono appoggiate quattro carte. Su ogni faccia di ciascuna carta è scritto un numero intero positivo. Le carte ci appaiono come nella figura seguente:

◄ **Figura 7.1**

Il mago afferma che "se in una delle due facce di una carta è scritto un numero pari, allora nella faccia opposta di quella carta c'è un multiplo di 3". Per controllare se il mago dice il vero, sarà sufficiente rovesciare le carte che mostrano i numeri:

(A) 3 e 5;
(B) 4 e 6;
(C) 3, 5, 6;
(D) 4, 5, 6;
(E) 3, 4, 6.

Cenni di risoluzione

1 La risposta è (E). Supponiamo che tutti gli abitanti di Papilla siano sporchi; se fossero anche tutti grassi, l'affermazione contenuta nel testo del problema, che sappiamo essere falsa, sarebbe vera. Quindi almeno uno degli abitanti è magro.

2 Esercizio è di tipo linguistico più che logico in senso stretto. Chiamando n il numero degli amici, le frasi si traducono nell'ordine nelle seguenti relazioni:

$n \geqslant 2$, $n \leqslant 2$, $n < 2$, $n < 3$, $n \geqslant 3$, $n > 2$. Si deduce che ci sono due coppie di affermazioni equivalenti (la seconda e la quarta; le ultime due).

3 Solo una delle risposte può essere vera, quindi è necessario escludere ogni risposta da cui se ne possa ricavare almeno un'altra. Ora, se x e y sono numeri positivi, le affermazioni (A) e (D) sono equivalenti; inoltre, raddoppiando un numero positivo si ottiene un numero maggiore, quindi da (B) si ricava (A) e da (E) si ricava (D). Abbiamo scartato quattro delle cinque risposte possibili, e rimane solo (C), che è la risposta corretta. Aggiungiamo che un errore frequente consiste nel dedurre (A) da (C); ma se y è compreso fra 0 ed 1 allora $y > y^2$, e quindi può capitare che (A) sia falsa e (C) vera.

4 Per una breve discussione sulle condizioni necessarie e sufficienti, si veda il paragrafo 8.3. Indichiamo con A la proposizione "Andrea va al cinema", e analogamente per B e C. Sappiamo che $B \longrightarrow A$, $B \longleftrightarrow \neg C$, $A \longrightarrow C$. Dalla prima e dalla terza segue $B \longrightarrow C$: pertanto, da B segue sia C sia $\neg C$ (per la seconda affermazione). Di conseguenza B è falsa, cioè Barbara non va al cinema. Si conclude senza difficoltà che Carlo va al cinema; invece, non possiamo dire nulla su Andrea.

5 Vediamo uno fra i possibili procedimenti per risolvere l'esercizio. In primo luogo, si osserva che la (D) esprime il fatto che i numeri z ed xy sono concordi (hanno lo stesso segno), cioè che il loro prodotto è positivo: in altre parole, la (D) equivale a $xyz > 0$. Allora (A) e (D) non possono essere entrambe vere: ne segue che l'affermazione sbagliata è una di queste due. Inoltre, la (E) si può esprimere in modo più chiaro dicendo che x e z sono discordi (qualunque sia il segno di y), cioè che $xz < 0$. Supponiamo allora che l'affermazione sbagliata sia (A) e che, quindi, le altre siano vere. Ne seguirebbe che $xyz > 0$; tenendo presente che $xz < 0$, abbiamo che y è negativo. Dalla (C) deduciamo che x è positivo e, pertanto, z è negativo. Ma questo contraddice la (B). Concludiamo che l'affermazione falsa è la (D). Dalle osservazioni precedenti segue facilmente che y è positivo; quanto ad x e z, possiamo solo dire che sono discordi, ma non siamo in grado di precisare quale è positivo e quale è negativo.

6 Questo esercizio è risultato particolarmente difficile: solo 6 squadre su 82 partecipanti alla gara hanno dato la risposta esatta (e non si trattava nemmeno delle squadre migliori). La risposta corretta è D. Infatti, è necessario rovesciare le carte 4 e 6 perché si tratta di numeri pari e, dunque, occorre controllare che sul retro ci sia effettivamente un multiplo di 3. D'altra parte, vanno rovesciate le carte 4 e 5, perché se sul retro ci fosse un numero pari, allora l'affermazione non sarebbe soddisfatta (l'affermazione, infatti, equivale a "se in una faccia di una carta non c'è un multiplo di 3, allora nella faccia opposta non c'è un numero pari" - si veda il paragrafo 8.3). In conclusione, vanno rovesciate le carte 4, 5, 6, mentre non è necessario rovesciare la carta 3: qualunque numero sia scritto sul retro, l'affermazione non è contraddetta.

Capitolo 7 • Oltre alle tavole di verità, ci sono altri esercizi di logica?

53

7.4 Esercizi che richiedono conoscenze specifiche. L'esame di Stato

Segnaliamo infine qualche problema (seguito dalle soluzioni) adatto a studenti che abbiano seguito lezioni di logica; non riportiamo qui esercizi su tavole di verità e tautologie perché si trovano facilmente sui manuali.

1 Si sa che, in una certa classe, non è vero che *almeno uno studente ha studiato sia inglese sia fisica*. Che cosa si può dedurre?

(A) almeno uno studente non ha studiato né inglese né fisica;
(B) nessuno studente ha studiato sia fisica sia inglese;
(C) ogni studente ha studiato una sola materia fra inglese e fisica;
(D) almeno uno studente ha studiato una sola materia fra inglese e fisica;
(E) nessuno studente ha studiato fisica oppure nessuno studente ha studiato inglese.

2 Fra le seguenti tre formule, quali sono logicamente equivalenti?
$$A \longleftrightarrow \neg B \quad \neg(A \longleftrightarrow B) \quad \neg A \longleftrightarrow B.$$

3 Sapendo che $P \vee Q$ e $\neg(P \wedge R)$ sono vere, si può dedurre che è vera anche:

(A) $Q \vee \neg R$;
(B) $Q \wedge \neg R$;
(C) $Q \vee R$;
(D) $Q \wedge R$.

4 Scrivere una formula del calcolo delle proposizioni con tre lettere A, B, C, che sia vera solo nei casi seguenti: "A è vera e B è falsa" e "A, B, C sono tutte tre false".

Nella prova scritta per l'*esame di Stato* per il Liceo Scientifico non è mai apparso un problema o un quesito di logica matematica in senso stretto. Spesso, tuttavia, sono state assegnate domande sulle geometrie non euclidee o anche di teoria degli insiemi, come le seguenti.

Dalla prova scritta dell'esame di Stato PNI, 2007. Si consideri il teorema: "*la somma degli angoli interni di un triangolo è un angolo piatto*" e si spieghi perché esso non è valido in un contesto di geometria *noneuclidea*. Quali le formulazioni nella geometria *iperbolica* e in quella *ellittica*? Si accompagni la spiegazione con il disegno.

Dalla prova scritta dell'esame di Stato PNI, 2009. Sono dati gli insiemi $A = \{1, 2, 3, 4\}$ e $B = \{a, b, c\}$. Tra le possibili *funzioni* (o *applicazioni*) di A in B, ce ne sono di *suriettive*? Di *iniettive*? Di *biiettive*?

Cenni di risoluzione

1 Una formalizzazione dell'enunciato non è strettamente necessaria per risolvere l'esercizio, ma è senz'altro utile. La frase iniziale, con chiaro significato dei simboli, si esprime scrivendo $\exists x (I(x) \wedge F(x))$. La negazione è $\neg \exists x (I(x) \wedge F(x))$, che equivale a $\forall x \neg (I(x) \wedge F(x))$ e anche a $\forall x (\neg I(x) \vee \neg F(x))$. La risposta è

(B), che significa appunto che, qualunque studente scegliamo, questo non ha studiato inglese oppure non ha studiato fisica. Invece (C) è sbagliata, perché può darsi che qualche studente non abbia studiato nessuna delle due materie.

2 Le formule proposte sono a due a due logicamente equivalenti. In classe vale la pena di esaminare qualche esempio specifico, come *un numero è pari se e solo se non è dispari*.

3 La risposta è (A). Ricordiamo che $\neg(P \wedge R)$ equivale a $\neg P \vee \neg R$. Ora, fra P e $\neg P$ una è vera e una è falsa: se è vera P, deve esser vera $\neg R$; se è vera $\neg P$, deve esser vera Q.

4 È utile osservare che $A \wedge \neg B$ è vera se e solo se A è vera e B è falsa, mentre $\neg A \wedge \neg B \wedge \neg C$ è vera se e solo se A, B, C sono tutt'e tre false. Quindi una formula che risponde alla domanda è $(A \wedge \neg B) \vee (\neg A \wedge \neg B \wedge \neg C)$.

Una formula più breve è $\neg B \wedge (A \vee \neg C)$.

Capitolo 8
Che cosa è un teorema?
Qual è la struttura logica di un teorema?
Ci sono diversi tipi di dimostrazione?
E c'è differenza fra esempio e controesempio?

8.1 Un enunciato che si dimostra

La risposta alla prima domanda è scontata, ma ... non troppo. C'è chi confonde teorema con enunciato e, coerentemente, di fronte a un enunciato sbagliato come *ogni triangolo isoscele è acutangolo*, afferma con disinvoltura che si tratta di un teorema falso!

Ricordiamo quindi, in primo luogo, che teorema significa *enunciato che si dimostra*. In generale, si usa la parola teorema quando l'enunciato ha un certo interesse e la dimostrazione non è del tutto immediata. Un teorema si dimostra all'interno di una determinata *teoria* (di teorie parleremo nel capitolo 10); quindi si tratta sempre di un enunciato vero, che esprime una proprietà che vale per gli enti coinvolti (a meno che la teoria non sia contraddittoria).

Al posto di teorema si usano talvolta i termini seguenti:
- *Corollario*: è un teorema la cui dimostrazione è molto semplice o breve.
- *Lemma*: è un teorema che non ha un interesse autonomo, ma si applica in certe dimostrazioni successive (spesso un lemma si introduce proprio per "spezzare" in due parti una dimostrazione molto lunga).
- *Criterio*: in genere, con questa parola si esprime una condizione sufficiente perché una determinata proprietà sia soddisfatta (si pensi ai criteri di uguaglianza dei triangoli, o ai criteri di convergenza di una serie).

Talvolta, sono usati anche altri termini per indicare teoremi, come *legge*, *proposizione*, o *regola*; al di là di sfumature di carattere più psicologico che logico, si tratta sempre di teoremi.

Più delicata è la parola *principio*, che si usa in situazioni diverse: per esempio, il principio di identità dei polinomi è un teorema, mentre il principio di induzione è un assioma dell'aritmetica (come vedremo nel capitolo 12). Si parla anche principio del terzo escluso e di principio di Cavalieri; quest'ultimo è spesso enunciato come assioma in geometria, ma è un teorema in una teoria che comprenda il calcolo integrale.

Questi problemi linguistici e logici sono trattati, in maniera più estesa, in [Villani, 2003], pag. 192 ss.

8.2 La struttura di un teorema

Quando si parla della struttura di un teorema, quasi sempre si fa riferimento all'*ipotesi* e alla *tesi*. Tuttavia, contrariamente a quanto si pensa di solito, *non è*

Villani V., Bernardi C., Zoccante S., Porcaro R.: Non solo calcoli. Domande e risposte sui perché della matematica
DOI 10.1007/978-88-470-2610-0_8, © Springer-Verlag Italia 2012

vero che ogni teorema ha un'ipotesi e una tesi. Consideriamo, come esempio, i seguenti teoremi:

- esistono infiniti numeri primi;
- ci sono tre numeri perfetti minori di 1000 (un numero si chiama *perfetto* quando è uguale alla somma dei suoi divisori propri; i numeri in questione sono 6, 28, 496);
- esistono tre rette a due a due sghembe;
- tre punti qualunque sono contenuti in una retta o in una circonferenza.

Nei tre teoremi citati, è ragionevolmente impossibile riconoscere un'ipotesi e una tesi. Per inciso, notiamo che vale anche un enunciato più forte del terzo teorema: esistono infinite rette a due a due sghembe.

Talvolta, si obietta che quando si dimostra un teorema c'è comunque un'ipotesi: si tratta degli assiomi, di cui ci occuperemo nel capitolo 10. Questa obiezione ha un fondamento (in effetti, si parla di metodo *ipotetico deduttivo*), ma c'è una netta differenza fra le ipotesi di una teoria (gli assiomi, che possono anche essere in numero infinito) e un'ipotesi specifica che fa parte dell'enunciato di un teorema. Accettare un postulato è concettualmente diverso dalle ipotesi contenute in enunciati come i seguenti: "se un numero è pari, allora il suo quadrato è multiplo di 4"; "se un triangolo è rettangolo, allora il quadrato costruito sull'ipotenusa è ecc."; "se una funzione è derivabile in un punto, allora è continua in quel punto". Del resto, quando si parla di *teorema inverso*, ci si riferisce allo scambio fra ipotesi e tesi, e non si pretende certo di ritrovare gli assiomi a partire da un singolo enunciato.

In certi casi, la presenza di un'ipotesi dipende dalla forma in cui si enuncia il teorema. Per esempio, se diciamo "$\sqrt{2}$ non è razionale" non abbiamo fatto alcuna ipotesi, mentre compare un'ipotesi nell'enunciato sostanzialmente equivalente "se x è un numero razionale allora $x^2 \neq 2$". Anche l'ultimo teorema visto all'inizio del paragrafo si poteva scrivere sotto forma di implicazione, dicendo che "se tre punti non sono allineati, allora sono contenuti in una circonferenza".

Tuttavia, non ci sembra corretto dire che la presenza di un'ipotesi in un teorema dipende dalla forma linguistica scelta per l'enunciato: se riprendiamo i primi tre esempi visti all'inizio del paragrafo, è davvero poco ragionevole cercare di esprimerli con un'implicazione.

La formalizzazione può essere di aiuto. Se ripensiamo alla costruzione delle formule di cui abbiamo parlato, sia pur rapidamente, nel capitolo 6, ci rendiamo conto che il connettivo "$\longrightarrow$" è *uno* dei simboli: pur trattandosi di un connettivo di indubbia importanza, non è detto che compaia in *ogni* formula.

La formalizzazione, d'altra parte, aiuta a mettere in evidenza la presenza di ipotesi non esplicite nel linguaggio naturale. C'è un'ipotesi nel teorema *ogni multiplo di 4 è pari*, anche se l'enunciato non è nella forma *se ... allora ...*. In effetti, si sta dicendo che, se un numero *n* gode di una certa proprietà (essere multiplo di 4), allora *n* gode di un'altra proprietà (essere pari). La traduzione formale sarà del tipo $\forall n[M_4(n) \longrightarrow P(n)]$, con chiaro significato dei simboli M_4 e P.

Anche nell'enunciato *ogni triangolo è inscrivibile in un cerchio*, contrariamente alle apparenze, si può riconoscere un'ipotesi. Si parla di triangoli, ma la cosa im-

Capitolo 8 • Che cosa è un teorema? Qual è la struttura logica di un teorema?

57

portante non è tanto la figura geometrica, quanto il fatto che i suoi tre vertici siano non allineati. In questo senso, riusciamo a riformulare il teorema precedente con un'implicazione: *se tre punti A, B, C non sono allineati, allora c'è un punto che ha la stessa distanza da A, B, C.*

Quando un enunciato è sotto forma di implicazione, è sempre importante, a scuola, distinguere l'ipotesi dalla tesi. Il discorso non è affatto scontato, specialmente quando l'implicazione è implicita, ma vale la pena affrontarlo fin dall'inizio delle Superiori (e forse anche prima).

8.3 Implicazione contronominale.
Condizioni necessarie e condizioni sufficienti

La maggioranza dei teoremi (e delle congetture) che si trovano nelle usuali trattazioni matematiche è sotto forma di implicazione. Questo è un dato di fatto: non riguarda le teorie in sé, ma il modo in cui la comunità matematica le presenta; in altre parole, si tratta di una scelta didattica ed epistemologica.

Più precisamente, da un punto di vista formale, la maggioranza dei teoremi che incontriamo è del tipo $\forall x \forall y \dots [A(x, y, \dots) \longrightarrow B(x, y, \dots)]$. Ma, per non complicare le cose, limitiamoci alla scrittura $A \longrightarrow B$.

L'implicazione $A \longrightarrow B$ equivale a $\neg B \longrightarrow \neg A$, che viene detta **implicazione contronominale** della precedente. L'equivalenza fra un'implicazione e la sua contronominale si verifica costruendo e confrontando le due tavole di verità. Oppure, si può ragionare nel modo seguente. Supponiamo di sapere che $A \longrightarrow B$ e supponiamo anche che sia noto $\neg B$. Se valesse A, potremmo dedurne che vale B, contrariamente alle nostre ipotesi. Quindi, se è dato $\neg B$, deve necessariamente valere $\neg A$. Il ragionamento risulta molto più chiaro se·si parte da un semplice esempio, come *se un numero è multiplo di 6, allora è pari.*

Il viceversa è del tutto analogo, perché la contronominale della contronominale è l'implicazione di partenza ($\neg \neg A$ equivale ad A).

In matematica sono molto frequenti le locuzioni:

$$X \text{ è } \textbf{\textit{condizione sufficiente}} \text{ per } Y,$$
$$Z \text{ è } \textbf{\textit{condizione necessaria}} \text{ per } W.$$

Dire che una condizione X è *sufficiente* per Y, significa che la conoscenza di X basta, è sufficiente per concludere Y. Si tratta, quindi, di un altro modo di esprimere l'implicazione $X \longrightarrow Y$. Per esempio, dire che: *il fatto che un quadrilatero sia un rettangolo è condizione sufficiente perché le diagonali di quel quadrilatero siano uguali* equivale a dire che *se un quadrilatero è un rettangolo, allora le diagonali sono uguali.*

Invece, dire che una condizione Z è *necessaria* per W, significa che, perché W sia soddisfatta, deve essere necessariamente soddisfatta anche Z, cioè che W può essere vera solo nel caso in cui Z è vera. Si tratta, pertanto, di un altro modo di esprimere l'implicazione $W \longrightarrow Z$. Per esempio, la frase: *condizione necessaria perché un poligono sia regolare è che sia inscrivibile* equivale a *se un poligono non è inscrivibile, non può essere nemmeno regolare*, e quindi a *se un poligono è regolare, allora è inscrivibile*.

Riassumiamo la situazione. È la stessa cosa dire:

$$A \longrightarrow B \qquad\qquad \neg B \longrightarrow \neg A$$

A è condizione sufficiente per B $\quad$ B è condizione necessaria per A.

Didatticamente, il discorso non è affatto semplice, ma riteniamo opportuno proporlo verso il secondo o terzo anno delle Superiori; per convincere gli studenti è utile costruire qualche esempio. È bene considerare implicazioni molto semplici, come *se un numero è multiplo di 6, allora è pari*, oppure *se un triangolo è equilatero, allora è acutangolo*. Nel primo caso, abbiamo le tre affermazioni equivalenti a quella iniziale:

- *se un numero non è pari, allora non è multiplo di 6;*
- *condizione sufficiente perché un numero sia pari è che sia multiplo di 6;*
- *condizione necessaria perché un numero sia multiplo di 6 è che sia pari.*

Negli esempi da considerare, è opportuno privilegiare enunciati del tipo $A \longrightarrow B$ tali che l'implicazione inversa $B \longrightarrow A$ non sia un teorema.

Se, invece, è un teorema anche $B \longrightarrow A$, si dice che A è *condizione necessaria e sufficiente per B*. Per esempio: *condizione necessaria e sufficiente perché un quadrilatero convesso sia inscrivibile è che abbia gli angoli opposti supplementari.*

8.4 Teoremi inversi e controesempi

Come è ben noto, $A \longrightarrow B$ *non* equivale né a $B \longrightarrow A$ né a $\neg A \longrightarrow \neg B$. Queste due ultime implicazioni, invece, sono equivalenti fra loro, perché la seconda è la contronominale della prima.

Talvolta, in frasi pubblicitarie compaiono due negazioni, con l'aspettativa che il pubblico le interpreti cancellando i due *non*. Per esempio, parlando del gioco del lotto, è indubbiamente corretto dire *se non giochi non vinci*; ma, forse, chi ascolta confonde la frase con *se giochi vinci* (che non corrisponde a verità). In questo caso, l'implicazione $\neg A \longrightarrow \neg B$ è corretta, mentre $A \longrightarrow B$ è falsa.

Aggiungiamo che l'uso di molte negazioni fa parte anche del linguaggio politico ("non posso non notare che ..."): si tratta di una figura retorica, detta *litote*, che talvolta rende inutilmente meno chiaro un discorso.

Torniamo alle implicazioni $A \longrightarrow B$ e $B \longrightarrow A$; la seconda viene detta implicazione *inversa* della prima. Se un teorema è sotto forma di implicazione, allora è utile porsi il problema se l'implicazione inversa è un teorema. In caso affermativo, si parla di *teorema inverso*.

In tutti i rami della matematica è facile trovare esempi sia di teoremi che ammettono teorema inverso, sia di teoremi per cui l'implicazione inversa non è un teorema. Facendo riferimento alla geometria euclidea, sappiamo che vale il teorema inverso del teorema *se un triangolo ha due lati uguali, allora ha due angoli uguali*; invece, nel caso dei teoremi *se un quadrilatero è un rettangolo, allora le due diagonali sono uguali*; *se un poligono è regolare, allora è inscrivibile e circoscrivibile* non valgono i teoremi inversi (per esempio: in un trapezio isoscele le diagonali

Capitolo 8 • Che cosa è un teorema? Qual è la struttura logica di un teorema?

59

sono uguali; un triangolo non equilatero è inscrivibile é circoscrivibile ma non è regolare).

In molti casi, ci possono essere più teoremi inversi di un singolo enunciato. Vediamo di chiarire la situazione, partendo dal teorema *in un quadrilatero, se i lati opposti sono paralleli e se un angolo è retto, allora le diagonali sono uguali*. Se come enunciato inverso scriviamo *in un quadrilatero, se le diagonali sono uguali, allora i lati opposti sono paralleli e un angolo è retto*, questo, come abbiamo già notato, non è un teorema. Tuttavia, in presenza di due ipotesi, possiamo scambiare la tesi con *una sola* delle due ipotesi, lasciando l'altra al suo posto.

Nel caso considerato, troviamo i due enunciati seguenti: *in un quadrilatero, se i lati opposti sono paralleli e se le diagonali sono uguali, allora un angolo è retto*; *in un quadrilatero, se le diagonali sono uguali e se un angolo è retto, allora i lati opposti sono paralleli*. Il primo è un teorema (e si può legittimamente parlare di teorema inverso di quello iniziale), il secondo no (si veda il quadrilatero in Fig. 8.1).

Formalmente, siamo partiti da un enunciato del tipo $(A \wedge B) \longrightarrow C$ é abbiamo considerato gli enunciati $(A \wedge C) \longrightarrow B$ e $(C \wedge B) \longrightarrow A$.

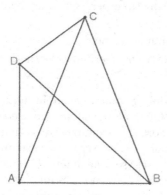

◀ **Figura 8.1**

Per mostrare che un'implicazione non è corretta, si costruisce un *controesempio*, cioè una situazione in cui vale l'ipotesi ma non la tesi. La parola *esempio* è una parola generica, che si usa quando si esamina un caso particolare di una situazione generale espressa da una definizione, da un teorema, ecc. La parola *controesempio* ha un significato più specifico: si tratta di un esempio in base al quale si esclude la correttezza di un'implicazione.

Chi abbia familiarità con la formalizzazione, può esprimersi così:

- per mostrare che $\forall x[P(x) \longrightarrow Q(x)]$ è sbagliata;
- si deve dimostrare $\neg \forall x[P(x) \longrightarrow Q(x)]$;
- il che equivale a $\exists x \neg [P(x) \longrightarrow Q(x)]$;
- cioè a $\exists x[P(x) \wedge \neg Q(x)]$.

L'ultimo passaggio richiede una breve spiegazione. La negazione di un'implicazione $A \longrightarrow B$ *non* è $A \longrightarrow \neg B$. Negare $A \longrightarrow B$ significa che $A \longrightarrow B$ è falsa; pertanto, in base alla tavola di verità dell'implicazione, $\neg(A \longrightarrow B)$ significa che A è vera e B falsa, cioè proprio $A \wedge \neg B$.

In definitiva, se troviamo un elemento x_0 che soddisfa la proprietà P ma non soddisfa Q, allora concludiamo che non vale l'implicazione iniziale.

La capacità di costruire un controesempio è fondamentale in matematica, ma richiede una buona comprensione dell'argomento e una certa sicurezza nel ragionamento logico. Si può parlare di controesempi fin dalla Scuola Media, proponendo situazioni semplici. Perché è sbagliato affermare che *tutti i numeri pari sono multipli di 6*? Non sono necessari ragionamenti complicati, ma basta considerare un singolo caso: *8 è un numero pari, che non è multiplo di 6.*

Vediamo un esercizio istruttivo assegnato in una gara per studenti delle Superiori.

Dalla Gara a Squadre – Roma 2008. Le seguenti affermazioni sono tutte errate. Per quale di esse il numero $n = 17$ è un controesempio?

(A) se un numero n è primo, allora è dispari;

(B) condizione sufficiente perché un numero n sia primo è che non sia divisibile né per 2 né per 3;

(C) se un numero n non è primo, allora è divisibile per il quadrato di un numero primo;

(D) un numero n che superi di 1 un quadrato è primo;

(E) condizione necessaria perché un numero n sia primo è che sia la somma di due primi.

Tutte le frasi proposte sono implicazioni, sia pure espresse in modo formalmente diverso. La risposta corretta è (E). Quest'ultima affermazione equivale infatti a dire che, se un numero n è primo, allora n è la somma di due numeri primi. Invece il numero 17, pur essendo primo, non si può scrivere come somma di due numeri primi: essendo dispari, dovrebbe essere somma di un primo pari e di un primo dispari, ma l'unico primo pari è 2 e $17 - 2 = 15$ non è primo.

Un utile esercizio consiste nel trovare controesempi per le altre quattro affermazioni. Possibili risposte sono: il numero 2 (è primo e pari); il numero 35 (pur non essendo divisibile né per 2 né per 3, non è primo); il numero 10 (non è primo, ma non è divisibile per il quadrato di un numero primo); il numero 65 (è uguale a $8^2 + 1$, ma non è primo).

Commento Non è vero che, di fronte ad un qualsiasi enunciato, o riusciamo a dimostrarlo o troviamo un controesempio. Così come non è vero che un enunciato scientifico, per essere tale, deve essere o verificabile o confutabile (vedremo meglio la questione nel capitolo 12). Per esempio, l'enunciato *esistono infiniti numeri primi* riguarda la scienza, la nostra conoscenza dei numeri; e tuttavia, eseguendo controlli su specifici numeri, non siamo in grado né di verificarlo né di confutarlo (sarebbe necessario un tempo infinito). Nel caso dei numeri primi c'è una dimostrazione che ci convince che l'enunciato è vero; ma altri enunciati con una struttura analoga rappresentano problemi aperti (capitolo 13): per questi non disponiamo, al momento attuale, di alcun criterio né di validazione né di confutazione.

Capitolo 8 • Che cosa è un teorema? Qual è la struttura logica di un teorema?

61

8.5 La dimostrazione di un teorema

Una **dimostrazione** è *un ragionamento mediante il quale si stabilisce la correttezza dell'enunciato* di un teorema; più precisamente, il ragionamento con cui si deduce quell'enunciato da quanto già conosciamo (torneremo su questo argomento all'inizio del capitolo 10).

Se l'enunciato del teorema, come capita spesso, è del tipo *per tutti i triangoli si ha ...* oppure *per tutte le funzioni si ha ...*, allora il ragionamento non potrà limitarsi a verificare l'enunciato in alcuni casi particolari, ma dovrà avere carattere generale. In questi casi *una* dimostrazione sostituisce *infinite* verifiche. Così, non siamo in grado di verificare per *tutti* gli interi che la *somma di un numero intero con il suo quadrato è pari,* e il controllo che quanto asserito è vero in un numero finito di casi non ci garantisce che valga sempre; invece, *una* dimostrazione ci permette di stabilire che l'enunciato è corretto (riprenderemo questo esempio più avanti). Aggiungiamo che in geometria non possiamo trarre conclusioni da una figura costruita con un software geometrico (sia pure di ottima qualità), se non altro perché un pixel sullo schermo ha dimensioni diverse da zero.

Le righe precedenti sono semplici e sono normalmente spiegate anche ai nostri studenti, fin dalla Scuola Media. Ma *che cosa significa che una dimostrazione è rigorosa*?

Nella pratica matematica, sappiamo riconoscere errori o lacune nelle dimostrazioni, come aver eseguito un passaggio non lecito, o essere caduti in un circolo vizioso (tipico è l'errore chi, nel fare una dimostrazione, parte dalla stessa tesi), o non aver considerato certi casi, o aver accettato che un angolo è retto perché "si vede dalla figura". Tuttavia, il fatto che di solito riusciamo ad individuare eventuali errori e che, d'altra parte, ci sia un consenso diffuso sulle dimostrazioni rigorose, non costituisce una risposta esauriente alla domanda: quando una dimostrazione è rigorosa?

Nei manuali di logica si trova una definizione precisa di dimostrazione: un elenco di passaggi elementari, ciascuno giustificato da una regola di deduzione (si veda il paragrafo 10.2). Questa definizione è inattaccabile, ma nei libri di matematica le dimostrazioni sono scritte in altro modo! Se davvero si dovessero scrivere *tutti* i passaggi, anche le dimostrazioni più semplici occuperebbero varie pagine. In proposito Henri Poincaré, in polemica con Giuseppe Peano, affermò: *ma se occorrono 27 equazioni per dimostrare che 1 è un numero, quanti ne serviranno per dimostrare un vero teorema?*

Il problema del riconoscimento di dimostrazioni corrette è affrontato in modo brillante nei brani [Davis, 1985], e [Devlin, 1992], dove studenti, un po' sfacciati ma precisi e coerenti, riescono a mettere in crisi esperti professori di matematica.

Qui, possiamo accontentarci di una risposta di buon senso: una dimostrazione è rigorosa quando è giudicata tale dai matematici; o, forse meglio, quando ci sono motivi per ritenere che, volendo, sarebbe possibile scrivere in dettaglio quell'elenco dei passaggi elementari di cui si parla nella definizione logica.

Il concetto di dimostrazione è uno dei punti fondamentali di tutta la matematica, sia nella ricerca sia nell'insegnamento. Basterà qui ricordare due citazioni:

N. Bourbaki ([Bourbaki, 1980]): "Far matematica, dopo i Greci, vuol dire dimostrare." G. Lolli ([Lolli, 1988]): "Non c'è matematica senza dimostrazione. È vero che la matematica non si esaurisce in dimostrazioni. [...] Ma la dimostrazione segna il passaggio alla matematica vera e propria da una fase propedeutica."

Per quanto riguarda l'insegnamento, è bene proporre qualche semplice dimostrazione nella Scuola Media, ma solo a partire dai primi anni delle Superiori si parla di teoremi e dimostrazioni in maniera esplicita e sistematica.

Pur consapevoli di quante difficoltà comporti il concetto stesso di dimostrazione, raccomandiamo di dedicare ad essa tutto il tempo necessario e, inoltre, di non limitare il discorso alla geometria. In aritmetica si potrà dimostrare che esistono infiniti numeri primi seguendo il classico procedimento di Euclide (si veda il paragrafo 9.4); in algebra si dimostrerà che, detto $p(x)$ è un polinomio, se $p(a) = 0$ allora $p(x)$ è divisibile per $x - a$. Del resto, a scuola sono spiegati i celebri prodotti notevoli e la formula risolutiva delle equazioni di secondo grado: è bene usare esplicitamente la parola dimostrazione anche in questi casi.

Quanto è possibile, è utile presentare *diversi stili di dimostrazione*, perché non tutti gli studenti ragionano nello stesso modo. Ci riferiamo in primo luogo alle *dimostrazioni per assurdo*, alle quali è dedicato il prossimo capitolo 9, e alle *dimostrazioni per induzione*, per le quali rinviamo alla domanda n. 34 in [Villani, 2003], pag. 197. Ci sono poi dimostrazioni di tipologie molto diverse dall'usuale. Vediamo qualche esempio.

Si verifica facilmente che

$$1 + 2 + 1 = 4 = 2^2;$$

analogamente:

$$1 + 2 + 3 + 2 + 1 = 3^2, \quad 1 + 2 + 3 + 4 + 3 + 2 + 1 = 4^2.$$

Dopo qualche altro controllo, è spontaneo formulare la congettura: per ogni n vale l'uguaglianza

$$1 + 2 + \ldots + (n - 1) + n + (n - 1) + \ldots + 1 = n^2.$$

Questa uguaglianza si dimostra per induzione, ma c'è un'immagine geometrica molto espressiva. Basta disporre un quadrato con una diagonale orizzontale e l'altra verticale e dividerlo in n^2 quadratini uguali ($n = 4$ in Fig. 8.2). Ora, scomponiamo il quadrato in varie "colonne" parallele alla diagonale verticale: tali colonne sono composte rispettivamente di $1, 2, \ldots, n, \ldots, 2, 1$ quadratini. Ma i quadratini, in tutto, sono n^2: quindi $1 + 2 + \cdots + n + \cdots + 2 + 1 = n^2$. Non c'è altro da aggiungere. Il disegno si spiega da solo.

Si tratta di una tipica *dimostrazione senza parole*; molte dimostrazioni di questo tipo, interessanti ma non banali, solo raccolte nei due libri [Nelsen, 1993] e [Nelsen, 2000].

Con la Fig. 8.3, riportata nella copertina di [Nelsen, 1993], si dimostra la nota formula $1 + 2 + 3 + \cdots + n = n(n + 1)/2$ (in figura $n = 6$); anche in questo caso, alternativamente, possiamo procedere per induzione.

Capitolo 8 • Che cosa è un teorema? Qual è la struttura logica di un teorema?

63

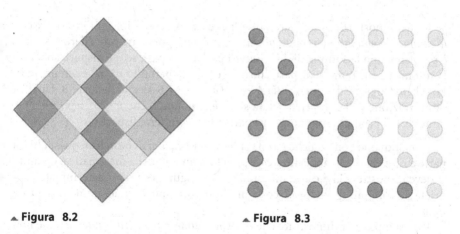

▲ Figura 8.2   ▲ Figura 8.3

Commento   Da un punto di vista didattico, una dimostrazione senza parole in genere non è facile, ma *se* uno studente la capisce, la *ricorderà* facilmente.

Notiamo anche che, quando si esegue una dimostrazione per induzione, come nei casi precedenti, occorre conoscere già a priori la formula che si vuole dimostrare. Nel caso della somma dei primi *n* numeri naturali o in altre situazioni analoghe, un percorso consigliabile nelle Superiori (nei limiti del tempo disponibile) è: partire dalla considerazioni di alcuni *esempi*; in base a questi esempi, formulare una *congettura*, infine cercare una *dimostrazione* di quella congettura ([Arzarello et al., 1999]).

Spesso una dimostrazione spiega, rende chiaro ciò che a priori è difficile. Questo è vero, ma talvolta, in matematica, una dimostrazione rende difficile ciò che è evidente: si pensi, per esempio, alla dimostrazione tradizionale del teorema che assicura l'uguaglianza degli angoli alla base di un triangolo isoscele. Piegare il triangolo lungo la bisettrice è rapido e convincente, ma Euclide preferì una strada molto più lunga, senza dare per scontata nemmeno l'esistenza della bisettrice.

Approfondiamo il discorso, con riferimento all'insegnamento nelle Superiori. È vero che, in certi casi, è inevitabile ricorrere a ragionamenti intuitivi, a verifiche sperimentali, a indicazioni fornite dalla figura. D'altra parte, dare per scontati tutti i fatti intuitivamente ovvi è molto pericoloso, e non solo per il rischio che siano accettate troppe proprietà, magari in contrasto fra loro.

Non riusciamo a dimostrare "tutto", ma questo non deve indurci a dimostrare solo alcuni fatti meno intuitivi. La matematica è, *anche*, costruzione di teorie, o più semplicemente ricerca di legami fra enunciati; se ce ne dimentichiamo, rischiamo di perdere e di far perdere il gusto, tipicamente matematico, della sistemazione e dell'organizzazione di una teoria.

In altre parole, una dimostrazione serve a spiegare e a convincere, ma serve anche a organizzare e trasmettere quanto conosciamo su certi oggetti. L'importanza di una dimostrazione non consiste solo nella sua generalità, ma anche nel fatto (significativo sul piano didattico) che *una dimostrazione aiuta a ricordare l'enunciato, a capire le proprietà coinvolte, a porre il discorso nel giusto contesto.*

Molte dimostrazioni sono condotte "per casi". Ad esempio, per dimostrare che *la somma di ogni intero n con il suo quadrato è pari,* possiamo procedere così: se n è pari, abbiamo la somma di due numeri pari, che è pari; se n è dispari, abbiamo la somma di due numeri dispari, che è ancora pari; pertanto $n + n^2$ è sempre pari. Lo schema logico è il seguente: da $A \longrightarrow B$ e $\neg A \longrightarrow B$ è lecito dedurre B. Un'altra dimostrazione della proprietà citata si ottiene notando che $n + n^2 = n(n + 1)$ e, dunque, è il prodotto di un numero pari e di un numero dispari.

Concludiamo con qualche parola sulle *dimostrazioni di esistenza*; quest'ultima parte è riservata a chi abbia interesse per i fondamenti della matematica. Quando si deve dimostrare che esiste un numero, una figura, ecc. con determinate proprietà, la cosa più spontanea è costruire in modo esplicito quel numero o quella figura.

Per esempio, per dimostrare che *esiste un numero reale trascendente* (cioè non algebrico) si può costruire un numero trascendente, oppure si può dimostrare che π è trascendente. Ma è più semplice seguire il metodo di Cantor e ricorrere alla cardinalità: l'insieme dei numeri algebrici è numerabile, mentre l'insieme dei numeri reali ha una cardinalità più grande del numerabile (si veda il paragrafo 1.4); dunque, è lecito concludere che esiste almeno un numero reale non algebrico, anche se non siamo in grado, per questa via, di esibire nemmeno un esempio.

Si parla in questi casi di dimostrazioni *non costruttive*; tali dimostrazioni non sono accettate dalla corrente logica filosofica dell'*intuizionismo*. Dimostrazioni non costruttive di esistenza sono anche quelle condotte per assurdo, cioè dimostrando che, se non ci fosse un certo oggetto, allora si arriverebbe a una contraddizione. Questa via è in genere seguita nella dimostrazione del teorema di punto fisso di Brouwer, secondo cui, considerato un cerchio C (inteso come superficie), ogni funzione continua da C a C ammette almeno un punto fisso.

Capitolo 9
Che cosa significa che un teorema è dimostrato per assurdo?

9.1 Il ragionamento per assurdo

Se da un'affermazione A segue una contraddizione, allora chiaramente A non può esser corretta, cioè vale la negazione di A, che indichiamo come al solito con $\neg A$. D'altra parte, se da $\neg A$ segue una contraddizione, che cosa è lecito dedurre? In questo caso dovremmo limitarci a dire: se da $\neg A$ segue una contraddizione, dobbiamo escludere $\neg A$; concludiamo quindi che vale la negazione di $\neg A$, cioè $\neg\neg A$.

Ebbene, l'idea generale delle *dimostrazioni per assurdo* è che, una volta scartato $\neg A$, *tertium non datur*, dunque A. Questo ragionamento è pienamente giustificato se si accetta che $\neg\neg A$ equivalga ad A.

Da un punto di vista storico, la dimostrazione per assurdo pare risalire a Zenone di Elea, lo stesso dei celebri paradossi (V sec. a.C.). Negli *Elementi* di Euclide molti teoremi sono dimostrati per assurdo. Il ragionamento per assurdo non è accettato nell'*intuizionismo* (a cui abbiamo fatto cenno alla fine del capitolo precedente), dove in generale $\neg\neg A$ non equivale ad A. Naturalmente, rinunciando alle dimostrazioni per assurdo non si ottengono tutti i teoremi della matematica classica, perché alcuni teoremi sono dimostrabili soltanto per assurdo.

Il ragionamento per assurdo (detto anche *riduzione all'assurdo*) pone indubbiamente difficoltà didattiche, ma è accettato nella vita quotidiana, dove spesso si presenta nella forma di ragionamento per esclusione. Un ragionamento per esclusione è del tipo: si presentano, a priori, solo tre possibilità; se due di esse non sono accettabili, allora dobbiamo ammettere per forza che valga la terza. Si pensi alla frase *non puoi essere stato che tu*.

Un esempio spontaneo di ragionamento per assurdo si ritrova nel gioco del *sudoku*. Nel caso dello schema riportato a pagina successiva si può ragionare così: "Nella casella indicata con * non posso mettere 1, 5, 9 perché compaiono nella stessa riga, non posso mettere 3, 6, 7 perché compaiono nella stessa colonna, non posso mettere nemmeno 4, 8 perché compaiono nel quadrato contenente la casella; quindi, *per esclusione*, scrivo 2."

Non è banale distinguere in modo soddisfacente i vari casi in cui si presenta un ragionamento per assurdo nella pratica matematica. Spesso, non è nemmeno facile riconoscere un ragionamento per assurdo da uno che è solo apparentemente condotto per assurdo. Esaminiamo alcune note dimostrazioni per assurdo; le considerazioni che seguono sono rivolte ai lettori con maggiori conoscenze logiche e, per altro, possono essere discutibili.

Villani V., Bernardi C., Zoccante S., Porcaro R.: Non solo calcoli. Domande e risposte sui perché della matematica
DOI 10.1007/978-88-470-2610-0_9, © Springer-Verlag Italia 2012

	9	*				5		1
4		7		2				
	8					3		2
		3	8		4			
	1			9			8	
			2		5			
8		6					1	
				5		6		4
3		9					5	

9.2 Esempi di dimostrazioni per assurdo

I) Iniziamo con il teorema che afferma che $\sqrt{2}$ non è razionale o, detto meglio, che non esiste alcun numero razionale m/n il cui quadrato sia uguale a 2. In proposito, vediamo due dimostrazioni, lievemente diverse, entrambe per assurdo.

a) Supponiamo per assurdo che $(m/n)^2 = 2$. Allora avremmo $m^2 = 2n^2$, il che è impossibile perché il fattore 2 comparirebbe con esponente pari nel primo membro e con esponente dispari nel secondo membro.

b) Assumiamo, come è lecito, che m ed n siano primi fra loro. L'uguaglianza $m^2 = 2n^2$ porta alla conclusione che ogni fattore primo di n è anche fattore di m; ma, essendo m, n primi tra loro, si deve avere $n = 1$; quindi $m^2 = 2$, il che è assurdo.

Nel caso a) l'assurdo nasce dal fatto che un numero (l'esponente di 2) non può essere contemporaneamente pari e dispari; nel caso b) dal fatto che nessun intero ha per quadrato 2. In entrambe le possibilità abbiamo *una contraddizione con proprietà note*.

II) Nel piano euclideo si dimostra la proprietà transitiva del parallelismo fra rette: "se una retta a è parallela ad una retta b e b è parallela ad una retta c, allora a è parallela a c". Se le rette a e c, se non fossero parallele, sarebbero due rette incidenti in un punto P (Fig. 9.1). Allora per P passerebbero due distinte parallele a b. Si ha *una contraddizione con un assioma*.

III) All'inizio dello studio dell'analisi si dimostra il teorema di *unicità del limite* di una funzione f: se L ed M sono due limiti della funzione f per $x \to x_0$ allora $L = M$. Infatti, supponendo per assurdo $L \neq M$, esistono un intorno U di L e un intorno V di M, disgiunti fra loro. Per definizione di limite, per opportuni valori di x, $f(x)$ dovrebbe appartenere ad entrambi gli intorni. In questo caso, abbiamo trovato *due fatti fra loro incompatibili*: $f(x) \in U$ ed $f(x) \in V$, mentre $U \cap V = \varnothing$.

IV) Dopo aver dimostrato che, se a, b, c sono positivi, "$a < b \longrightarrow ac < bc$", deduciamo il teorema inverso: "$ac < bc \longrightarrow a < b$". Procediamo per assur-

Capitolo 9 • Che cosa significa che un teorema è dimostrato per assurdo?

67

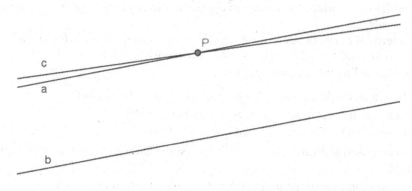

▲ Figura 9.1   Proprietà transitiva del parallelismo fra rette

do. Se non fosse $a < b$, avremmo $a = b$ oppure $a > b$; ma da $a = b$ segue $ac = bc$, mentre da $a > b$ segue $ac > bc$ per il teorema diretto. Abbiamo così una *contraddizione con l'ipotesi.*

Commento   Nell'ultimo caso abbiamo applicato il seguente schema che, in testi classici, era indicato come *seconda legge delle inverse.* Se $p_0, p_1, p_2, \ldots$ sono situazioni fra loro incompatibili e che esauriscono tutte le possibilità, se per ogni i valgono i teoremi $p_i \longrightarrow q_i$ e se anche $q_0, q_1, q_2, \ldots$ sono fra loro incompatibili, allora valgono tutti i teoremi inversi. Nel caso esaminato, p_0, p_1, p_2 sono rispettivamente $a < b$, $a = b$, $a > b$, mentre q_0, q_1, q_2 sono $ac < bc$, $ac = bc$, $ac > bc$.

V) Un caso particolarmente elegante di dimostrazione per assurdo è la *consequentia mirabilis* (si veda [Bellissima, 1996] per un inquadramento teorico e notizie storiche): si nega l'enunciato e si trova *una contraddizione proprio con la negazione assunta.* In altre parole, se si dimostra che da $\neg A$ segue A, allora si conclude A. Riprendendo un'efficace espressione di Gerolamo Saccheri, per ottenere A si dimostra che $\neg A$ "*distrugge sé stessa*". In termini meno intuitivi: per dimostrare un enunciato è lecito partire assumendo la sua negazione! Vediamo, come esempio, un possibile modo di presentare il paradosso di Russell (si veda anche il capitolo 4). Posto $R = \{ X \mid X \notin X \}$, ci proponiamo di dimostrare che $R \in R$. Se per assurdo accettiamo $R \notin R$, proprio da questa relazione deduciamo che R soddisfa la proprietà caratteristica dell'insieme R, e di conseguenza $R \in R$. Pertanto, da $R \notin R$ segue $R \in R$. Dobbiamo quindi escludere $R \notin R$, cioè accettare $R \in R$. (In modo analogo si dimostra poi anche $R \notin R$; e dunque si ha il paradosso).

Riassumiamo quanto visto fino a questo punto. La dimostrazione per assurdo di un enunciato A consiste nel dimostrare che da $\neg A$ segue una contraddizione: in tali condizioni, infatti, è lecito dedurre A per il principio del terzo escluso (se $\neg A$ non è accettabile, non resta che concludere A). In altre parole, si prova che una proposizione è corretta dimostrando che, se non fosse corretta, si arriverebbe ad un assurdo.

In termini di calcolo delle proposizioni, il ragionamento per assurdo è legato al fatto che $(\neg A \longrightarrow (B \wedge \neg B)) \longrightarrow A$ è una *tautologia*.

Si ottiene l'assurdo quando si arriva:

1 o a una contraddizione con un teorema precedente (esempio I);

2 o a una contraddizione con un assioma (esempio II);

3 o a due fatti fra loro incompatibili (esempio III);

4 o a una contraddizione con una delle ipotesi specifiche dell'enunciato (esempio IV);

5 o a una contraddizione proprio con la negazione assunta (esempio V).

Commento La distinzione fra i vari casi precedenti non è sempre netta e, comunque, non va presentata a Scuola (se non in contesti particolari). Nella pratica scolastica, si inizia a parlare di ragionamento per assurdo nei primi anni delle Superiori. Solo dopo aver visto un buon numero di esempi, gli studenti acquisteranno una certa pratica, fino ad essere in grado di costruire da soli ragionamenti per assurdo in semplici casi.

Aggiungiamo che, quando si ha a che fare con una dimostrazione per assurdo in ambito geometrico, il ricorso a *software* è poco efficace o, quanto meno, richiede un'impostazione specifica: come si disegna con precisione una figura che si vuole dimostrare essere scorretta?

Per un'analisi di altre difficoltà didattiche delle dimostrazioni per assurdo, segnaliamo [Antonini, 2008].

9.3 La dimostrazione per assurdo e l'implicazione contronominale

Anche in testi affidabili, capita di trovare scritte frasi come le seguenti:

a) dimostrare per assurdo un enunciato significa negare la tesi e dedurne la negazione dell'ipotesi;

b) per dimostrare un teorema per assurdo, si parte dalla "negazione della tesi" e si cerca di dedurne una contraddizione.

L'enunciato a) non è corretto, o quanto meno è incompleto, perché la situazione citata, come abbiamo visto, corrisponde a un caso particolare del ragionamento per assurdo. Capita spesso che, invece di dimostrare un'implicazione $A \longrightarrow B$, si sostituisca ad essa la sua *contronominale* $\neg B \longrightarrow \neg A$ (si veda il paragrafo 8.3), e questo è un ragionamento per assurdo. Ma non è vero che l'assurdo si possa ottenere *esclusivamente* contraddicendo l'ipotesi: abbiamo visto altre forme del ragionamento per assurdo.

L'enunciato b) non è sbagliato, ma il termine *tesi* è ambiguo. Se lo intendiamo come sinonimo di enunciato, allora va tutto bene; se invece la parola *tesi* è contrapposta ad *ipotesi*, si ricade nell'errore precedente.

Capitolo 9 • Che cosa significa che un teorema è dimostrato per assurdo?

69

9.4 Applicazioni ridondanti del ragionamento per assurdo

In quest'ultimo paragrafo affrontiamo un argomento più delicato e discutibile, di cui consigliamo di non parlare a scuola.

Molte dimostrazioni di unicità sono presentate per assurdo, ma il discorso merita di essere approfondito. Pensiamo all'*unicità dell'elemento neutro* di un'operazione binaria *. Per dimostrarla, supponiamo per assurdo che esistano due elementi neutri a e b con $a \neq b$; allora si ha $a = a * b = b$.

C'è una differenza sostanziale rispetto al caso dell'unicità del limite (paragrafo 9.2, esempio III): là avevamo effettivamente sfruttato che $L \neq M$ per trovare due intorni disgiunti. Qui aver supposto che $a \neq b$ non serve: la dimostrazione, in realtà, *non* è condotta per assurdo. Possiamo iniziare dicendo "siano a e b due elementi neutri" (senza fare a priori alcuna ipotesi sul fatto che siano uguali o diversi) e concludere come prima $a = b$.

Perché, allora, molti testi parlano di dimostrazione per assurdo? Probabilmente c'è un'esigenza didattica inconsapevole, utile in pratica ma discutibile in teoria: se si parla di due elementi neutri a e b, resta il dubbio se siano uguali o diversi. Sul piano logico non ci sono problemi: le lettere a e b sono *due simboli* distinti, che possono rappresentare uno stesso numero o uno stesso oggetto (come capita nel calcolo algebrico). Ma, a livello percettivo e psicologico, l'idea è che lettere diverse indicano elementi diversi: presentando il ragionamento per assurdo, si supera questa difficoltà psicologica chiarendo che i due elementi a e b sono diversi fra loro (richiesta che non ha alcuna influenza nel seguito). Del resto, come ricordavamo nel capitolo 2, lo stesso Hilbert afferma che, quando parla di due o più punti A, B, ..., *si deve sempre intendere punti distinti*.

Vediamo un altro caso in cui la dimostrazione per assurdo è superflua. "Esistono infiniti numeri primi". Pensando al classico procedimento di Euclide, spesso si inizia dicendo: "Supponiamo per assurdo che ...". Questa impostazione può risultare didatticamente efficace, ma analizziamo meglio la situazione, cominciando a chiederci che cosa significa *infiniti* numeri primi. Ci sono varie traduzioni formali; una delle più semplici è "per ogni n esiste un numero primo p maggiore di n". La dimostrazione si esaurisce in poche righe: consideriamo il numero $n! + 1$; dividendolo per 2, per 3, ..., per n, otteniamo sempre come resto 1; dunque, un qualunque fattore primo di $n! + 1$ è un numero primo maggiore di n.

In questa dimostrazione non abbiamo fatto alcuna ipotesi per assurdo: l'enunciato parla di un numero primo maggiore di n e noi l'abbiamo trovato.

Riprendendo in modo più fedele la Proposizione 30 del Libro IX di Euclide, possiamo esprimerci così: se $p_0, p_1, \ldots, p_n$, sono numeri primi, allora esiste un numero primo non compreso in questo elenco. Seguendo il procedimento di Euclide, consideriamo il numero $p_0 \cdot p_1 \cdot \ldots \cdot p_n + 1$: un suo fattore primo è necessariamente distinto da tutti i p_i (e come prima la dimostrazione non è per assurdo).

Capitolo 10
Come va impostata una teoria matematica?
La logica matematica offre una fondazione
definitiva per le varie teorie matematiche?

10.1 Assiomi ed enti primitivi

Gli enunciati "ufficiali" in una trattazione matematica sono i *teoremi* e le *definizioni*; con queste ultime (a cui è dedicato il capitolo 11) si introducono le nuove parole, mentre i teoremi stabiliscono le proprietà di enti già noti.

Nel paragrafo 8.1 abbiamo detto che un teorema è un *enunciato che si dimostra*. Ma su quali basi si appoggia una dimostrazione? La risposta è semplice: per dimostrare un teorema, si ricorre ad altri risultati già conosciuti; questi, a loro volta, erano stati ottenuti da precedenti proprietà, e così via. Un tale processo a ritroso non può, evidentemente, proseguire all'infinito. Pertanto, è necessario che alcuni enunciati vengano accettati senza dimostrazione: questi vengono detti **postulati** o **assiomi**.

Oggi non si fa in genere alcuna differenza fra postulato e assioma, anche se nella storia della matematica i significati sono stati spesso diversi.

Una situazione analoga si incontra a proposito delle definizioni: in ogni definizione, viene introdotta una nuova parola (o una nuova locuzione) spiegandola mediante termini già noti. Per esempio, si definisce *quadrato* un quadrilatero con i lati uguali e gli angoli retti; ma, perché la definizione sia accettabile, dobbiamo già avere spiegato che per angolo retto intendiamo un angolo uguale a un suo adiacente. Quest'ultima definizione presuppone i concetti di uguaglianza e di angoli adiacenti.

Anche in tal caso deve esserci un punto di partenza, a cui appoggiare tutte le successive definizioni: si tratta degli **enti primitivi** (detti anche *concetti primitivi*, o talvolta *termini primitivi*), che non vengono definiti.

I discorsi precedenti si applicano alla geometria, dove fra gli enti primitivi riconosciamo in primo luogo i classici concetti di punto e retta; ma valgono per ogni teoria matematica, anche se non è sempre altrettanto facile individuare assiomi ed enti primitivi. Per esempio, in una teoria per l'aritmetica (di cui parleremo nel capitolo 12), conviene assumere come enti primitivi la costante 0, le operazioni +, ×, ' (l'ultimo simbolo indica il passaggio al numero successivo: così, 4' = 5) e il simbolo = (quest'ultimo si introduce in quasi tutte le teorie matematiche).

Vediamo ora, con riferimento alla geometria, come è stata giustificata la scelta degli assiomi e degli enti primitivi nel corso dei secoli.

In una prima impostazione, che risale agli antichi Greci, abbiamo le risposte più intuitive. I concetti primitivi vanno scelti fra quei concetti così chiari e naturali per tutti, che non c'è alcun bisogno di definirli. Per esempio, ci troviamo in

Villani V., Bernardi C., Zoccante S., Porcaro R.: Non solo calcoli. Domande e risposte sui perché della matematica
DOI 10.1007/978-88-470-2610-0_10, © Springer-Verlag Italia 2012

imbarazzo se ci viene chiesto che cosa è una retta, ma non c'è bisogno di fornire alcuna spiegazione perché tutti sappiamo che cosa è una retta.

Analogamente, gli assiomi sono quelle proprietà, relative ai concetti primitivi, così evidenti che una loro dimostrazione, oltre che impossibile, sarebbe anche inutile: per tutti è chiaro che, presi due punti distinti, c'è una e una sola retta che passa per quei punti.

Questa impostazione appare oggi piuttosto ingenua: se siamo disposti ad accettare senza dimostrazione i postulati perché evidenti, allora dovremmo comportarci nello stesso modo di fronte a qualunque enunciato che secondo l'intuizione sia corretto, con conseguenze incontrollabili. Comunque, questa impostazione fu accettata, più o meno esplicitamente, fino all'Ottocento. Nella prima metà dell'Ottocento le seguenti novità imposero un ripensamento generale.

1 Ad opera di Gauss, Bolyai, Lobacevskij nascono le *geometrie non euclidee*, in cui si parte da presupposti diversi da quelli usuali: se gli assiomi esprimono proprietà ovvie, non possono certo essere modificati.

2 Vengono introdotti e studiati *spazi a più di tre dimensioni*: è difficile sostenere che in questi ambienti certi concetti, anche i più semplici, siano naturali ed evidenti.

3 Poncelet (1826) e Gergonne (1838), nello studio della geometria proiettiva, enunciano il *principio di dualità*, che verrà poi sviluppato da von Staudt: è lecito attribuire a parole come punto e retta significati diversi da quelli intuitivi, mantenendo la correttezza degli enunciati (più precisamente, nel piano proiettivo il principio di dualità permette di scambiare il significato di punto e retta).

Nella seconda metà dell'Ottocento viene dimostrata la non contraddittorietà delle geometrie non euclidee. Anche se la retta di Bolyai ha proprietà diverse da quelle della retta di Euclide, le varie geometrie hanno uguale dignità logica: se c'è una contraddizione in una geometria, allora c'è una contraddizione anche nelle altre.

Le nuove posizioni assunte da più matematici verso la fine del secolo vengono riassunte e chiarite con l'opera di Hilbert, *I fondamenti della geometria* del 1899.

Nell'impostazione hilbertiana *i postulati sono visti come definizione dei concetti primitivi*. In altre parole, non ci interessa sapere che cosa è un punto o una retta, ma siamo disposti ad usare questi termini ogni volta che certi insiemi di oggetti soddisfano le proprietà espresse dai postulati.

Le figure geometriche acquistano, in questo contesto, solo un ruolo schematico/mnemonico, mentre perdono la pretesa di rappresentare fedelmente gli enti geometrici: la geometria è una scienza puramente deduttiva. Uno schizzo può essere utile per suggerire una proprietà, ma in una dimostrazione non possiamo accettare un fatto perché evidente dalla figura (Fig. 10.1).

Per una discussione sulle teorie assiomatiche per la geometria, si veda [Villani, 2006], pag. 67.

Per chiarire questa impostazione, oggi comunemente accettata, introduciamo un paragone con le *carte da gioco* (Fig. 10.2). Non ha molto senso chiedersi "che cosa è il 3 di fiori?" e non ha alcuna importanza se il 3 di fiori è una carta rettangolare o tonda, se è di cartoncino, di plastica, o magari solo virtuale. L'importante

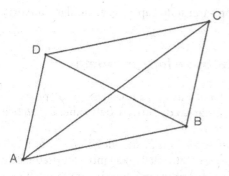

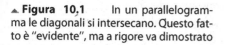

▲ **Figura 10,1** In un parallelogramma le diagonali si intersecano. Questo fatto è "evidente", ma a rigore va dimostrato

▲ **Figura 10.2** Ha importanza la "forma" di queste carte?

è specificare le *regole del gioco*, che corrispondono agli assiomi e che, in un certo senso, *definiscono* le varie carte e il loro uso nel corso di una partita.

Nello stesso modo, non ha molto senso chiedersi "che cosa è una retta?" e non ha alcuna importanza se la retta è disegnata su un foglio, sulla lavagna o sullo schermo di un computer. L'importante è che valgano le proprietà espresse dagli assiomi.

Concludiamo questo paragrafo con alcune citazioni sul ruolo attribuito agli assiomi.

Gottlob Frege (circa 1900): "Gli assiomi non vengono dimostrati perché la loro conoscenza scaturisce da una fonte conoscitiva di natura extra-logica, che possiamo chiamare intuizione spaziale. Il fatto che gli assiomi siano veri ci assicura di per sé che essi non si contraddicono, e ciò non richiede alcuna ulteriore dimostrazione".

David Hilbert, in risposta a Frege: "Io ho detto esattamente il contrario: se assiomi arbitrariamente stabiliti non sono in contraddizione, con tutte le loro conseguenze, allora essi sono veri. [...] Se voglio intendere un qualunque sistema di enti, per esempio il sistema: amore, legge, spazzacamino, allora basterà che assuma tutti i miei assiomi come relazioni fra questi enti perché le mie proposizioni, ad esempio il teorema di Pitagora, valgano anche per essi. In altre parole, ogni teoria può essere applicata a infiniti sistemi di enti fondamentali. Tale circostanza non rappresenta un difetto della teoria (ne è piuttosto un grandissimo pregio) e in ogni caso è inevitabile".

Giuseppe Peano: "I postulati aritmetici sono soddisfatti dall'idea che del numero possiede ogni scrittore d'Aritmetica. Noi pensiamo il numero, dunque il numero esiste. Una prova di consistenza sarà per altro opportuna, allorquando i postulati siano ipotetici e non rispondenti a fatti reali".

Albert Einstein (1921): "Gli assiomi definiscono gli oggetti di cui si occupa la geometria. Io attribuisco speciale importanza all'interpretazione della geometria che ho ora esposto, perché senza di essa non sarei stato capace di formulare la teoria della relatività".

10.2 Teorie assiomatiche deduttive e loro proprietà

L'impostazione descritta nel paragrafo precedente costituisce il metodo tipico della matematica: si tratta del **metodo assiomatico deduttivo**, detto anche *ipotetico deduttivo*. Vediamo meglio in che cosa consiste.

Per introdurre un *teoria assiomatica*, occorre in primo luogo precisare il *linguaggio* della teoria. In termini formali, si tratta delle costanti, dei predicati e dei simboli per funzioni (paragrafo 6.8); in termini più chiari si tratta degli enti primitivi di cui abbiamo parlato nel paragrafo precedente.

Dopo di che, si enunciano gli *assiomi*, cioè le formule che sono accettate come punto di partenza per dedurre i *teoremi*. A rigore, oltre agli assiomi si dovrebbero specificare anche le *regole di deduzione*, ma questa precisazione è quasi sempre sottintesa. Qui ci limitiamo a menzionare un esempio tipico di regola di deduzione (che era citato nelle prime versioni dei programmi *PNI* per il biennio delle Superiori): il *Modus Ponens*, secondo cui dalle premesse A e $A \longrightarrow B$ è lecito trarre la conclusione B.

Nel prossimo paragrafo vedremo esempi di teorie assiomatiche. Accenniamo qui alle principali proprietà delle teorie, cioè alle caratteristiche che possono valere o non valere per un insieme di assiomi.

Una teoria (o un insieme di assiomi) è detta **consistente** o **coerente** o **non contraddittoria** se non esiste una formula A tale che si possano dedurre in quella teoria sia A sia $\neg A$.

Un insieme di assiomi è **dipendente** se esiste un assioma A che si può dedurre dagli altri. In tal caso si può eliminare l'assioma A, senza modificare la teoria, perché A resta comunque un teorema.

Infine, una teoria è **completa** se, per ogni formula A, in quella teoria si può dedurre come teorema A oppure $\neg A$. Sul concetto di teoria completa torneremo nel capitolo 12, parlando dei teoremi di Gödel.

Per quanto concerne le prime due proprietà, è molto utile un'analogia con i sistemi di equazioni. In effetti, le equazioni di un sistema si possono pensare come gli assiomi: con le regole del calcolo algebrico deduciamo le conseguenze (i teoremi).

Come esempio, consideriamo i due sistemi seguenti:

$$\begin{cases} x - y = 1 \\ y - z = 1 \\ x - z = 2 \end{cases} \qquad \begin{cases} x - y = 1 \\ y - z = 1 \\ x - z = 0 \end{cases}.$$

Ora, il primo sistema è *dipendente*, perché la terza equazione si ricava dalle prime due (basta sommare membro a membro) e quindi non dà alcuna nuova informazione. Il secondo sistema è *contraddittorio*, perché la terza equazione contraddice quanto si ricava dalle prime due.

Si noti anche che, mentre l'indipendenza di un sistema di assiomi risponde più che altro a criteri di eleganza e di semplicità formale, la consistenza è un requisito fondamentale.

L'impostazione logica esprime fedelmente la nascita e lo sviluppo di una teoria assiomatica? Da un punto di vista storico, si può obiettare che gli assiomi non sono introdotti quando si inizia a studiare un argomento, ma sono il frutto di una lunga maturazione: si provano diverse strade, studiando le conseguenze di ciascuna; del resto, capita che un assioma sia aggiunto, o modificato, in un secondo tempo (si veda, a questo proposito, il paragrafo 16.1).

Anche sul piano didattico, si comincia lo studio di un argomento matematico senza parlare di assiomi. Pensiamo alla geometria euclidea: già nella Scuola Primaria i bambini imparano a disegnare le figure geometriche e a risolvere semplici problemi, e poi nella Scuola Media incontrano le prime dimostrazioni; ma sarebbe sbagliato introdurre gli assiomi prima delle Superiori.

Tutto ciò premesso, un'impostazione assiomatica per le teorie è soddisfacente sia sul piano espositivo (organizzazione di una teoria), sia sul piano teorico, perché in questo quadro si possono utilmente collocare le varie teorie matematiche.

10.3 Esempi di teorie assiomatiche

Per quanto detto nelle righe precedenti, gli assiomi hanno un indiscutibile *valore culturale*. Riteniamo pertanto molto importante che uno studente, nel corso degli anni delle Superiori, capisca la necessità di introdurre assiomi in una teoria deduttiva. Già nel primo biennio si potranno enunciare assiomi, in particolare di geometria euclidea, per poi riprenderli negli anni successivi, approfondendo il discorso e allargandolo ad altri rami della matematica. Le occasioni non sono frequenti; vediamo qui alcune teorie assiomatiche presentabili nelle Superiori.

Fra i primi assiomi della *geometria piana*, ci limitiamo a ricordare i più noti:

1 "per due punti distinti passa una e una sola retta" (questo assioma permette di introdurre la consueta notazione "retta AB");

2 "esistono tre punti non allineati";

3 *assioma delle parallele* "dati un punto P ed una retta r non passante per P, esiste una e una sola retta per P parallela ad r" (a rigore, basterebbe postulare che "esiste *al più* una parallela", perché l'esistenza si dimostra a partire dagli assiomi precedenti).

Citiamo anche *l'assioma di Pasch*: "data una retta r e tre punti distinti A, B, C non appartenenti ad essa, se r interseca uno dei segmenti AB, BC, CA, allora ne interseca almeno un altro". Questo assioma consente di introdurre i *semipiani*; in effetti, è didatticamente più semplice sostituirlo con l'*assioma dei semipiani*, che è equivalente nella sostanza ma ha un enunciato più intuitivo: "data una retta r, i punti del piano non appartenenti ad r sono divisi in due insiemi (non vuoti) H e K tali che un segmento AB (con A e B non su r) ha un punto in comune con r se e solo se A e B appartengono uno ad H e l'altro a K.".

Nell'opera di Hilbert già citata ([Hilbert, 1970]) gli assiomi delle geometria sono divisi in 5 gruppi: collegamento o incidenza, ordinamento (in questo gruppo rientra l'assioma di Pasch), uguaglianza o congruenza, parallelismo, continuità.

Proprio modificando gli assiomi della geometria euclidea, si introducono le *geometrie non euclidee*; per inciso, ricordiamo che nella geometria ellittica variano, oltre all'assioma delle parallele, anche gli assiomi di ordinamento.

Commento Negli ultimi anni delle Superiori le geometrie non euclidee offrono un'occasione per parlare di storia della matematica. Inoltre, il fatto che non valgano fatti molto noti, quasi scontati (dalla somma degli angoli interni di un triangolo al teorema di Pitagora), può contribuire all'abitudine ad essere critici. Naturalmente, nelle geometrie non euclidee si ritrovano alcune proprietà note e, d'altra parte, si dimostrano nuove proprietà, sconosciute in geometria euclidea (come il IV criterio di uguaglianza dei triangoli, secondo cui se due triangoli hanno gli angoli rispettivamente uguali, allora sono uguali).

Fra altre teorie assiomatiche di cui si può parlare a scuola, citiamo la *teoria dei gruppi* e la *teoria dei campi*. In quest'ultima abbiamo due operazioni binarie, in genere indicate con i simboli "+" e "·", che soddisfano le usuali proprietà commutativa, associativa ecc., compresa l'esistenza dell'inverso moltiplicativo per tutti gli elementi diversi da 0. L'argomento può sembrare difficile per studenti delle Superiori, ma, in sostanza, si tratta di riscrivere le usuali proprietà del calcolo algebrico, ben familiari ai ragazzi.

Per gli assiomi dell'*aritmetica*, cioè per uno studio assiomatico dei numeri naturali con le consuete operazioni, rimandiamo al capitolo 12.

Occasionalmente, un approccio assiomatico può essere proposto per altri argomenti, come gli spazi metrici e la probabilità (si veda il capitolo 25).

Capitolo 11
Si può dare una definizione di definizione? Qual è il ruolo delle definizioni? È vero che i teoremi si dimostrano a partire dalle definizioni?

11.1 Le definizioni sul vocabolario, in filosofia, in matematica

In un vocabolario è riportata la parola "vocabolario"; la filosofia si preoccupa di spiegare che cosa è la filosofia; in logica matematica si dimostrano teoremi che riguardano i teoremi (è il caso dei teoremi di Gödel di cui parleremo nel capitolo 12). Analogamente, non c'è nulla di sbagliato nel definire la parola definizione.

definizióne (ant. diffinizióne) s. f. [dal lat. *definitio -onis*]. — 1. Determinazione, delimitazione esatta: *d. dei limiti di competenza di due organi amministrativi*; *d. dei termini di una questione*. 2. L'atto, il fatto, il modo di definire (nel sign. 2 del verbo), di determinare cioè il significato di una parola o comunque di una espressione verbale mediante una frase (il più possibile concisa, e comunque completa) costituita da termini il cui significato si presume già noto, così da individuare di quella parola o espressione le qualità peculiari e distintive, sia con l'indicarne l'appartenenza a determinate specie, generi, classi, ecc., sia col rilevarne funzioni, relazioni, usi, ecc.: *dare, formulare una d.*; *è spesso difficile dare la d. di un ente astratto, di un sentimento, di che cos'è un colore,*

▲ **Figura 11.1** L'inizio della definizione della parola "definizione", così come è riportata nel Vocabolario della lingua italiana edito dall'Istituto della Enciclopedia Italiana. Naturalmente, un vocabolario deve riportare le definizioni di tutte le parole, anche nei casi in cui, come in questo, può sorgere qualche dubbio per la circolarit della situazione. La stessa idea è stata fonte di ispirazione per artisti contemporanei. In particolare, la cosiddetta *arte concettuale* si interessa al linguaggio e al significato; e così il problema della definizione entrato anche nel campo artistico. Al Museum of Modern Art (MoMA) di New York è esposta una singolare opera di Joseph Kosuth, che risale agli anni 1966-68 ed è facilmente reperibile in internet: si tratta proprio di un ingrandimento fotografico della definizione della parola "definition" come riportata in un dizionario

Il discorso diventa più chiaro se si ricorda la distinzione fra linguaggio e metalinguaggio, a cui abbiamo fatto cenno nel paragrafo 6.8. Per introdurre un linguaggio simbolico e scientifico, dobbiamo già disporre di un linguaggio naturale, come l'italiano. Nel nostro caso, si tratta di spiegare nel linguaggio naturale che cosa intendiamo con la parola *definizione* in matematica.

Secondo i vocabolari, una definizione consiste nell'individuare e nell'illustrare le proprietà essenziali di un oggetto, concreto o astratto, che permettano di riconoscerlo fra gli altri oggetti. Pertanto, definire una parola, o un'espressione di più parole, significa determinarne il significato mediante una frase costituita da termini di significato già noto, in modo da individuare le qualità peculiari e distintive di quella parola.

Villani V., Bernardi C., Zoccante S., Porcaro R.: Non solo calcoli. Domande e risposte sui perché della matematica
DOI 10.1007/978-88-470-2610-0_11, © Springer-Verlag Italia 2012

La situazione in matematica è simile: *con una definizione si introduce una parola nuova per indicare gli oggetti che godono di determinate proprietà*. Per esempio, diciamo che "un numero naturale si chiama *primo* quando è maggiore di 1 e ammette come divisori solo sé stesso e 1".

Specialmente in un contesto filosofico la nuova parola si dice talvolta *definiendum* (ciò che si deve definire), mentre le proprietà specificate costituiscono il *definiens* (ciò che definisce).

In filosofia si distingue anche fra *definizione reale* (che non si riduce a una descrizione, ma cerca di cogliere l'essenza di una cosa nota) e *nominale* (che si limita a precisare il significato di un nome o a specificare le caratteristiche di un oggetto). Questa distinzione è meno significativa in matematica, dove non si pone il problema di spiegare l'*essenza* di una cosa già data e nemmeno di un concetto.

Secondo la tradizione filosofica, molte definizioni sono date mediante il *genere* e la *differenza* (o *differenza specifica*). Questo significa che si individua in primo luogo la classe di appartenenza del *definiendum* (genere) e, poi, se ne precisano le *caratteristiche distintive*, cioè le differenze tra tale termine e altri termini della stessa classe. Una struttura analoga è frequente anche in matematica: per esempio, diciamo che *un rombo è un quadrilatero (*genere*) con tutti i lati uguali* (differenza).

Ci sono importanti differenze fra le definizioni di un vocabolario e le definizioni matematiche.

In primo luogo, in matematica è tassativamente proibito un qualunque *circolo vizioso*: in ogni definizione deve comparire *una e una sola* parola nuova, quella che, appunto, si sta definendo. Invece, un vocabolario *deve* riportare *tutte* le parole che usa: in queste condizioni è inevitabile la presenza di circoli viziosi. In matematica il problema è superato con la presenza dei concetti primitivi (si veda il paragrafo 10.1), che non esistono in un vocabolario.

Il punto è che mentre la matematica si propone di evitare ogni ambiguità, la situazione in un vocabolario e nella lingua parlata è diversa: anzi, un riferimento incrociato (due parole ciascuna delle quali viene spiegata usando l'altra) può essere utile per cogliere meglio i significati e i contesti d'uso, come abbiamo già visto nel paragrafo 6.1.

In un senso non troppo diverso, anche gli *esempi* che seguono una definizione hanno un valore diverso fra vocabolario e matematica: in matematica il loro scopo è puramente didattico, servono per far capire meglio, ma a rigore non aggiungono nulla. Invece, gli esempi di un vocabolario precisano l'uso della parola definita e sono, quindi, parte integrante della definizione.

Inoltre, una definizione in un vocabolario registra l'uso che viene fatto di una parola, cercando di spiegarne il significato profondo. Ci sono analogie con le definizioni reali in filosofia, quando si intende precisare un concetto in qualche modo già noto; il discorso è interessante nel caso si propongano definizioni di parole "ricche di significato", come ragione, opinione, libertà, amicizia. Una definizione dovrà enucleare i caratteri salienti di questi concetti, fornendo una o più chiavi di lettura.

Invece, una definizione matematica, di per sé, ha solo un carattere convenzionale e non necessariamente rispecchia una situazione esterna. Di conseguenza, una definizione matematica è *sempre corretta*, purché sia corretta la sua struttura, nel senso che contenga una sola parola nuova: in un testo di matematica una definizione potrà discostarsi dalla terminologia usuale, oppure essere discutibile e inopportuna sul piano didattico, ma non sarà mai "sbagliata".

I discorsi precedenti ai riferiscono alle definizioni matematiche in senso proprio. Bisogna aggiungere che in ambito scientifico le definizioni non rispondono sempre a criteri così precisi: spesso nelle definizioni in biologia (cellula, …) si elencano alcune caratteristiche frequenti, mentre in fisica (forza, massa, …) capita di limitarsi ad una prima descrizione di concetti che saranno poi chiariti dai successivi sviluppi. Anche in matematica, del resto, spesso si introducono nuovi termini (algoritmo, calcolo approssimato, …) con spiegazioni che, a rigore, non sono vere e proprie definizioni.

A proposito di quanto discusso in questo paragrafo, ricordiamo l'esercizio per studenti dei primi anni delle Superiori che abbiamo proposto nel paragrafo 6.1: confrontare definizioni riportate nei vocabolari con le definizioni che si danno in matematica.

11.2 Definizioni, teoremi, condizioni necessarie e sufficienti

Iniziamo con un'osservazione implicita in quanto precede, ma non affatto scontata. Mentre un teorema stabilisce una proprietà e fornisce informazioni, una definizione serve *solo* per sostituire una nuova parola al posto di una frase più lunga: in quest'ottica, una definizione non è altro che una *abbreviazione*, che si introduce per comodità linguistica. Eliminando una definizione (cioè dicendo ogni volta, ad esempio, "quadrilatero con i lati uguali e gli angoli uguali" anziché "quadrato"), i vari enunciati perdono in concisione e in chiarezza, ma non nel loro contenuto. Per esempio, invece di enunciare il teorema "le diagonali di un rettangolo sono uguali", potremmo rinunciare alle parole diagonale, rettangolo (e anche angolo retto), ed esprimerci così: "se ciascun angolo di un quadrilatero è uguale al suo adiacente, allora i segmenti che congiungono vertici non consecutivi del quadrilatero sono uguali". La sostanza non è cambiata, ma mentre il primo enunciato è estremamente semplice e diretto, ci vuole una certa attenzione per capire il secondo.

Come diceva Giuseppe Peano (1911): "Le definizioni sono utili ma non necessarie, perché al posto del definito si può sempre sostituire il definiente [...]. Se la nuova definizione non è più lunga e più complicata, quella definizione era poco utile. Se si incontrano difficoltà, la definizione non fu ben data".

Su questioni didattiche torneremo nel paragrafo 11.3. Qui aggiungiamo solo che una definizione serve comunque a fissare l'attenzione su determinati oggetti e quindi, in un certo senso, anticipa il seguito di una trattazione: si introduce la definizione di altezza di un triangolo, o di derivata di una funzione, perché si sa che questi concetti risulteranno utili nel seguito.

Un teorema si dimostra a partire solo dagli assiomi o anche dalle definizioni? Questa domanda può trarre in inganno anche matematici esperti. Abbiamo detto che una definizione non aggiunge alcuna informazione: se si definisce la bisettrice di un angolo, questo non garantisce nemmeno che si possa tracciare la bisettrice di un angolo dato. Quindi, *una definizione non può essere un punto di partenza per dimostrare qualche cosa.*

Indubbiamente, una definizione semplifica, abbrevia e soprattutto chiarisce la forma in cui enunciamo un teorema; ma si tratta solo di ottenere un enunciato più comprensibile, o una dimostrazione più convincente. Le definizioni servono *soltanto* per dare altre definizioni.

Tuttavia, in certi casi pare proprio che le definizioni siano qualche cosa su cui ci si appoggia nelle dimostrazioni, specie quando si tratta di concetti base, come la definizione di limite, o di circonferenza, o di numero primo.

Riprendendo il paragone con le carte da gioco (fine del paragrafo 10.1), le definizioni corrispondono a modi di esprimersi nei diversi giochi, come "carico" a briscola. Queste espressioni permettono ai giocatori di capirsi rapidamente, ma non influiscono sulla loro strategia.

Vediamo un altro paragone, di carattere algebrico. Nel corso di un calcolo complicato, capita che risulti comodo introdurre una nuova lettera, per esempio ponendo $y = x^2$ (tipico è il caso delle equazioni biquadratiche). Una tale "posizione" permette di applicare direttamente una formula nota, o di riconoscere più facilmente una situazione, ma scrivere y al posto di x^2 non ci dice ovviamente niente di nuovo su x.

Queste "posizioni" non sono altro che definizioni. Usiamo una scrittura abbreviata per proseguire il nostro calcolo in modo agile e chiaro; ma la semplice introduzione di una scrittura abbreviata non ci dà alcuna nuova informazione sugli oggetti in gioco.

Torniamo al discorso generale su definizioni e dimostrazioni. Una dimostrazione si basa esclusivamente sugli assiomi o sui teoremi già noti e *non* sulle definizioni. È vero che, nel corso di una dimostrazione, capita di leggere frasi del tipo: "...e questa uguaglianza, per la definizione di limite, ci garantisce che ..."; oppure "d è un divisore del numero primo p e, per la definizione di numero primo, concludiamo $d = 1$ oppure $d = p$".

Tuttavia, se ci pensiamo bene, ci rendiamo conto che il ricorso a una definizione quando si dimostra un teorema serve solo per *richiamare il significato di una parola*, cioè per sostituire ad essa le proprietà che la definiscono. Riprendendo il precedente paragone algebrico, se poniamo $y = x^2$ è chiaro a un certo punto dei successivi calcoli riscriviamo x^2 al posto di y. L'aver posto $y = x^2$ ha snellito i calcoli intermedi, ma concettualmente non ha alterato il nostro procedimento.

È frequente in matematica che un oggetto (figura, funzione, ...) sia *caratterizzato* da una proprietà, nel senso che quella proprietà esprime una condizione necessaria e sufficiente. Per esempio, in genere si definisce parallelogramma un quadrilatero con i lati opposti paralleli; poi si dimostra che un quadrilatero (non intrecciato) è un parallelogramma se e solo se ha un centro di simmetria, oppure se e solo se ha gli angoli opposti uguali, ecc.

Spesso, in questi casi, la proprietà che caratterizza fornisce una *definizione alternativa*. Così, ciascuna delle proprietà che esprimono condizioni necessarie e sufficienti perché un quadrilatero sia un parallelogramma può essere assunta come definizione. Nella sostanza, non cambia nulla se definiamo un parallelogramma come quadrilatero con un centro di simmetria e poi dimostriamo che un parallelogramma ha i lati opposti paralleli: un'impostazione è preferibile a un'altra solo per motivi di opportunità didattica, o di gusto personale.

Tuttavia, vediamo con un esempio che *non sempre* una proprietà caratterizzante può essere assunta come definizione. È corretto affermare che "nella geometria dello spazio, una retta è perpendicolare ad un piano se e solo se la proiezione della retta sul piano si riduce a un punto"; ma non possiamo accettare la frase precedente come definizione di perpendicolarità fra retta e piano, perché nelle usuali trattazioni il concetto di proiezione su un piano presuppone la perpendicolarità fra retta e piano.

Chiudiamo il paragrafo con una piccola questione linguistica che si collega al punto precedente. È meglio enunciare una definizione scrivendo per esempio "un numero naturale è primo *se e solo se* è maggiore di 1 e ammette come divisori solo sé stesso e 1", oppure semplicemente "un numero naturale è primo *se* è maggiore di 1 e ammette come divisori solo sé stesso e 1"? È meglio *se e solo se* oppure basta *se*?

Nei testi si trovano entrambe le formulazioni e diciamo subito che nessuna delle due è sbagliata. Da un certo punto di vista, può sembrare preferibile la forma "se e solo se", perché le proprietà citate in una definizione caratterizzano la parola introdotta nella definizione stessa: se un numero è primo allora valgono quelle proprietà, e viceversa.

Tuttavia, noi riteniamo che la forma "se e solo se" presenti il rischio di confusione con una condizione necessaria e sufficiente espressa da un teorema. Per questo motivo, tutto sommato, preferiamo la forma con il semplice "se".

La cosa importante è distinguere con chiarezza se l'enunciato che si sta esaminando è un teorema o una definizione. Di conseguenza, è sempre opportuno che una definizione sia espressa in una forma tale che risulti chiaro che si tratta, appunto, di una definizione: "un numero è detto primo se …", "chiamiamo primo un numero tale che …", "si definisce primo un numero se …".

11.3 Qualche indicazione didattica

Abituare gli studenti a dare definizioni è fondamentale per un'educazione *linguistica*, a tutte le età. Le prime definizioni si incontrano nella Scuola Primaria, dove definire significa essenzialmente *descrivere*.

In quest'ottica, specialmente all'inizio, vanno senz'altro accettate definizioni *sovrabbondanti*, del tipo "un triangolo si chiama equilatero quando i suoi tre lati sono uguali e suoi tre angoli sono uguali". Del resto, è normale che le condizioni espresse in una definizione siano più forti di quanto strettamente necessario: un rettangolo si definisce in genere come quadrilatero con i 4 angoli retti, senza preoccuparsi del fatto che bastano 3 angoli retti per caratterizzare i rettangoli.

Anche nella Scuola Secondaria è importante che uno studente riesca a descrivere una figura o una situazione in termini appropriati. In qualche caso si tratta di "trovare" una definizione. Un tipico esempio, tutt'altro che facile, riguarda la perpendicolarità fra retta e piano nella spazio. Tutti sanno cosa significa che, in un terreno pianeggiante, un'asta è piantata perpendicolarmente al terreno; ma è difficile tradurre questa idea nella definizione geometrica ("una retta *r* e un piano *α*, incidenti in un punto *P*, si dicono *perpendicolari* se *r* è perpendicolare a ogni retta di *α* passante per *P*"). Analogamente, può essere interessante chiedere a studenti di 15-16 anni di definire un cubo o una piramide, per poi discutere con loro le varie definizioni proposte: quasi tutte, probabilmente, saranno o carenti o sovrabbondanti.

Non c'è dubbio che va richiesta agli studenti una certa precisione linguistica quando danno una definizione. D'altra lato, non è ragionevole pretendere di essere sempre rigorosi. Ci sono parole, come *formula, quantità, costante*, che, pur essendo di uso corrente in matematica, sono difficili da precisare. E ci sono situazioni in cui, anche alle Superiori, può risultare opportuno sostituire definizioni rigorose con spiegazioni intuitive: è il caso della definizione di *insieme infinito*, oppure di *funzione* (ne abbiamo parlato rispettivamente all'inizio del capitolo 3 e nel paragrafo 1.2).

Raccomandiamo a tutti i docenti di *evitare definizioni inutili* o *fini a sé stesse*, cioè che non si riprendono nel seguito. Per esempio, non vale la pena di introdurre la parola *romboide* per indicare i parallelogrammi che non siano né rettangoli né rombi, perché sarà molto raro che se ne parli.

Inoltre, raccomandiamo di limitare il numero delle definizioni anche nelle Superiori, evitando distinzioni sottili che possono (forse) avere un senso solo in contesti più astratti, come la distinzione fra *angolo* e *regione angolare*, oppure fra *polinomio* e *funzione polinomiale*.

Concludiamo con qualche commento ad alcune particolari definizioni; per altri esempi, si vedano i paragrafi 11.1 e 1.2 (*confronto di definizioni*).

1 "Un'*equazione* è un'uguaglianza soddisfatta solo da particolari valori attribuiti alle incognite."

La definizione precedente è diffusa nelle nostre Scuole, ma a rigore è criticabile. Che cosa significa "particolari"? Si parla di equazioni indeterminate e di equazioni impossibili: pertanto, non si escludono i casi in cui *tutti* i valori soddisfano l'uguaglianza, ovvero in cui *nessun* valore la soddisfa. L'aggettivo "particolari" non ha quindi un significato preciso, ma è più che altro un avviso al lettore: sta attento, perché, a differenza di quanto capita nelle identità, nel caso delle equazioni non sai a priori quali valori rendono vera l'uguaglianza.

Una definizione rigorosa di equazione può essere anche più semplice: "Un'*equazione* è un'uguaglianza fra due espressioni contenenti incognite"; dopo di che, con una successiva definizione, si spiegherà che "*risolvere* un'equazione significa trovare tutti e soli i valori che, sostituiti alle incognite, soddisfano l'uguaglianza".

In ogni caso, riteniamo che anche la definizione iniziale sia accettabile nelle Superiori, proprio perché cerca di spiegare l'idea di equazione.

2 Come è noto, Euclide inizia il Libro I degli Elementi con un elenco di *termini*, che corrispondono alle definizioni dei principali enti geometrici. Al n. 20 Euclide dice che: *E delle figure trilatere triangolo equilatero è quello che ha i tre lati uguali, isoscele è quello che ha due soli lati uguali, scaleno quello che ha i tre lati disuguali.*

Si tratta di una tipica *classificazione per partizione*: l'insieme dei triangoli è diviso in tre sottoinsiemi, e ogni triangolo appartiene a uno e uno solo di questi sottoinsiemi (in particolare, un triangolo equilatero non rientra fra i triangoli isosceli).

Oggi, si preferisce spesso una *classificazione per inclusione*: "si chiama triangolo *isoscele* un triangolo con due lati uguali", senza porre alcuna condizione sul terzo lato. Con questa definizione, un triangolo equilatero è un caso particolare di triangolo isoscele, mentre scaleno equivale a non isoscele (si veda la Fig. 1.1 nel paragrafo 1.3; si veda anche [Villani, 2006], pag. 73). Il vantaggio è che un teorema dimostrato per i triangoli isosceli vale automaticamente per i triangoli equilateri.

3 "Si dice *trapezio* ogni quadrilatero che ha una coppia di lati opposti paralleli e gli altri due lati non paralleli."

La situazione presenta evidenti analogie con quella appena vista. Nella definizione di trapezio, una volta precisato che c'è una coppia di lati opposti paralleli, può sembrare poco opportuno aggiungere che gli altri due lati non sono paralleli. Il problema si può porre in altre parole: un parallelogramma è un particolare trapezio, in cui sono parallele entrambe le coppie di lati opposti, oppure un parallelogramma non è un trapezio?

Come abbiamo detto, ogni definizione è lecita; il problema è quindi solo di opportunità. Anche per i quadrilateri, si preferiscono oggi definizioni in cui si accetta che certe figure siano casi particolari di altre: per esempio, un quadrato è un particolare rettangolo e un particolare rombo.

Nel caso dei trapezi, tuttavia, sorge un problema quando si introducono i trapezi isosceli. Infatti, se diciamo che un trapezio è un quadrilatero con due lati opposti paralleli senza alcuna condizione sugli altri due lati opposti, allora ogni quadrilatero con due lati opposti paralleli e gli altri due lati uguali è un trapezio isoscele. Coerentemente, quindi, dobbiamo asserire che un parallelogramma è un trapezio isoscele. L'ultima conclusione, tuttavia, non ci va bene, perché i parallelogrammi (salvo il caso particolare dei rettangoli) non soddisfano le usuali proprietà dei trapezi isosceli, come avere le diagonali uguali, ammettere un asse di simmetria, ecc.

Per questo motivo siamo favorevoli alla definizione più restrittiva di trapezio, quella riportata all'inizio, nella quale si esclude che un parallelogramma sia un trapezio. Un'altra possibilità, convincente in teoria ma più complessa, consiste nel definire i trapezi isosceli con riferimento agli angoli anziché ai lati: le diverse situazioni sono indicate nei diagrammi di Venn in Fig. 11.2 e in Fig. 11.3. Il secondo diagramma ci pare troppo complicato per essere proposto a Scuola.

4 "Un numero L è *estremo superiore* di un insieme non vuoto H di numeri reali se:

1) $L \geqslant x$ per ogni $x \in H$ e, inoltre, $\forall \varepsilon > 0 \; \exists x \in H \, (x \geqslant L - \varepsilon)$.
   oppure se
2) L è il minimo numero maggiore o uguale di ogni elemento di H".

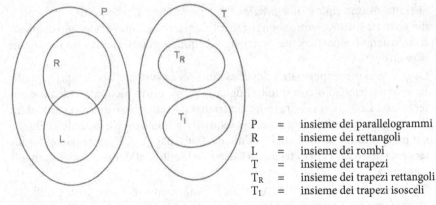

P = insieme dei parallelogrammi
R = insieme dei rettangoli
L = insieme dei rombi
T = insieme dei trapezi
T_R = insieme dei trapezi rettangoli
T_I = insieme dei trapezi isosceli

▲ **Figura 11.2** Definizioni A. Si chiama *trapezio* un quadrilatero con due lati opposti paralleli e gli altri due non paralleli. Un trapezio si dice *isoscele* se i lati non paralleli sono uguali. Accettando queste definizioni, abbiamo gli insiemi disgiunti dei parallelogrammi (a sinistra) e dei trapezi (a destra). Fra i parallelogrammi, abbiamo rettangoli e rombi, la cui intersezione dà i quadrati. Nei trapezi, abbiamo i due insiemi disgiunti dei trapezi isosceli e dei trapezi rettangoli

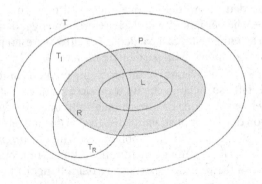

▲ **Figura 11.3** Definizioni B. Si chiama *trapezio* un quadrilatero con due lati opposti paralleli, detti basi. Un trapezio si dice *isoscele* se gli angoli adiacente a ciascuna base sono uguali. Accettando queste definizioni, tutti i parallelogrammi sono trapezi, ma, fra di essi, solo i rettangoli sono trapezi isosceli. Queste definizioni sono piuttosto semplici, ma il corrispondente diagramma di Venn è di difficile lettura. L'insieme T rappresenta tutti i trapezi. All'interno ci sono tre sottoinsiemi: l'insieme P dei parallelogrammi, l'insieme T_I dei trapezi isosceli, l'insieme T_R dei trapezi rettangoli. L'intersezione di due qualunque di questi tre insiemi è l'insieme R dei rettangoli. All'interno dei parallelogrammi ci sono i rombi L, la cui intersezione con i rettangoli dà luogo ai quadrati

Le due condizioni 1) e 2) sono equivalenti. La 2) è forse un po' più astratta, ma ha il vantaggio di essere più generale, perché non presuppone l'operazione di sottrazione che invece compare nella 1). La definizione 2) ha quindi il pregio di essere applicabile in situazioni in cui abbiamo una relazione d'ordine, anche se manca la sottrazione.

In generale, quando si può scegliere fra due o più definizioni, è preferibile quella che coinvolge meno concetti; così, è meglio dire che due rette sono parallele quando non hanno punti in comune oppure coincidono ([Villani, 2006] pag. 50-51), piuttosto che dare una definizione di parallelismo che faccia riferimento alla distanza.

Naturalmente in vari casi, compreso l'estremo superiore, considerazioni didattiche possono suggerire una scelta diversa.

Capitolo 12
In che misura i teoremi di Gödel minano le fondamenta dell'intero edificio matematico?

12.1 Una teoria assiomatica per l'aritmetica dei numeri naturali

Diciamo subito che i teoremi di Gödel non rendono in alcun modo dubbia la correttezza dei procedimenti e dei risultati matematici. Al contrario, accrescono il fascino e la ricchezza della ricerca matematica. Ma procediamo con ordine, per cercare di capire che cosa dicono i teoremi dimostrati da Kurt Gödel (1906 – 1978).

Consideriamo l'insieme dei numeri naturali $\mathbb{N} = \{\, 0, 1, 2, 3, \ldots \,\}$, con le usuali operazioni di addizione e moltiplicazione. Fin dall'antichità, sono state studiate *proprietà* di questa struttura. Fra i risultati classici ricordiamo, per esempio, l'infinità dei numeri primi e il fatto che la somma di due numeri triangolari consecutivi è un quadrato (questo è uno dei primi "teoremi" nella storia della matematica - si veda la Fig. 12.1).

Ci sono anche teoremi di aritmetica più difficili, come il fatto che ogni numero naturale è la somma di 4 quadrati, o il teorema di Dirichlet secondo cui ogni progressione aritmetica, in cui il termine iniziale e la differenza fra due termini consecutivi siano primi fra loro, contiene infiniti numeri primi.

Se la teoria dei numeri naturali è studiata da tempo, una sua impostazione assiomatica è relativamente recente: mentre per la geometria troviamo assiomi espliciti in Euclide (300 a.C.), teorie assiomatiche per l'aritmetica sono state enun-

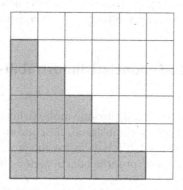

▲ **Figura 12.1** Un numero si dice *triangolare* se è la somma dei primi n numeri interi positivi, per un opportuno valore di n. Sono triangolari i numeri 1, 3, 6, 10, 15, . . . Come è noto, la somma dei primi n interi positivi è uguale ad $n(n+1)/2$. Il teorema citato si dimostra senza difficoltà con il calcolo algebrico: $n(n-1)/2 + n(n+1)/2 = n^2$. La figura lo "visualizza" in modo convincente con una *dimostrazione senza parole* (si veda il paragrafo 8.5): la parte grigia rappresenta un numero triangolare, la parte bianca il successivo numero triangolare: la somma delle due parti è un quadrato

Villani V., Bernardi C., Zoccante S., Porcaro R.: Non solo calcoli. Domande e risposte sui perché della matematica
DOI 10.1007/978-88-470-2610-0_12, © Springer-Verlag Italia 2012

ciate a partire dalla seconda metà dell'Ottocento, ad opera di Richard Dedekind e Giuseppe Peano. Pare ci siano stati tentativi di assiomatizzazione anche nel Medio-Evo e nel Cinquecento (va citato in proposito il monaco benedettino Francesco Maurolico); ma si tratta di episodi circoscritti, che non hanno lasciato una traccia nei secoli successivi.

Oggi si accetta come teoria di riferimento l'**aritmetica di Peano**, detta *PA*. Il linguaggio contiene, oltre ai simboli logici e all'uguaglianza, solo la costante 0 e le operazioni $+$, $\cdot$, $'$, che indicano la somma, il prodotto e il passaggio al successivo (questi simboli corrispondono agli *enti primitivi* della teoria). Si assumono poi come assiomi gli enunciati riportati nel seguito.

Assiomi di *PA* (aritmetica di Peano)

$\forall x \neg (x' = 0)$	0 non è il successivo di alcun numero;
$\forall x \forall y (x' = y' \rightarrow x = y)$	se due numeri hanno successivi uguali, allora sono uguali (cioè la funzione "passaggio al successivo" è iniettiva);
$\forall x (x + 0 = x)$ $\forall x \forall y (x + y' = (x + y)')$	definizione induttiva dell'addizione;
$\forall x (x \cdot 0 = 0)$ $\forall x \forall y (x \cdot y' = x \cdot y + x)$	definizione induttiva della moltiplicazione;
$[H(0) \wedge \forall x (H(x) \rightarrow H(x+1))] \rightarrow \forall x H(x)$	principio di induzione, per ogni formula $H(x)$.

Sulla base degli *assiomi* citati, si dimostrano *teoremi*; fra i primi, ricordiamo il fatto che $\forall x (0 + x = x)$, poi le proprietà commutativa e associativa per l'addizione e la moltiplicazione. Dopo di che, si ottengono via via risultati più complessi e più interessanti.

12.2 Enunciati veri ed enunciati dimostrabili - il primo teorema di Gödel

A questo punto, è necessaria una distinzione molto delicata. Da un lato abbiamo i *teoremi*, cioè gli enunciati che si dimostrano, ciascuno con un opportuno ragionamento, a partire dagli assiomi di *PA*; dall'altro abbiamo gli *enunciati veri* in $\mathbb{N}$, cioè gli enunciati che esprimono proprietà di cui godono effettivamente i numeri naturali.

Il concetto di verità non dipende dalla teoria scelta (gli assiomi), ma solo dalla struttura (i numeri); naturalmente, nella maggioranza dei casi, non siamo in grado di controllare in modo effettivo che un enunciato sia vero. Pensiamo a un enunciato molto semplice: la somma di due numeri dispari è pari. Per verificarlo direttamente, in *tutti* i casi, dovremmo eseguire infinite somme. Invece un'unica dimostrazione, di lunghezza *finita*, ci dice che la proprietà considerata vale in generale, e quindi è inutile – oltre che impossibile – effettuare tutte le verifiche.

Capitolo 12 • I teoremi di Gödel minano le fondamenta dell'intero edificio matematico?

89

In sostanza, il concetto di teorema (enunciato dimostrabile in *PA* o un'altra fissata teoria) è diverso dal concetto di formula vera in $\mathbb{N}$.

Ora, se gli assiomi sono stati scelti in modo ragionevole (e questo è senz'altro il caso dell'aritmetica di Peano), ogni enunciato che si dimostra è vero in $\mathbb{N}$, cioè esprime una proprietà di cui effettivamente godono i numeri naturali.

Ma, viceversa, siamo davvero sicuri che *gli assiomi scelti permettano di trovare tutti gli enunciati veri*?

La risposta non è affatto scontata: forse gli assiomi di *PA* sono stati scelti in modo non adeguato; del resto, all'inizio si fa una certa fatica per dimostrare risultati del tutto intuitivi (come la proprietà commutativa dell'addizione) e si ha proprio l'impressione che manchi qualcosa, che gli assiomi siano troppo pochi.

In realtà, proseguendo con altre dimostrazioni (si tratta di "esercizi" tipici di un corso universitario in cui si affronti l'argomento), ci si rende conto che gli usuali risultati elementari della teoria dei numeri sono teoremi di *PA*. E, spontaneamente, si rafforza la convinzione che gli assiomi di *PA* rappresentino una scelta adeguata allo scopo, nel senso che sembra permettano di dedurre *tutti* gli enunciati veri, cioè tutte le proprietà di cui godono i numeri naturali.

Invece, ... il *primo teorema di Gödel* (1931) dice esattamente il contrario: l'aritmetica di Peano *non* è una "scelta adeguata", e anzi una scelta adeguata *non esiste*. Più precisamente, il **primo teorema di Gödel** afferma che *non esiste alcun sistema di assiomi per l'aritmetica tale che i teoremi che si deducono da quegli assiomi siano tutti e soli gli enunciati veri in $\mathbb{N}$*. Il teorema di Gödel richiede un'ipotesi molto ragionevole sulla teoria: che sia possibile fornire un elenco degli assiomi della teoria, o meglio che, di fronte ad una formula, siamo in grado di dire se si tratta o no di un assioma.[1]

Il primo teorema di Gödel stabilisce una profonda differenza fra la teoria *PA* ed $\mathbb{N}$, struttura dei naturali con le consuete operazioni.

Il primo teorema di Gödel si può enunciare in una forma che coinvolge solo la teoria *PA*; questa forma è più chiara o, comunque, meno soggetta a confusioni e forzature. Ricordiamo (paragrafo 10.2) che una teoria è *coerente* o *non contraddittoria* se non esiste una formula α tale che si possano dimostrare in quella teoria sia α sia $\neg\alpha$. Se una teoria è contraddittoria, si dimostrano tutti gli enunciati, anche $1+1=3$.

Il primo teorema di Gödel afferma che: *se una teoria per l'aritmetica è non contraddittoria, allora esiste un enunciato α tale che, nella teoria, non riusciamo a dimostrare né α né $\neg\alpha$.*

---

[1] Si dice, in questo caso, che la teoria è assiomatizzabile, il che significa appunto che si possono riconoscere gli assiomi della teoria. Se gli assiomi sono in numero finito, la teoria è assiomatizzabile perché è semplice fornire l'elenco completo degli assiomi; ma il discorso è delicato, perché *PA*, come molte altre teorie, ha infiniti assiomi. In effetti, il principio di induzione, così come l'abbiamo enunciato, è uno schema di assioma: è necessario un assioma di induzione per ogni formula H, perché la logica non permette scritture del tipo $\forall H$ (si possono quantificare solo le variabili). Una teoria con infiniti assiomi non pone comunque problemi, purché ci sia un modo per descrivere questi assiomi, come accade per il principio di induzione. Invece, una teoria non assiomatizzabile non è di alcuna utilità nella pratica matematica, perché, nel corso di una dimostrazione, non sapremmo se possiamo usare una formula come assioma.

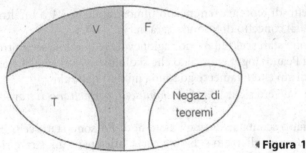

◀ **Figura 12.2**

Si dice, in questo senso, che la teoria è *incompleta* (si veda ancora il paragrafo 10.2); un enunciato α tale che non si dimostri né α né $\neg\alpha$ si dice *indecidibile*.

Sia α un enunciato tale che né α né $\neg\alpha$ siano teoremi. Ovviamente ogni enunciato o è vero o è falso in $\mathbb{N}$ (anche se può capitare che non sappiamo in quale delle due situazioni ci troviamo); quindi, fra α e $\neg\alpha$, uno dei due enunciati è vero e l'altro è falso. Concludiamo che, se la teoria è incompleta, cioè se esiste un enunciato indecidibile, allora esiste un enunciato vero in $\mathbb{N}$ ma non dimostrabile nella teoria.

Chiamiamo V l'insieme degli enunciati veri in $\mathbb{N}$ ed F l'insieme degli enunciati falsi in $\mathbb{N}$. Detto T l'insieme dei teoremi di PA (o di un'altra fissata teoria), l'insieme T è *strettamente* contenuto in V. La situazione è illustrata dal diagramma di Venn in Fig. 12.2 (dove ogni punto rappresenta un enunciato): la zona in grigio non è vuota.

Come si diceva, il discorso non si riferisce solo a PA, ma a una qualunque teoria ragionevole, nel senso prima precisato, che si possa pensare per l'aritmetica. In particolare, se partiamo da PA, troviamo un enunciato vero in $\mathbb{N}$ ma non dimostrabile in PA; se aggiungessimo questo enunciato come nuovo assioma, allora troveremmo un altro enunciato vero in $\mathbb{N}$ ma non dimostrabile nella nuova teoria; e così via.

Il primo teorema di Gödel smentisce la fiducia ingenua del matematico che, di fronte a un problema, pensa che chi è abbastanza bravo, abbastanza colto, e magari ha un pizzico di fortuna, riesce a risolverlo. Invece, ci sono problemi (sicuramente piuttosto complessi, ma a priori non sappiamo quali), che *non possono* essere risolti. In questo senso, va letta l'affermazione di Kurt Gödel secondo cui "esistono problemi di teoria dei numeri che non possono essere decisi sulla base degli assiomi".

La dimostrazione di Gödel è naturalmente troppo complessa per essere riportata qui; rimandiamo a un manuale di logica matematica, come [Toffalori, 2000] o [Mendelson, 1972], o testi specifici come [Nagel, 1992] oppure [Shanker, 1991].

Cerchiamo comunque di dare un'idea della dimostrazione per i lettori che hanno conoscenze più approfondite di logica matematica. Il primo punto è la costruzione di una formula $Theor(x)$, nota anche come $Bew(x)$: questa formula di PA esprime il fatto che x rappresenta (in un opportuno codice) un teorema, cioè che esiste una dimostrazione per la formula indicata con x.

Capitolo 12 • I teoremi di Gödel minano le fondamenta dell'intero edificio matematico?

91

Il secondo punto consiste nel costruire una formula α tale che $\alpha \longleftrightarrow \neg Theor(\alpha)$ è un teorema di *PA*. Gödel riesce così a riprodurre in *PA* una situazione simile al paradosso del mentitore (vedi capitolo 5, paradosso IX): la formula α equivale all'affermazione che *non esiste una dimostrazione della formula stessa*. A questo punto, si conclude che:

- α non è un teorema; infatti se α fosse dimostrabile, sarebbe un teorema anche la formula $\neg Theor(\alpha)$ che dice che non esiste una dimostrazione di α;
- $\neg\alpha$ non è un teorema; infatti se $\neg\alpha$ fosse dimostrabile, sarebbe un teorema anche $Theor(\alpha)$ e quindi esisterebbe una dimostrazione di α.

Il primo teorema di Gödel lascia perplessi, ma, a pensarci bene, non è così strano. Vediamo un esempio che forse ci aiuta a chiarire la situazione: l'ultimo teorema di Fermat, *prima* della dimostrazione di Andrew Wiles del 1995. Come noto, il teorema afferma che, mentre esistono infinite terne pitagoriche, per $n > 2$ non esistono numeri interi positivi a, b, c tali che $a^n + b^n = c^n$.

A priori, può sembrare che ci siano solo due possibilità. O l'affermazione di Fermat è falsa, e allora c'è un controesempio, cioè esistono numeri interi positivi a, b, c, n tali che $a^n + b^n = c^n$ (con $n > 2$); almeno in teoria, basta controllare tutti i possibili valori di a, b, c, n: se ci sono numeri che verificano l'uguaglianza precedente, prima o poi li troveremo (basta un po' di pazienza ...). Oppure l'affermazione di Fermat è vera, e allora la si può dimostrare: basta conoscere abbastanza matematica e, soprattutto, essere abbastanza bravi!

In realtà, la situazione è più complicata, perché vi è una terza possibilità. Già da tempo si sapeva che per molti valori di n l'equazione $a^n + b^n = c^n$ è impossibile; il guaio era che le dimostrazioni dipendevano dal valore di n: c'era una dimostrazione per $n = 3$, un'altra per $n = 4$, un'altra ancora per $n = 5$, e così via. Alcune dimostrazioni vanno bene per più esponenti (ad esempio, quella per $n = 4$ funziona anche per $n = 8, n = 16, \ldots$), ma non per tutti. Ogni dimostrazione per un nuovo esponente n rappresentava senza dubbio un elemento a favore della congettura generale, ma lasciava "scoperti" infiniti altri valori di n.

Questo suggerisce la terza possibilità cui accennavamo: l'affermazione di Fermat è vera, ma per provarla occorrono infinite *dimostrazioni specifiche* per i diversi valori di n; le dimostrazioni specifiche diventano *sempre più lunghe* al crescere di n e non esiste una dimostrazione generale.

Ebbene, la dimostrazione di Wiles ha escluso questa terza possibilità; ma per certi enunciati si presenta proprio la circostanza descritta: c'è una formula $A(n)$ che si riesce a dimostrare per tutti i particolari valori n, ma senza che esista una dimostrazione generale di $\forall n A(n)$.

12.3 Il secondo teorema di Gödel e il programma di Hilbert

Il *secondo teorema di Gödel* è simile al primo, ma è più complicato, anche da enunciare (per cui, anche questo paragrafo è rivolto a chi abbia già una certa familiarità con la logica matematica). Abbiamo accennato alla formula $Theor(x)$, che esprime che x è un teorema. Chiamiamo γ una contraddizione, come $1 + 1 = 3$. Consideriamo ora $Theor(\gamma)$: questa formula dice che c'è una dimostrazione di una contraddizione, cioè che la teoria è contraddittoria. Di conseguenza, la formula $\neg Theor(\gamma)$ esprime il fatto che la teoria è non contraddittoria (o coerente).

Si noti che l'ultima formula è una formula aritmetica: il procedimento di Gödel permette di tradurre all'*interno* della teoria *PA* un'affermazione che, di per sé, appartiene alla meta-teoria, nel senso che riguarda *PA*.

Ebbene, il secondo teorema di Gödel stabilisce che $\neg Theor(\gamma)$ *non è un teorema di PA*: se una teoria non è contraddittoria, la teoria non è in grado di dimostrare la non contraddittorietà della teoria stessa.

In effetti, la formula $\neg Theor(\gamma)$ è equivalente proprio alla formula α, trovata nel primo teorema, per la quale Gödel aveva dimostrato che non sono teoremi né α né $\neg\alpha$.

Da un punto di vista storico e critico, il secondo teorema di Gödel è spesso collegato al *programma di Hilbert*, enunciato da David Hilbert (1862 – 1943) verso il 1920.

Il programma di Hilbert si proponeva di formalizzare tutta la matematica, a partire dall'aritmetica, con opportuni sistemi di assiomi, dimostrando che tali sistemi di assiomi non portano a contraddizioni. La dimostrazione della non contraddittorietà delle teorie doveva essere condotta con metodi "finitistici", per evitare i rischi dell'infinito (non si dimentichino i paradossi messi in luce pochi anni prima).

Le idee di Hilbert erano indubbiamente incoraggiate dai progressi compiuti dalla matematica nei decenni precedenti. È nota l'affermazione di Hilbert: "*Wir werden wissen! Wir mssen wissen!*" (noi dobbiamo conoscere, noi conosceremo): se da un lato è pienamente condivisibile l'invito alla ricerca, dall'altro la citazione precedente suona oggi troppo ottimista, quasi al limite dell'ingenuità.

Già nel 1900, proponendo una famosa lista di 23 *problemi aperti*, Hilbert aveva enunciato come secondo problema la coerenza dell'aritmetica: dimostrare che gli assiomi non portano a risultati contraddittori. I risultati di Gödel, e in particolare il secondo teorema, danno una risposta negativa: la coerenza dell'aritmetica non si può dimostrare, se non ricorrendo a metodi che siano più forti di quelli esprimibili nell'aritmetica e, dunque, non "finitisti". Si parla talora, in questo senso, di fallimento del programma di Hilbert.

Al di là delle aspettative di Hilbert, i teoremi di Gödel rappresentano indubbiamente *risultati limitativi* per la matematica.

In primo luogo, *non c'è un sistema assiomatico ideale per lo studio dei numeri naturali*: nella pratica, la teoria *PA* è comunemente accettata, ma ad ogni sistema assiomatico sfugge qualcosa.

Di conseguenza, il metodo assiomatico non ci permette una conoscenza completa di $\mathbb{N}$. Chiariamo il discorso. Noi siamo abituati, fin dalla Scuola Primaria, a scrivere gli infiniti numeri naturali usando solo 10 cifre, e questo è un indubbio pregio nella notazione posizionale. Con una *teoria assiomatica*, che ha un linguaggio con un *numero finito di simboli* e in cui ogni dimostrazione ha *lunghezza finita*, riusciamo effettivamente a descrivere l'insieme *infinito* $\mathbb{N}$, e questa è una caratteristica positiva del metodo assiomatico. Tuttavia, non riusciamo a caratte-

Capitolo 12 • I teoremi di Gödel minano le fondamenta dell'intero edificio matematico?

93

rizzare $\mathbb{N}$ perché gli assiomi valgono anche in altre strutture, non isomorfe ad $\mathbb{N}$; e non riusciamo nemmeno a catturare *tutte* le proprietà dei numeri naturali.

I risultati di Gödel presentano, comunque, aspetti positivi. In Logica si dimostra che, se la teoria *PA* fosse completa, cioè se per ogni enunciato α fosse un teorema o α oppure $\neg\alpha$, allora esisterebbe un procedimento generale per stabilire se un enunciato è o no un teorema. Detto in termini informatici: esisterebbe, almeno in linea di principio, un unico programma in grado di stabilire, di fronte a un qualsiasi enunciato, se si tratta o no di un teorema.

In sostanza, la ricerca matematica (o almeno la ricerca in teoria dei numeri) si potrebbe delegare, una volta per tutte, a un unico programma informatico. Per fortuna, Gödel ha dimostrato che le cose non stanno così!

Di fronte ai teoremi di Gödel, piuttosto che di "perdita della certezza", sembra corretto parlare di una matematica che, studiando i propri limiti, mostra di *non esaurirsi in un procedimento meccanico.*

Un'ultima osservazione. Ai matematici che non si occupano specificamente di Logica, i teoremi di Gödel sembrano interessare relativamente poco. All'ignoranza dei matematici si contrappone un interesse molto diffuso a livello divulgativo. Se questo interesse è indubbiamente positivo, vanno segnalati i rischi di una conoscenza superficiale. In testi divulgativi capita spesso di trovare enunciati scorretti dei teoremi di Gödel, del tipo "c'è un enunciato che è contemporaneamente vero e falso in $\mathbb{N}$", oppure "c'è un enunciato che non è né vero né falso in $\mathbb{N}$".

Talvolta, per lo più in contesti filosofici, si danno interpretazioni forzate. Citiamo solo un problema. Se ci chiediamo "fino a che punto una macchina può simulare i procedimenti matematici della mente umana?", ogni risposta è difficile e ardua da giustificare. Qualcuno ha fatto ricorso ai teoremi di Gödel per sostenere una tesi o un'altra, ma le relative argomentazioni sembrano in genere ben poco significative.

Capitolo 13
Esistono ancora problemi aperti in matematica? Ci sono legami con gli enunciati indecidibili di cui parlano i teoremi di Gödel? E con i problemi insolubili come la quadratura del cerchio?

13.1 Problemi aperti ed enunciati indecidibili

Per *problema aperto* in matematica si intende una domanda a cui, al momento attuale, nessuno sa dare una risposta esauriente. In altre parole, si tratta di un enunciato matematico che può sembrare ragionevole, ma che nessuno fino ad ora è riuscito a dimostrare o a confutare. Un esempio tipico è la *Congettura di Goldbach: ogni numero pari maggiore di 2 è la somma di due numeri primi.*

Naturalmente, il fatto che un problema sia aperto può variare nel corso del tempo: ogni anno vengono dimostrate migliaia e migliaia di teoremi, alcuni dei quali confermano o smentiscono congetture formulate in precedenza da altri.

Da un punto di vista teorico, non c'è uno stretto legame fra i problemi aperti e gli enunciati indecidibili dei teoremi di Gödel: questi ultimi enunciati sono "non dimostrabili" in linea di principio, non si sanno dimostrare oggi e non si potranno dimostrare in futuro (se non modificando gli assiomi della teoria). Invece, un problema aperto riguarda una situazione che forse fra qualche anno un matematico brillante saprà chiarire, fornendo una dimostrazione oppure un controesempio.

Così, la congettura di Goldbach potrebbe essere: un teorema, un enunciato falso (basterebbe trovare un numero pari che non sia somma di due primi), o anche un enunciato indecidibile. E, almeno per ora, non sappiamo in quale delle tre situazioni si trova.

Da un punto di vista didattico e divulgativo, è importante sottolineare la presenza e l'importanza di problemi aperti in matematica. Troppo spesso persone anche colte ritengono che la matematica sia ormai chiusa e sistemata per sempre. Mentre tutti sanno che ci sono continue ricerche in fisica o in biologia, è purtroppo diffusa l'impressione che la ricerca matematica riguardi solo calcoli complicati (con numeri grandi!), o al più questioni di carattere informatico. In quest'ottica è bene parlare nelle Scuole Superiori di problemi aperti, proprio per far capire che in matematica ci sono ancora (e ci saranno sempre) domande di cui non si conosce la risposta, teoremi da scoprire, situazioni da chiarire.

Riprendiamo l'esempio della congettura di Goldbach. Se ne può parlare perfino in una Scuola Media: se un ragazzo sa la definizione di numero primo, è facile scomporre i numeri pari più piccoli nella somma di due primi:

$$4 = 2 + 2, \quad 6 = 3 + 3, \quad 8 = 3 + 5, \quad 10 = 3 + 7 = 5 + 5, \ldots$$

Uno studente di 12-13 anni può proseguire con altre somme, fino ad arrivare a 50 o anche a 100. Un ragazzo più grande, esperto in informatica, può elaborare

Villani V., Bernardi C., Zoccante S., Porcaro R.: Non solo calcoli. Domande e risposte sui perché della matematica
DOI 10.1007/978-88-470-2610-0_13, © Springer-Verlag Italia 2012

un programma che verifichi la congettura fino a 10 000, o forse fino a un milione.

Naturalmente, è necessaria cautela, per evitare da un lato di banalizzare la ricerca matematica, dall'altro di creare illusioni negli studenti. Entrambe le attività descritte (verifiche a mano o con il computer) sono da incoraggiare, purché i nostri studenti non pensino di riuscire a dare, per questa via, un contributo significativo. E purché non pensino che i ricercatori matematici passano le giornate facendo la stessa cosa con numeri più grandi.

13.2 Esempi di problemi aperti

Vediamo in primo luogo tre problemi aperti con un enunciato comprensibile a uno studente delle Superiori; si tratta di problemi che riguardano i numeri primi.

- Due numeri primi si dicono *gemelli* se la loro differenza è 2. Per esempio, 11 e 13 oppure 17 e 19 sono coppie di numeri primi gemelli. *Esistono infinite coppie di numeri gemelli?*

  Come è noto, i numeri primi diventano via via meno frequenti (ci sono più numeri primi fra 0 e 1000 di quanti non ce ne siano fra 1000 e 2000, ecc.). Ciò nonostante, probabilmente la risposta alla domanda è affermativa, ma ... manca una dimostrazione.

- *Esistono infiniti numeri primi della forma $n^2 + 1$, cioè che superano di 1 il quadrato di un intero?*

  È facile trovare esempi, come 5, 17, 37, 101; ma in molti casi il numero $n^2 + 1$ non è primo (10, 65, 145, ...) . Anche in questo caso sembra che la risposta alla domanda sia affermativa, ma nessuno conosce un metodo che permetta di costruire numeri primi della forma considerata sempre più grandi.

- Un problema almeno altrettanto interessante riguarda i numeri della forma $2^n - 1$.

  Esistono infiniti numeri primi della forma "$2^n - 1$"?

  È facile dimostrare che: se n non è primo, allora non è primo nemmeno il numero $2^n - 1$. Infatti, se $n = ab$, allora $2^n - 1 = 2^{ab} - 1^{ab}$ è divisibile almeno per $2^a - 1$ e per $2^b - 1$.

  L'implicazione inversa non vale: per esempio 11 è primo, ma $2^{11} - 1 = 2047 = 23 \cdot 89$. Tuttavia, i controesempi sembrano "pochi": se p è un numero primo, allora $2^p - 1$ è un "buon candidato" per essere un numero primo (molto più grande di p), anche se non c'è alcuna reale garanzia in proposito.

Chiariamo un punto importante. I tre precedenti problemi non hanno un interesse puramente teorico, ma sono importanti anche per le applicazioni in crittografia. Infatti, è frequente che si debba trasmettere un messaggio segreto, facendo in modo che chi eventualmente intercetta il messaggio non sia in grado né di decodificarlo né di alterarlo (si pensi alle comunicazioni fra una banca e un cliente). I metodi di crittografia più noti si basano sui numeri primi; e i messaggi sono tanto più difficili da decifrare quanto più sono grandi i numeri primi usati. Per questo motivo, sarebbe importante trovare metodi che forniscano in modo rapido numeri primi molto "grandi" (cioè con almeno un centinaio di cifre).

Gli enunciati precedenti sono elementari, ma una trattazione in proposito non è altrettanto elementare. Sono attualmente noti numerosi risultati parziali che presuppongono concetti difficili e tecniche sofisticate.

Chi inizi a studiare questi risultati parziali, si rende conto ben presto di quanto siano ingenui i tentativi dei tanti dilettanti che ritengono di aver risolto i problemi citati con metodi completamente elementari. Ogni anno le riviste di matematica ricevono molte "soluzioni" elaborate da dilettanti che conoscono gli enunciati di problemi aperti, ma ignorano totalmente le ricerche in proposito; dopo di che, questi dilettanti spesso si lamentano che i loro risultati non sono stati capiti ...

È frequente che, nel corso di una ricerca, si incontrino problemi interessanti a cui non si riesce a dare risposta. Qualche volta, matematici di grande valore e di indubbia cultura, si propongono di elencare i problemi aperti più interessanti di un settore o anche di tutta la matematica.

Nel 1900 David Hilbert, al Congresso Internazionale di Parigi, enunciò i 23 problemi aperti che, a suo parere, erano i più importanti e che, di fatto, avrebbero poi influenzato la ricerca del Novecento.

Una lista analoga, ma più breve, è stata formulata nel 2000 ad opera di una commissione nominata appositamente: il lavoro di questa commissione ha portato ai 7 *problemi del millennio*; per la soluzione di ciascuno di essi il *Clay Mathematics Institute* ha offerto un premio da un milione di dollari! Gli enunciati si trovano alla pagina www.claymath.org/millennium/

Uno dei 7 problemi, la congettura di Poincaré, è già stato risolto, essenzialmente ad opera del matematico russo Gregory Pelerman (il quale, per inciso, ha rifiutato il premio).

Facciamo qui un cenno solo all'unico problema che ha legami con la logica: "$P = NP$".[1] Il discorso riguarda la *complessità* nell'esecuzione di un calcolo o nella risoluzione di un problema.

P sta per *polinomiale*. Iniziamo con un esempio molto semplice. Se dobbiamo sommare due numeri naturali, ciascuno con al più n cifre, quanti "passi elementari" dobbiamo fare? Si tratta di sommare a due a due le cifre corrispondenti (n passi); nel peggiore dei casi, abbiamo anche n riporti che richiedono altri n passi. Pertanto, la somma richiede, al massimo, $2n$ passi elementari.

Nel caso della moltiplicazione di due fattori, ciascuno con al più n cifre, il numero dei passi è maggiore, perché dobbiamo moltiplicare ogni cifra di un fattore con ciascuna cifra dell'altro (n^2 passi) e poi sommare. Ci si convince facilmente che, anche in presenza di molti riporti, il numero dei passi è comunque minore di n^3 (almeno per $n > 2$).

L'addizione e la moltiplicazione sono esempi di problemi della classe P, perché il numero dei passi per arrivare al risultato è in ogni caso minore di n^2, o di n^3. In

---

[1] Nell'estate 2010 si era diffusa la voce di una risposta negativa, cioè di una dimostrazione di $P \neq NP$; pare tuttavia che la dimostrazione contenga idee indubbiamente interessanti, ma anche un errore.

generale, un *problema è della classe P* se c'è un metodo per risolverlo che richiede un numero di passi minore di un'opportuna potenza di n.

NP sta per *polinomiale con un metodo non deterministico*. Pensiamo di dover stabilire se una formula proposizionale in 3 variabili, come $\neg A \longrightarrow (B \wedge C)$, assume almeno una volta valore di verità V (assegnando opportunamente valori V/F alle variabili). Se proviamo tutte le possibilità, abbiamo 2^3 casi da esaminare; in generale, se le variabili proposizionali sono n, dobbiamo controllare 2^n assegnazioni dei valori V/F alle variabili (non abbiamo più a che fare con un polinomio!). Tuttavia, proviamo ad assegnare a caso valori di verità alle variabili, con una scelta non deterministica: se siamo "fortunati", arriviamo alla risposta in un tempo polinomiale.

Il problema descritto è un tipico problema della classe NP. Ora, la domanda è: per i problemi NP c'è un metodo di risoluzione che rientra nella classe P? In altre parole, c'è un procedimento più astuto che permette di rispondere velocemente in tutti i casi? Si ritiene che la risposta sia negativa, ma nessuno è riuscito a dimostrarlo.

Ci sono moltissimi problemi NP, che riguardano vari rami della matematica (colorazione di grafi, combinatoria, ecc.). Uno di questi, molto concreto, è il cosiddetto problema del *francobollo*: devo spedire una lettera che richiede un'affrancatura k (in centesimi, euro, ...) e ho a disposizione n francobolli di dati valori $a_1, a_2, \ldots, a_n$. Riesco a comporre esattamente la somma k? La prima idea per rispondere è di considerare tutti i sottoinsiemi degli n francobolli, sommare i corrispondenti valori e controllare se uno di questi valori è uguale a k. Ma un tale procedimento richiede un tempo non polinomiale perché i sottoinsiemi sono 2^n. Naturalmente, scegliendo in maniera opportuna alcuni dei francobolli, con una buona dose di fortuna mi può capitare che la somma sia proprio k, nel qual caso riesco a dare rapidamente una risposta positiva (il problema è NP). *Forse* c'è un metodo generale, senza scelte casuali, che richiede solo n^5 o n^{10} passi e, in tal caso, il problema rientrerebbe nella classe P.

Sottolineiamo il fatto che, per risolvere un problema, un algoritmo può risultare molto più efficiente di un altro. Vediamo un esempio elementare: la moltiplicazione di due numeri naturali a, b di n cifre ciascuno. Notiamo, in primo luogo, che un numero di n cifre è compreso fra 10^{n-1} e 10^n (oppure fra 2^{n-1} e 2^n, se si usa la numerazione binaria). Pensiamo di eseguire il prodotto $a \cdot b$ rifacendoci alla definizione di moltiplicazione, cioè calcolando direttamente la somma di b addendi uguali ad a. Per questa via sono necessari molti passi elementari: in effetti, la cifra delle unità di a va sommata a sé stessa b volte; anche limitandoci a tale cifra e trascurando i riporti, abbiamo più di 10^{n-1} passi elementari! Per chi usi questo algoritmo, la moltiplicazione di due numeri non rientra nella classe P. Invece, come abbiamo visto, l'algoritmo che impariamo da bambini per calcolare i prodotti è molto più efficiente, perché, per chi conosce le tabelline, richiede meno di n^3 passi.

13.3 Problemi insolubili e risultati limitativi

Ci sono invece analogie fra gli enunciati indecidibili di cui parlano i teoremi di Gödel e i classici *problemi insolubili*.

Ricordiamo in primo luogo alcuni fra i più noti problemi insolubili in geometria: rettificazione della circonferenza e quadratura del cerchio, trisezione dell'angolo, duplicazione del cubo, costruzione dei poligoni regolari. Questi problemi (enunciati nel seguito) furono affrontati dai matematici greci, ma solo molti secoli dopo si è dimostrata l'*impossibilità* di risolverli con riga e compasso: in questo senso si parla di problemi insolubili.

Se si dimostra l'impossibilità di eseguire una costruzione, di risolvere un'equazione, ecc., si parla di *risultati limitativi*. Sottolineiamo che, quando si enuncia un risultato limitativo, è necessario precisare con *quali strumenti* non si risolve il problema in questione. Tornando ai classici problemi geometrici, le costruzioni citate si possono eseguire con strumenti diversi dalla riga e dal compasso: per esempio, lo strumento (puramente meccanico) disegnato in Fig. 13.2, ideato da R. Isaac, permette di dividere un qualsiasi angolo in tre parti uguali.

I classici problemi insolubili in geometria euclidea

Rettificazione della circonferenza. Data una circonferenza (di centro e raggio noti), usando solo riga e compasso costruire un segmento che abbia la stessa lunghezza della circonferenza. In altre parole, si tratta di disegnare con riga e compasso, partendo da un segmento unitario, un segmento di lunghezza 2π.

Quadratura del cerchio. Dato un cerchio (di centro e raggio noti), usando solo riga e compasso costruire il lato di un quadrato equivalente al cerchio. In altre parole, si tratta di disegnare con riga e compasso, partendo da un segmento unitario, un segmento di lunghezza $\sqrt{\pi}$.

Duplicazione del cubo. Dato lo spigolo di un cubo, costruire con riga e compasso lo spigolo di un cubo di volume doppio. In altre parole, si tratta di disegnare con riga e compasso, partendo da un segmento unitario, un segmento di lunghezza $\sqrt[3]{2}$.

Trisezione dell'angolo. Dato un angolo, usando solo riga e compasso costruire una semiretta che divida l'angolo in due parti, una doppia dell'altra.

A differenza dei problemi precedenti, quest'ultimo problema è risolubile in casi particolari: per esempio, per trisecare un angolo retto basta costruire un triangolo equilatero (Fig. 13.1).

Costruzione dei poligoni regolari. Costruire con riga e compasso il poligono regolare di n lati, per ogni $n \geqslant 3$.

Negli *Elementi* di Euclide sono esposte alcune costruzioni di poligoni regolari, in particolare quelle dei poligoni con 3, 4, 5, 6, 8, 15 lati. La costruzione dei poligoni regolari con 7, 9, 11, 17 lati fu affrontata, senza successo, dai geometri antichi. Nel 1801 Gauss dimostrò che, con riga e compasso, si può costruire il poligono regolare con n lati *se e solo se* nella scomposizione di n compaiono esclusivamente il fattore 2, con un esponente qualunque, e fattori primi del tipo $2^m + 1$ (come 3, 5, 17) con esponente 1. In particolare, è impossibile costruire i poligoni regolari con 7 lati e con 9 lati.

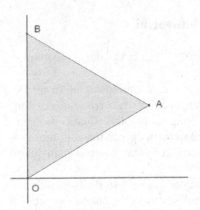

▲ **Figura 13.1** Il triangolo OAB è equilatero: quindi la retta OA individua un terzo dell'angolo retto

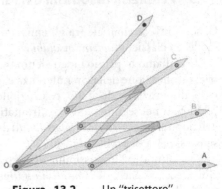

▲ **Figura 13.2** Un "trisettore"

Anche in algebra c'è un noto risultato limitativo: il teorema di Ruffini-Abel, che stabilisce l'impossibilità di trovare una formula generale per *risolvere per radicali le equazioni algebriche di grado maggiore di* 4 (si veda [Villani, 2003], pag. 156). Questo, naturalmente, non esclude l'esistenza di metodi numerici, anche molto efficienti, per calcolare soluzioni approssimate. Analogamente, esistono varie costruzioni con riga e compasso che permettono di rettificare una circonferenza con un'ottima approssimazione.

Non c'è un legame diretto fra problemi insolubili e problemi aperti. I problemi citati in questo paragrafo sono rimasti aperti fino a che si è dimostrata l'impossibilità di risolverli; a quel punto, il problema è stato chiuso, sia pure in senso negativo.

C'è invece un legame diretto fra problemi insolubili e i teoremi di Gödel: questi ultimi si possono leggere come risultati limitativi, in quanto stabiliscono l'impossibilità di dimostrare certi enunciati in determinate teorie.

In generale, siamo abituati a cercare nella matematica metodi e strumenti che permettano di calcolare, di disegnare, di dimostrare. Questa aspettativa è corretta, perché la matematica nasce proprio dall'esigenza di porre e risolvere problemi.

D'altra parte la matematica, così come ogni altra attività umana, ha i suoi limiti, non può pretendere di offrire la soluzione per ogni problema e in ogni circostanza: anche rimanendo nell'ambito matematico, non tutti i calcoli si possono eseguire, non tutte le figure si riescono a disegnare, non tutti gli enunciati veri si dimostrano. L'aspetto sorprendente è che lo studio dei limiti della matematica si può condurre all'interno della matematica stessa, e dà luogo a nuovi concetti e ad affascinanti teoremi di logica matematica.

Parte II

Analisi matematica

Capitolo 14
È più opportuno iniziare lo studio dell'analisi matematica a partire dalle successioni o dalle funzioni?

La domanda non è oziosa: nei corsi avanzati di analisi matematica può essere opportuno iniziare subito con le funzioni, declassando le successioni a caso particolare (funzioni aventi per dominio $\mathbb{N}$). Per chi si avvicina per la prima volta all'analisi è invece preferibile un approccio a partire dalle successioni.

Questo perché, dal punto di vista dell'astrazione, il concetto di funzione si situa ad un livello di difficoltà piuttosto elevato.

Infatti, se già il numero è di per se un concetto astratto, anche se reso più familiare dall'uso frequente, la nozione di successione numerica è ancora più astratta, perché implica l'esistenza di un'infinità potenziale di numeri. Anche in questo contesto c'è però una base di concretezza fondata sull'idea che si possono calcolare esplicitamente i primi n termini della successione (siano essi 10 o 100 o 1000 ...), e quindi si può prevederne (almeno nei casi più semplici) l'andamento al tendere di n all'infinito.

Nel caso delle funzioni (per esempio da $\mathbb{R}$ in $\mathbb{R}$) ci troviamo ad un livello di astrazione ben maggiore perché l'esistenza dei valori assunti da una funzione anche in un'infinità numerabile di punti non consente in generale di dedurre il comportamento della funzione nella maggior parte degli altri valori, per cui non riusciamo a dominare completamente ed esplicitamente l'andamento di una funzione neppure su un piccolissimo intervallo del suo dominio.

Anche la storia della matematica ci conferma in questa idea.

Constatiamo infatti che la nozione di funzione, come la intendiamo noi oggi, viene introdotta faticosamente appena nel '600 (si veda il paragrafo 14.2), mentre le successioni, pure se in modo non formalizzato, si incontrano fin dagli albori della matematica. Vedremo, ad esempio, come il metodo di calcolo della radice quadrata in uso presso i Babilonesi, o il metodo di Briggs per il calcolo dei logaritmi consistano nella costruzione di una o più successioni convergenti al numero cercato.

D'altra parte, anche se la definizione formale di funzione *sembra* semplice, in realtà le *funzioni numeriche* sulle quali si lavora in analisi presentano aspetti delicati, quali la continuità e la derivabilità, che i matematici hanno chiarito con difficoltà, dopo secoli di riflessioni.

Un approccio attraverso le successioni, quindi, rispetta la gradualità nei processi di astrazione e la genesi storica e permette di anticipare concetti fondamentali in analisi (in particolare quello di limite) in un contesto più semplice, ricco di applicazioni, che può essere affrontato molto prima dello studio di funzioni.

Vediamo ora di chiarire alcuni aspetti delle successioni e delle funzioni.

Villani V., Bernardi C., Zoccante S., Porcaro R.: Non solo calcoli. Domande e risposte sui perché della matematica
DOI 10.1007/978-88-470-2610-0_14, © Springer-Verlag Italia 2012

Definizione di successione

Una successione è una funzione che ha per dominio l'insieme $\mathbb{N}$ dei naturali e per codominio un qualsiasi insieme X. Una successione è *numerica* se ha per codominio un insieme numerico, ad esempio $\mathbb{R}$ o $\mathbb{C}$.[1]

È da precisare che talvolta il dominio di una successione esclude alcuni valori iniziali di $\mathbb{N}$. Ad esempio, la successione $(1/n)$ ha per dominio l'insieme dei naturali positivi, mentre $(1/(n^2 - n))$ ha per dominio l'insieme dei naturali maggiori o uguali a 2.

Usualmente, una successione è indicata con il simbolo $(x_n)_{n \in \mathbb{N}}$, dove x_n, che sta per $x(n)$, cioè il valore della funzione x valutata sul numero n, è l'n-simo termine della successione. Spesso la scrittura dell'indice è omessa, se ciò non comporta ambiguità.

Nei casi più semplici è possibile calcolare il termine x_n direttamente, mediante una formula che dipende da n: si dice allora che la successione è data in *forma chiusa*, come nei due esempi precedenti.

Frequentemente però la definizione di un termine della successione deriva da uno o più termini precedenti. In questi casi si dice che la successione è definita in *forma ricorsiva*, o *per induzione*. Esempio classico è la successione di Fibonacci definita dalle formule:

$$a_0 = 1 \text{ e } a_1 = 1 \tag{14.1}$$

$$a_n = a_{n-1} + a_{n-2} \text{ se } n \geqslant 2. \tag{14.2}$$

Nella definizione ricorsiva, la formula (14.1) costituisce il *passo base* della definizione, mentre la formula (14.2) ne costituisce il *passo induttivo*. Notiamo che il passo base è indispensabile e deve essere correttamente costruito. Per un approfondimento dell'argomento si veda ad esempio [Villani, 2003, pag. 197 ss], oppure [Childs, 1989, pag. 7 ss].

14.1 Alcune successioni famose

Nel seguito esaminiamo alcune successioni storicamente interessanti. Sono casi che permettono di affrontare i concetti di successione e di convergenza, e di mostrare come la matematica costruisce gli strumenti di cui ha bisogno.

Non ci occuperemo qui di successioni aritmetiche e geometriche, o delle loro somme, fondamentali in analisi, perché argomento noto e trattato in molti testi. Queste a parere nostro sono le prime a dover essere affrontate.

Un eventuale uso in classe degli esempi che seguono va opportunamente preparato, trattandosi pur sempre di successioni definite ricorsivamente; può essere

---

[1]Questa definizione non sembri in contraddizione con la scelta di trattare prima le successioni e poi le funzioni numeriche. Non si tratta qui di *definire* prima le successioni e poi le funzioni, ma di *studiare* le successioni prima delle funzioni numeriche, oggetto usuale dell'analisi. Il concetto di funzione è molto esteso, e si trova in molti campi matematici: si pensi ad esempio alle trasformazioni geometriche, o alle variabili aleatorie.

Capitolo 14 • Da dove è più opportuno iniziare lo studio dell'analisi matematica?

105

previsto nell'ambito della trattazione delle funzioni potenza (per il metodo di Erone) o dei logaritmi (per il metodo di Briggs). Tutti gli esempi si prestano, data la loro origine, ad una traduzione informatica (tramite un foglio di calcolo o un linguaggio di programmazione). In questo caso, occorre tenere presente il rischio che, spingendo troppo oltre il calcolo dei termini di una successione, la propagazione degli errori intrinseci ai programmi utilizzati renda illusoria la precisione del risultato (più bravi dei computer erano gli antichi, che ad ogni passo si preoccupavano della maggiorazione degli errori!). Chi voglia approfondire queste tematiche potrà utilmente rifarsi a [Barozzi, 1998, pag. 74 ss] e [Villani, 2003, pag. 102 ss].

14.1.1 Il calcolo della radice quadrata con il metodo di Erone

Questo metodo, descritto in una tavoletta di argilla risalente al periodo babilonese antico - primi secoli del secondo millennio a.C.- è spesso attribuito a matematici posteriori quali Archita (428-365 a.C.) o ad Erone di Alessandria (I-II secolo d.C.), che lo descrive nelle sue opere (*Metrica*).

Ecco il testo di Erone[2]: invitiamo il lettore a rifare per proprio conto i calcoli. Poiché 720 non ha come radice un numero razionale, possiamo calcolare una buona approssimazione della radice in questo modo. Poiché il quadrato più vicino a 720 è 729, la cui radice è 27, dividi 720 per 27; il risultato è $26\frac{2}{3}$; aggiungi 27; il risultato è $53\frac{2}{3}$. Prendi la metà di questo; il risultato è $26\frac{5}{6}$. Ora, la radice quadrata di 720 è molto vicina a $26\frac{5}{6}$. Infatti, $26\frac{5}{6}$ moltiplicato per se stesso dà $720\frac{1}{36}$; perciò la differenza è $\frac{1}{36}$. Se vogliamo trovare una differenza minore di $\frac{1}{36}$, invece di 729 prenderemo il numero appena trovato, $720\frac{1}{36}$, e con lo stesso metodo troveremo un'approssimazione che differisce per molto meno di $\frac{1}{36}$.

Vediamo il procedimento in generale: dato il contesto, considereremo solo numeri positivi.

Poniamo di voler calcolare $x = \sqrt{r}$. Se a_1 è una prima approssimazione per eccesso di questa radice, allora $b_1 = r/a_1$ è un'altra approssimazione. Il fatto interessante è che se a_1 è un'approssimazione per eccesso, b_1 lo è per difetto (e viceversa). Questo deriva immediatamente dall'osservazione che $a_1 \cdot b_1 = r = x^2$, per cui le due approssimazioni non possono essere entrambe minori o entrambe maggiori di x.

Se ora poniamo $a_2 = \frac{1}{2}(a_1 + b_1)$, a_2 risulta essere un'*approssimazione per eccesso migliore* di a_1, mentre $b_2 = \frac{r}{a_2}$ risulta essere un'*approssimazione per difetto migliore* di b_1.

Infatti:

$$b_1 < a_2 < a_1, \tag{14.3}$$

perché a_2 è media aritmetica tra i due, e poi

$$x \leqslant a_2 < a_1, \tag{14.4}$$

---

[2]Traduzione da [Chabert, 1999, pag. 202].

perché a_2, in quanto media aritmetica, è maggiore o uguale a x, media geometrica tra i due. Quest'ultimo risultato poi comporta che

$$b_1 < b_2 < x, \tag{14.5}$$

data la proporzionalità inversa che lega i b_n ai corrispondenti a_n.

E se abbiamo bisogno di un'approssimazione migliore, basta ripetere il procedimento a partire da a_2 e b_2, come suggerisce Erone.

Arriviamo così a costruire in modo ricorsivo la successione (a_n) decrescente e inferiormente limitata da x, e la successione (b_n) crescente e superiormente limitata da x. Naturalmente, non c'è alcuna prova che i Babilonesi o Erone pensassero ad una successione potenzialmente infinita; è però notevole che con questa tecnica i Babilonesi abbiano approssimato $\sqrt{2}$ con il valore 1,414 213, che differisce dal valore vero di circa 0,000 000 6. Naturalmente, la trascrizione in notazione decimale è nostra: i Babilonesi, ed Erone, usavano una notazione posizionale in base sessanta, di cui c'è ancora traccia nella misura degli angoli e dei tempi.

Commenti **1** Un primo approccio a queste successioni può essere fatto senza studio esplicito della convergenza: l'uso di una calcolatrice, di un foglio di calcolo o di un semplice programmino permette di osservare che la differenza $a_n - b_n$ si riduce ad ogni iterazione, e che quindi è possibile determinare la radice quadrata di r con la precisione richiesta.

2 Si può effettuare una stima più precisa dell'errore massimo osservando che, per (14.3), (14.4) e (14.5), ad ogni iterazione la differenza $a_n - b_n$ si dimezza, almeno, e che quindi l'errore risulta inferiore a $\frac{a_1 - b_1}{2^n}$.

3 Si può cogliere ora l'occasione per parlare della *convergenza di una successione*, e quindi di *limite*, in modo esplicito. Si è già notato che la successione (a_n), e similmente (b_n), al crescere di n, si avvicina sempre più a $\sqrt{r}$, e *vi si può avvicinare quanto si desidera*. Detto più precisamente: fissato un errore massimo tollerabile $\varepsilon > 0$, possiamo determinare un naturale $\bar{n}$, in modo che, per tutti i valori $n > \bar{n}$, l'errore commesso prendendo a_n invece di $\sqrt{r}$ risulti minore di ε:

$$|a_n - \sqrt{r}| < \varepsilon.$$

Se così capita, si dice che a_n *converge* a $\sqrt{r}$, oppure che il *limite* di a_n per n che tende a $+\infty$ è $\sqrt{r}$, e si scrive

$$\lim_{n \to +\infty} a_n = \sqrt{r}.$$

Per verificare che questo succede nel nostro caso, osserviamo che

$$|a_n - \sqrt{r}| \leqslant |a_n - b_n|.$$

Poiché abbiamo già visto

$$|a_n - b_n| \leqslant \frac{a_1 - b_1}{2^n},$$

Capitolo 14 • Da dove è più opportuno iniziare lo studio dell'analisi matematica?

107

per avere $|a_n - \sqrt{r}| < \varepsilon$ ci basterà prendere n in modo che $\frac{a_1 - b_1}{2^n} < \varepsilon$; quindi per tutti gli n maggiori di $\bar{n} \geqslant \log_2(\frac{a_1 - b_1}{\varepsilon})$ la condizione sarà soddisfatta.

Naturalmente, l'esistenza di questo limite è garantito dalla proprietà degli intervalli incapsulati dell'insieme $\mathbb{R}$, o da quella dell'estremo inferiore: si veda, ad esempio, [Barozzi, 1998, pag. 52].

14.1.2 Il calcolo di π con il metodo di Archimede

Il metodo di Archimede è descritto nella terza proposizione della sua opera *La misura del cerchio*. In essa mostra che la lunghezza C della circonferenza di diametro d soddisfa alle disuguaglianze:

$$(3 + 10/71) \cdot d < C < (3 + 1/7) \cdot d. \tag{14.6}$$

Ciò naturalmente equivale a dire che $\pi = C/d$ è compreso fra $223/71 = 3{,}140\,845...$ e $22/7 = 3{,}142\,857....$

Il risultato è raggiunto mediante approssimazioni della misura della circonferenza per difetto e per eccesso ottenute da poligoni inscritti e circoscritti, partendo da esagoni, e raddoppiando successivamente il numero di lati fino ad arrivare a 96.

Il percorso illustrato, tratto da [Barozzi, 1998, pag. 393] a cui rinviamo per i dettagli, non coincide con quello originale di Archimede, ma si basa anch'esso su considerazioni geometriche elementari. Per semplicità scegliamo una circonferenza di raggio $AB = 1$; allora π è la *misura della semicirconferenza*, e noi possiamo stimarla mediante i *semiperimetri* dei poligoni inscritti e circoscritti.

Dobbiamo determinare, a partire da un poligono, il perimetro del poligono con un numero doppio di lati (nella Fig. 14.1 è rappresentato il primo passo, a partire dall'esagono). Poiché ad ogni passo il numero di lati raddoppia, al passo n avremo un poligono con $6 \cdot 2^n$ lati.

È anche evidente, grazie alla disuguaglianza triangolare, che la successione dei perimetri inscritti è crescente, mentre quella dei perimetri circoscritti è decrescente.

Indichiamo con a_n il lato del poligono inscritto, e con b_n quello del poligono circoscritto; allora le corrispondenti lunghezze dei *semiperimetri* sono

$$A_n = 3 \cdot 2^n a_n, \quad B_n = 3 \cdot 2^n b_n \tag{14.7}$$

e naturalmente, per ogni $n \geqslant 0$:

$$A_n < A_{n+1} < \pi < B_{n+1} < B_n. \tag{14.8}$$

Indichiamo con c_n l'*apotema* del poligono inscritto di lato a_n. Con riferimento alla Fig. 14.1, se

$$BC = a_n, \quad B'C' = b_n, \quad AH = c_n$$

risulterà

$$BH' = a_{n+1}, \quad AH'' = c_{n+1}.$$

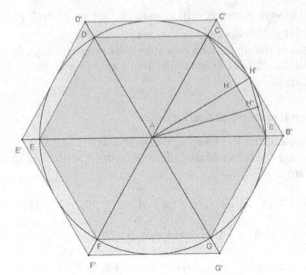

Con il Teorema di Pitagora, calcoliamo AH'' dal triangolo ABH'', e BH' da BHH'; dopo pochi passaggi si ha

$$c_{n+1} = \sqrt{\frac{1 + c_n}{2}}.$$

Poiché $2 \cdot area(ABH') = AH' \cdot HB = BH' \cdot AH''$, si ha $a_{n+1} = \frac{a_n}{2c_{n+1}}$; da questa, in base alla 14.7

$$A_{n+1} = \frac{A_n}{c_{n+1}}.$$

E dalla similitudine dei triangoli ABC e $AB'C'$ otteniamo $a_n : c_n = b_n : 1$, da cui infine, sempre in base alla 14.7

$$B_n = \frac{A_n}{c_n}.$$

Concludendo, a partire da

$$c_0 = \frac{\sqrt{3}}{2}, A_0 = 3$$

usando le formule ricorsive seguenti, calcolate nell'ordine proposto,

$$c_{n+1} = \sqrt{\frac{1 + c_n}{2}}, \quad A_{n+1} = \frac{A_n}{c_{n+1}}, \quad B_{n+1} = \frac{A_{n+1}}{c_{n+1}} \qquad (14.9)$$

possiamo ottenere le approssimazioni cercate di π.

Capitolo 14 • Da dove è più opportuno iniziare lo studio dell'analisi matematica?

109

Commento L'importanza di questo metodo sta nel fatto che Archimede approssima π *sia per difetto, sia per eccesso.* È forse la prima volta che il problema delle approssimazioni viene posto in modo esplicito. Notiamo anche che la costruzione geometrica sottostante - la circonferenza come *limite* sia dei poligoni inscritti, sia di quelli circoscritti - "garantisce" che le due successioni convergano allo stesso numero[3].

14.1.3 Il calcolo del logaritmo con il metodo di Briggs

Le prime tavole logaritmiche furono pubblicate nel 1614, ad opera di John Napier, ricco proprietario terriero scozzese, che vi lavorò per vent'anni. Tuttavia, i logaritmi comunemente usati sono dovuti a Henry Briggs, professore di geometria ad Oxford. Questi discusse a lungo la struttura dei suoi logaritmi con Napier: ad esempio, insieme stabilirono di usare come base 10 e definirono i due valori fondamentali Log 1 = 0 e Log 10 = 1. Briggs pubblicò le prime tavole nel 1617, in *Logarithmorum chilias prima*: contenevano i valori dei logaritmi decimali da 1 a 1000 calcolati con 14 cifre dopo la virgola!

Il metodo utilizzato da Briggs per il calcolo dei suoi logaritmi (senza le calcolatrici!) è spiegato da alcune frasi di Eulero [Eulero, 1748, paragrafo 106].

... in realtà si può determinare con approssimazione il logaritmo di qualunque numero, mediante l'estrazione di sole radici quadrate nel modo seguente. Infatti, posto[4] $ly = z$ e $lv = x$, sia $l\sqrt{vy} = \frac{x+z}{2}$; se il numero proposto b è contenuto tra le limitazioni a^2 e a^3, i cui logaritmi sono 2 e 3, si determinerà il valore dello stesso $a^{2\frac{1}{2}}$ ossia $a^2\sqrt{a}$, e b sarà compreso tra le limitazioni a^2 e $a^{2\frac{1}{2}}$ oppure tra $a^{2\frac{1}{2}}$ e a^3, qualunque caso capiti, prendendo il medio proporzionale, verranno fuori di nuovo delle limitazioni più vicine, e in questo modo si può pervenire a limitazioni il cui intervallo diventi minore di una assegnata quantità, e con le quali (limitazioni) si possa approssimare senza errore il numero considerato b. Poiché in realtà si danno i logaritmi di queste singole limitazioni, altrettanto si troverà il logaritmo del numero b.

Come esempio, Eulero calcola il logaritmo in base 10 di 5. In Fig. 14.2 i suoi calcoli. Invitiamo il lettore a ripercorrerli per proprio conto, con l'ausilio eventuale di una calcolatrice o di un foglio di calcolo.

Il procedimento, basato su operazioni elementari e sulla radice quadrata, è tuttavia piuttosto lungo; non a caso Eulero aggiunge subito dopo:

E in questo modo è stata calcolata da Briggs e Vlacq la tavola ordinaria dei logaritmi, anche se successivamente sono state trovate delle eccellenti scorciatoie, con le quali si possono calcolare i logaritmi in modo molto più rapido.

---

[3] Per una definizione rigorosa della lunghezza di una curva ed uno studio del rapporto di questa con la derivabilità della curva stessa bisognerà attendere l'Ottocento.

[4] In Eulero, ly indica Log y.

76   *DE QUANTITATIBUS*

Lib. I.

				sit
A = 1, 000000;	lA = 0, 0000000			
B = 10, 000000;	lB = 1, 0000000;	C = $\sqrt{AB}$		
C = 3, 162277;	lC = 0, 5000000;	D = $\sqrt{BC}$		
D = 5, 623413;	lD = 0, 7500000;	E = $\sqrt{CD}$		
E = 4, 216964;	lE = 0, 6250000;	F = $\sqrt{DE}$		
F = 4, 869674;	lF = 0, 6875000;	G = $\sqrt{DF}$		
G = 5, 232991;	lG = 0, 7187500;	H = $\sqrt{FG}$		
H = 5, 048065;	lH = 0, 7031250;	I = $\sqrt{FH}$		
I = 4, 958069;	lI = 0, 6953125;	K = $\sqrt{HI}$		
K = 5, 002865;	lK = 0, 6992187;	L = $\sqrt{IK}$		
L = 4, 980416;	lL = 0, 6972656;	M = $\sqrt{KL}$		
M = 4, 991627;	lM = 0, 6982421;	N = $\sqrt{KM}$		
N = 4, 997242;	lN = 0, 6987304;	O = $\sqrt{KN}$		
O = 5, 000052;	lO = 0, 6989745;	P = $\sqrt{NO}$		
P = 4, 998647;	lP = 0, 6988525;	Q = $\sqrt{OP}$		
Q = 4, 999350;	lQ = 0, 6989135;	R = $\sqrt{OQ}$		
R = 4, 999701;	lR = 0, 6989440;	S = $\sqrt{OR}$		
S = 4, 999876;	lS = 0, 6989592;	T = $\sqrt{OS}$		
T = 4, 999963;	lT = 0, 6989668;	V = $\sqrt{OT}$		
V = 5, 000008;	lV = 0, 6989707;	W = $\sqrt{TV}$		
W = 4, 999984;	lW = 0, 6989687;	X = $\sqrt{WV}$		
X = 4, 999997;	lX = 0, 6989697;	Y = $\sqrt{VX}$		
Y = 5, 000003;	lY = 0, 6989702;	Z = $\sqrt{XY}$		
Z = 5, 000000;	lZ = 0, 6989700;			

Sic ergo mediis proportionalibus fumendis tandem perventum eft ad Z = 5, 000000, ex quo Logarithmus numeri 5 quæfitus eft 0, 698970, pofita bafi Logarithmica = 10. Quare erit

proxime $10^{\frac{69897}{100000}}$ = 5. Hoc autem modo computatus eft canon Logarithmorum vulgaris à BRIGGIO & VLACQUIO, quamquam poftea eximia inventa funt compendia, quorum ope multo expeditius Logarithmi fupputari poffunt.

107. Dantur ergo tot diverfa Logarithmorum fyftemata quot varii numeri pro bafi a accipi poffunt, atque ideo numerus fyf-

tema-

▲ **Figura 14.2**   I calcoli di Eulero per Log 5 (Eulero 1748, paragrafo 10.6)

Notiamo però come l'idea di base sia semplice. Supponiamo di voler calcolare il logaritmo in base 10 di un numero x, compreso tra 1 e 10 (la base).

Sia $a_1 = 1$ la prima approssimazione per difetto di x, e $b_1 = 10$ la prima approssimazione per eccesso.

Calcoliamo ora $c = \sqrt{a_1 \cdot b_1}$ e i rispettivi logaritmi: calcolo immediato, perché $Log(a_1) = 0$, $Log(b_1) = 1$ e $Log(c) = 1/2$, per la proprietà ricordata da Eulero.

Capitolo 14 • Da dove è più opportuno iniziare lo studio dell'analisi matematica?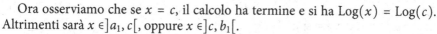

111

Ora osserviamo che se $x = c$, il calcolo ha termine e si ha $\text{Log}(x) = \text{Log}(c)$. Altrimenti sarà $x \in]a_1, c[$, oppure $x \in]c, b_1[$.

Nel primo caso, poniamo $a_2 = a_1$ e $b_2 = c$; nel secondo $a_2 = c$ e $b_2 = b_1$. Di conseguenza, sono noti i valori di $\text{Log}(a_2)$ e di $\text{Log}(b_2)$.

In ogni caso, abbiamo ottenuto un intervallo $]a_2, b_2[$ che contiene x e con ampiezza minore del precedente, e quindi possiamo ripetere i passi precedenti. Le due successioni a_n e b_n così costruite forniscono delle approssimazioni rispettivamente per difetto e per eccesso del numero x, mentre i corrispondenti valori di $\text{Log}(a_n)$ e di $\text{Log}(b_n)$ sono approssimazioni del logaritmo cercato.

Commenti **1** Oltre ad apprezzare la semplicità dell'idea, invitiamo il lettore a soffermarsi sul fatto che, date le proprietà delle potenze, non è riduttivo assumere che il numero x sia compreso tra 1 e 10. Inoltre, il metodo si presta immediatamente a calcolare il logaritmo in qualsiasi altra base b: basta porre $b_1 = b$ invece che $b_1 = 10$. Rinviamo a [Zoccante, 2002] per ulteriori approfondimenti.

2 Un procedimento analogo a questo è stato utilizzato da Tolomeo (vissuto nel II secolo d.C.) per la compilazione della tavola delle corde. Chi è interessato può fare riferimento a [Zoccante, 2004].

14.2 L'evoluzione storica della nozione di funzione

Come già accennato, il concetto di funzione, se anche non sembra presentare particolari problemi, coinvolge molti aspetti delicati, a partire dalla definizione stessa, per proseguire poi con la continuità e la derivabilità. La storia ci mostra una lunga rielaborazione del concetto, cominciata nel '600 e forse non ancora conclusa.

Inizialmente le funzioni erano principalmente concepite come strumenti di calcolo (pensiamo agli usi delle tavole goniometriche e logaritmiche, come nelle pagine precedenti), ma in seguito agli studi sul moto cominciarono a comparire in matematica come curve, traiettorie di punti mobili. Gradualmente vennero introdotti i termini e il simbolismo per i vari tipi di funzioni così ottenute. Ad esempio, la distinzione di Cartesio tra curve geometriche e curve meccaniche diede origine alla classificazione delle funzioni in algebriche e trascendenti [Boyer, 2004, pag. 393]. Il termine *funzione* fu usato per la prima volta da Leibniz nel 1673; a lui si devono anche i termini *variabile*, *costante* e *parametro*. La notazione $f(x)$, diffusa ancora oggi, si deve invece ad Eulero (1734). Attualmente, in molti contesti la notazione prevalente per una funzione è f, omettendo di indicare la variabile e le relative parentesi. Questa notazione fa seguito allo studio degli *spazi funzionali*, introdotti alla fine dell'Ottocento, i cui elementi sono le funzioni stesse. In questo contesto, $f(x)$ indica l'immagine di x tramite la f, e non l'intera funzione.

Ma vediamo più in dettaglio alcune tappe [Klein, 2004].

1 La prima formulazione generale del concetto stesso risale ancora ad Eulero, che però ne dà due diverse spiegazioni.

a) In *Introductio in analysin infinitorum* [Eulero, 1748], definisce y funzione di x se descritta da un'unica espressione analitica[5] in x, finita o infinita. Queste funzioni sono chiamate *continue*, da lui e dai suoi contemporanei, anche se, come $y = 1/x$, possono presentare singolarità occasionali. In seguito entrano nella matematica funzioni definite a tratti, che Eulero chiama *discontinue* o *miste*.

b) Allo stesso tempo, per Eulero una funzione è definita ogni volta che si disegna una curva a mano libera (*libero manu ductu*) in un sistema di coordinate cartesiane xy.

2 Intorno al 1800 Lagrange, nel suo tentativo di fondare rigorosamente l'analisi (in *Théorie des fonctions analytiques*), restringe la nozione di funzione limitandola alle *funzioni analitiche*, definite tramite serie di potenze in x. Senza entrare nel merito della definizione, osserviamo solo che ciò comporta che tutti i coefficienti a_i della serie di potenze (si veda la nota) sono determinati quando è noto il comportamento della funzione su un *segmento arbitrariamente piccolo* dell'asse delle ascisse, ad esempio in un intorno dello 0[6]. E poiché una funzione analitica è determinata dall'insieme dei suoi coefficienti, risulta determinato il comportamento della funzione su tutto il suo dominio. Questa proprietà è esattamente l'opposto di quanto richiesto da Eulero nell'accezione (b), per cui l'andamento di una curva in un punto può essere indipendente dall'andamento nei punti vicini.

3 Successivamente, come conseguenza degli studi sulle corde vibranti e poi sulla propagazione del calore, la nozione di funzione dovette essere ulteriormente estesa, in particolare ad opera di J. J. Fourier (la sua opera *Théorie analytique de la chaleur* è del 1822). Per molti aspetti questa interpretazione riporta in primo piano la seconda definizione di funzione di Eulero.

Questa stessa definizione è accettata da Dirichlet (1829), che però la riformula eliminando ogni riferimento geometrico o fisico.

Una variabile y si dice *funzione* di una variabile x in un certo intervallo quando esiste una legge, *di natura qualsiasi*, che faccia corrispondere ad ogni valore dato alla x uno ed un solo valore della y.

---

[5]Nel paragrafo 6, esemplifica quali siano le operazioni che possono essere utilizzate nella costruzione di funzioni:

> . . . le quali operazioni sono addizione e sottrazione; moltiplicazione e divisione; elevamento a potenza ed estrazione di radici; alla quale può anche essere ricondotta la risoluzione di equazioni. Oltre queste operazioni, che si suole chiamare algebriche, se ne danno molte altre trascendenti, come esponenziali e logaritmi, e innumerevoli altre, che il Calcolo integrale produce.

[6]Questo perché i valori di tutte le derivate della funzione $f(x)$ sono noti per $x = 0$ e sappiamo che

$$f(0) = a_0, f'(0) = a_1, f''(0) = 2a_2, \ldots.$$

Capitolo 14 • Da dove è più opportuno iniziare lo studio dell'analisi matematica?

113

La definizione di Dirichlet è quella normalmente usata ancora oggi, con la generalizzazione del dominio (*intervallo*) ad un *insieme qualsiasi*, come già visto nella definizione 1.

Osservazione In alcuni testi scolastici si trovano, oltre al termine *dominio*, anche *insieme di definizione*, o *campo di esistenza*, e talvolta si differenziano l'uno dall'altro. A noi sembrano distinzioni inutili sia didatticamente sia matematicamente: i tre termini sono da considerare sinonimi, seguendo la terminologia in uso in Teoria degli insiemi.

Spesso il dominio non è esplicitato: in tal caso si conviene che esso sia il più ampio sottoinsieme dell'insieme di riferimento (usualmente $\mathbb{R}$ per le funzioni e $\mathbb{N}$ per le successioni) per il quale la funzione può essere calcolata. Si usa chiamare tale insieme *dominio naturale*.

Va invece fatta distinzione tra *codominio* ed *(insieme) immagine*, che è il sottoinsieme del codominio formato dagli elementi in corrispondenza con qualche elemento del dominio, sempre in base alla terminologia della Teoria degli insiemi. Ciò rende significative le definizioni di *funzione suriettiva*, ossia di funzione per cui l'immagine è l'intero codominio, e di *funzione biiettiva o biunivoca*, ossia di funzione che è sia iniettiva, sia suriettiva, e quindi invertibile.

La definizione di Dirichlet, molto generale, porta all'attenzione dei matematici l'esistenza di funzioni strane, "patologiche" o "mostruose", talvolta impossibili da visualizzare: di queste parleremo tra poco. Non sono però queste le funzioni *portanti* dell'analisi; lo sono invece un insieme di funzioni continue, o almeno *non troppo* discontinue: le funzioni *elementari*.

14.2.1 Le funzioni elementari

Per mettere un po' d'ordine tra le infinite funzioni, ci basta osservare che in tutti questi secoli sono stati considerati sostanzialmente solo tre tipi di funzioni: le *polinomiali*, le *esponenziali* e le *sinusoidali*. Di esse parleremo più a lungo nel capitolo 22.

A partire da queste si ottengono praticamente tutte le altre funzioni di uso comune con particolari operazioni.

Seguendo l'esempio di Eulero, ecco un elenco di operazioni su funzioni che producono altre funzioni:

- le quattro operazioni aritmetiche:
  ad esempio, posto $f(x) = x^2$ e $g(x) = \sin x$, si ha

$$f + g : x \mapsto f(x) + g(x) = x^2 + \sin x$$

e

$$f \cdot g : x \mapsto f(x) \cdot g(x) = x^2 \cdot \sin x;$$

- la composizione di funzioni: date le funzioni precedenti, si ottengono le *funzioni composte*

$$f * g : x \mapsto f(g(x)) = (\sin x)^2 = \sin^2 x$$

e

$$g * f : x \mapsto g(f(x)) = \sin(x^2) = \sin x^2$$

(si noti l'ordine di scrittura, inverso rispetto l'ordine di applicazione delle funzioni);

- l'inversione funzionale: ad esempio, la *funzione inversa* di g:

$$g^{-1} : x \mapsto g^{-1}(x) = \sin^{-1}(x) = \arcsin x;$$

- il "taglia e cuci", che permette di costruire funzioni definite per casi: ad esempio la funzione *segno* definita qualche riga più avanti;
- il limite di una successione di funzioni e, in particolare, la somma di una serie di funzioni, quali le serie di Taylor e di Fourier (paragrafi 21.3 e 21.4);
- la funzione integrale (paragrafo 20.2);
- e più in generale le soluzioni di equazioni differenziali ...

Le funzioni che si ottengono a partire da funzioni polinomiali, esponenziali e sinusoidali, utilizzando le prime tre (o quattro) operazioni sono comunemente chiamate *funzioni elementari*. Si tratta delle funzioni dal cui studio è nata l'analisi matematica. In base a questo criterio, sono ad esempio elementari le funzioni:

$$f(x) = |x| \ (\textit{valore assoluto di } x) \text{ perché } |x| = \sqrt{x^2}$$

e

$$f(x) = \text{segno}(x) \ (\textit{segno di } x) \text{ perché } \text{segno}(x) = \begin{cases} -1 & \text{se } x < 0 \\ 0 & \text{se } x = 0 \\ 1 & \text{se } x > 0. \end{cases} \quad (14.10)$$

Nota   Non c'è unanimità nel dire quali siano esattamente le funzioni elementari: ci sono diverse interpretazioni in base al contesto applicativo. Ma non vale la pena di dedicare troppo tempo all'argomento. L'utilità di un elenco del genere sta nell'individuare quali siano le funzioni di base su cui lavorare *prima* di affrontare l'analisi matematica. Nel capitolo 22 daremo un elenco di funzioni a parere nostro fondamentali.

14.2.2 Le funzioni "mostruose"

Con questo nome sono indicate alcune funzioni ormai diventate classiche, che nell'Ottocento hanno messo in crisi alcune idee molto diffuse, e la cui analisi ha permesso di separare concetti altrimenti considerati equivalenti. Ecco due equivoci comuni:

1 Tutte le funzioni hanno grafico che si può tracciare senza sollevare la penna, almeno a tratti, e quindi sono continue, almeno a tratti.

2 Tutte le funzioni continue sono anche derivabili, eccetto al più in un numero finito di punti.

Capitolo 14 • Da dove è più opportuno iniziare lo studio dell'analisi matematica?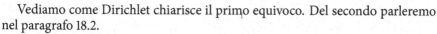

115

Vediamo come Dirichlet chiarisce il primo equivoco. Del secondo parleremo nel paragrafo 18.2.

Consideriamo la *funzione di Dirichlet* così definita nell'insieme dei reali $\mathbb{R}$:

$$d(x) = \begin{cases} 1 & \text{se } x \in \mathbb{Q} \\ 0 & \text{altrimenti.} \end{cases} \tag{14.11}$$

Si può facilmente provare che questa funzione è *discontinua in ogni punto reale*, perché sia i razionali, sia gli irrazionali sono densi in $\mathbb{R}$. Anche il suo grafico, per lo stesso motivo, non è tracciabile senza sollevare la penna, neppure per un segmento piccolissimo.

Ma attenzione: non si deve neppure *identificare* la continuità di una funzione con la possibilità di tracciarne il grafico. Si consideri ad esempio la funzione $c(x)$ definita al paragrafo 17.1, continua solo nell'origine. Anche funzioni continue più "normali" non sempre hanno grafico fisicamente tracciabile: ad esempio, la funzione $f(x) = \sin(1/x)$, rappresentata in Fig. 17.2 a).

Capitolo 15
È proprio necessaria la nozione di limite? E perché se ne dà una definizione così lontana dall'idea intuitiva?

La domanda consta di tre parti, due esplicite (necessità, lontananza dall'idea intuitiva di limite) e una implicita (difficoltà).

Sulla necessità della nozione di limite si può dire, senza troppa retorica, che essa sta alla base di tutta l'analisi matematica, la quale a sua volta sta alla base dei moderni sviluppi di tutte le scienze sperimentali, dell'ingegneria e delle scienze socio-economiche. Dal punto di vista operativo, si può citare un enorme numero di contesti matematici nei quali la nozione di limite interviene in modo essenziale. Per esempio nelle definizioni di successione (o serie) convergente, di funzione continua, di retta tangente ad una curva, di derivata, di integrale,... o nei classici teoremi di Weierstrass, Rolle, Lagrange, L'Hospital,... Ma di questo si parlerà in dettaglio nel seguito.

Quanto alla lontananza della definizione di limite dall'idea intuitiva e alla difficoltà nella sua comprensione, ciò deriva dalla complessità della definizione formalizzata, che a sua volta riflette la complessità della storia stessa del concetto.

Ecco infatti come Heine, allievo di Weierstrass, definisce il limite in *Die Elemente der Functionenlehre* (*Elementi di teoria delle funzioni*) nel 1872:

Il numero L è il limite della funzione $f(x)$ per $x = x_0$ se, dato un qualsiasi numero arbitrariamente piccolo ε, si può trovare un altro numero δ tale che, per tutti i valori di x che differiscono da x_0 meno di δ, il valore di $f(x)$ differirà da quello di L meno di ε.

In questa definizione, nota come *definizione di Weierstrass*, o definizione $\varepsilon - \delta$, e nelle analoghe riferite ai limiti infiniti, o ai limiti destri e sinistri, una prima difficoltà deriva dal fatto che vi compaiono *ben tre quantificatori* (uno esistenziale e due universali) strettamente correlati tra loro. Ad una analisi più precisa, i quantificatori risultano essere *quattro*, data la nostra ignoranza a priori del numero L: una funzione f ammette *limite* (finito) per x che *tende* a x_0 se $\exists L \in R$ tale che, $\forall \varepsilon > 0 \ \exists \delta > 0$ con la proprietà che $\forall x$ per cui

$$0 < |x - x_0| < \delta,$$

risulti

$$|f(x) - L| < \varepsilon.$$

Un'altra difficoltà, psicologica più che logica, sta nel fatto che, mentre la funzione f 'va' da x ad $f(x)$, la scelta degli intorni 'va' nel verso opposto. Un'ulteriore difficoltà deriva poi dalla constatazione che la definizione data non è operativa: non fornisce alcun metodo per determinare esplicitamente il valore di L del quale la definizione si limita a verificare la correttezza. E lo stesso avviene a proposito della determinazione esplicita del δ in funzione della scelta (arbitraria!)

Villani V., Bernardi C., Zoccante S., Porcaro R.: Non solo calcoli. Domande e risposte sui perché della matematica
DOI 10.1007/978-88-470-2610-0_15, © Springer-Verlag Italia 2012

dell'ε. Altre formulazioni della definizione di limite possono diluire o nascondere parzialmente queste difficoltà, ma non certo evitarle.

Quelle elencate sono difficoltà inerenti alla *forma logica* della definizione. Difficoltà più profonde sono generate però dalla sensazione di *disallineamento tra il concetto intuitivo di limite e la definizione formale*. Sono stati individuati numerosi aspetti che generano questa situazione: ne riportiamo alcuni.

1 Aspetto operazionale / aspetto strutturale. È stato accertato che la formazione dei concetti matematici passa attraverso fasi successive[1]. Una prima fase è a carattere prevalentemente *operazionale*, computazionale: è quella in cui si prende contatto con il nuovo concetto e si impara a maneggiarlo. Solo successivamente si sviluppa una seconda fase, detta *strutturale*, in cui il concetto assume autonomia e diviene un oggetto, anche se astratto, e quindi utilizzabile per la costruzione di altri concetti. L'aspetto interessante è che queste fasi sembrano anche descrivere lo *sviluppo storico* di molte nozioni matematiche: nella prima fase l'interesse principale sembra essere computazionale, mentre l'aspetto strutturale prende valore solo in seguito.

2 Aspetto dinamico / aspetto statico. Il concetto di limite nasce da situazioni ed idee che presentano aspetti dinamici, con caratteristiche usualmente legate al tempo o alle distanze. Storicamente, per fare un solo esempio, possiamo ricordare che Newton parla di *fluenti* e di *flussioni* [*fluente* è una grandezza, una quantità generata da un moto continuo, e *flussione* è la velocità con cui è generata la fluente], in cui è esplicito l'aspetto dinamico. Nella terminologia corrente, in particolare a livello verbale, si trovano espressioni quali *tendere, avvicinarsi, convergere, divergere*, e tutte esprimono caratteristiche dinamiche. La definizione di Weierstrass, dovendo prescindere da aspetti temporali o spaziali, è essenzialmente statica: il fluire del tempo (della variabile in genere) è sostituito da quantificatori universali, con risultati semantici diversi. Sottilmente connessi a questo aspetto sono i diversi approcci agli infiniti (e infinitesimi) come *infiniti in potenza* o *in atto*, dove la concezione dinamica sembra essere connessa ad un processo di infinito potenziale, mentre quella statica ad uno di infinito attuale.

3 Aspetto costruttivo / aspetto di verifica. Il concetto intuitivo di limite è costruttivo, nel senso che lo studio del comportamento di una funzione, in prossimità del punto per cui cerchiamo il limite, ci porta a individuare il limite stesso. Si tratta di uno studio in cui l'uso di diversi strumenti (grafici, tabelle, formule, dimostrazioni ...) ci consente di giungere ad un risultato. Invece, la definizione di Weierstrass è una condizione di verifica: se non abbiamo in qualche modo già un'idea sul valore del limite, ci lascia senza aiuto.

4 Aspetto strumentale / aspetto logico-fondazionale. Storicamente, il limite è nato come strumento per risolvere problemi o per gestire situazioni a noi non immediatamente accessibili - l'infinitamente grande, o l'infinitamente piccolo. Si pensi al calcolo delle aree e dei volumi, o delle velocità e delle tangenti. La

---

[1]Per maggiori dettagli, si veda [Sfard, 1991].

definizione di limite di Weierstrass è nata per l'esigenza di dare rigore logico all'analisi matematica, dopo quasi due secoli dalla nascita.

5 Aspetto geometrico / aspetto numerico. Un ultimo elemento di riflessione, a completamento del precedente punto, sta nel fatto che lo sviluppo storico dei concetti infinitesimali è ampiamente basato sulla geometria. La matematica del Rinascimento era *fondata* sulla geometria, la cui struttura deduttiva dava maggiore affidabilità rispetto all'aritmetica e all'algebra. Inoltre la rappresentazione grafica permetteva una comunicazione efficace e talvolta sostituiva le dimostrazioni. Il modello "naturale" di una funzione è stato per lunghissimo tempo il grafico di una curva continua e liscia. Questo ha fatto in modo che i principali concetti della teoria assumessero una veste essenzialmente geometrica. La sistemazione teorica dell'analisi è nata *anche* in contrapposizione a questa *invadenza* geometrica. Un solo esempio: Bolzano, nel 1817, commentando le dimostrazioni dei suoi contemporanei del teorema degli zeri di una funzione continua (teorema 2, capitolo 17), scrive:

> Non c'è assolutamente nulla da obiettare, né contro la correttezza, né contro l'evidenza di questo teorema geometrico. Ma è anche del tutto manifesto che vi è una *scorrettezza intollerabile contro il buon metodo*, scorrettezza che consiste nel voler dedurre le verità matematiche pure (o generali) - ossia dell'aritmetica, dell'algebra o dell'analisi - da considerazioni che appartengono ad una sola parte applicata (o speciale), ossia alla geometria.

La pressante richiesta di sicurezza logica, dovuta alla comparsa di nuove funzioni che non rispondevano più alla semplicità delle curve geometriche, e la crisi di affidabilità della geometria, amplificata dalla successiva nascita delle geometrie non euclidee, hanno poi portato a quella fase conosciuta come *aritmetizzazione dell'analisi*. Il risultato finale è stata la fondazione dei concetti infinitesimali sulla base delle nuove teorie sui numeri reali. Ma vediamo di capire come si sia arrivati a questo.

15.1 Origini dell'idea. Indivisibili, infinitesimi, evanescenti...

Le origini del concetto di limite possono essere situate nella matematica antica. Tuttavia, è soltanto a partire dal Seicento che le riflessioni dei matematici portano ad una semplificazione e ad una generalizzazione del metodo di esaustione. Due sono i problemi principali del tempo: per usare le parole di Newton, "i limiti delle somme e delle ragioni", ossia i limiti come somme di serie, in connessione con il calcolo di aree e di volumi, e i limiti dei rapporti[2] per il calcolo delle tangenti.

Proponiamo solo alcune frasi per mostrare la ricca diversità di concezioni che portano alla definizione finale: chi vorrà approfondire l'argomento potrà vedere [Kline, 1999, capp. 17, 19, 20 e 40] e anche [Giusti, 1984].

---

[2] "Ragione", traduzione del termine latino "ratio", significa *rapporto*.

Leibniz nel 1684 pubblica il suo primo lavoro sul calcolo differenziale dal titolo *Nova methodus pro maximis et minimis*[3]. Il concetto di limite non vi è presente, perché la sua concezione si basa sugli infinitesimi in atto, così come precedentemente in Keplero, Cavalieri e altri. Ecco ad esempio come in quel lavoro definisce la tangente:

> Trovare la *tangente* è condurre la retta che congiunge due punti a distanza infinitamente piccola, ovvero prolungare il lato del poligono infinitangolo, che per noi è equivalente alla curva.

Qui compare l'uso dell'infinitesimo attuale: la curva (poligono infinitangolo) è formata da punti *infinitamente vicini*- si noti bene, non punti *molto vicini* -, e noi possiamo utilizzare due di tali punti per determinare la retta tangente.

Nel brano seguente, tratto da *Philosophiae Naturalis Principia Mathematica* (1687), pag. 35, Newton spiega la sua teoria delle prime e ultime ragioni.

> Col metodo degli indivisibili le dimostrazioni sono rese più brevi. Ma poiché l'ipotesi degli indivisibili è più dura, e poiché quel metodo è ritenuto meno geometrico, ho preferito dedurre le dimostrazioni delle cose seguenti alle prime e ultime somme e ragioni di quantità evanescenti e nascenti, ossia ai limiti delle somme e delle ragioni, e quindi premettere, brevemente, le dimostrazioni di quei limiti. [...] Perciò se nel seguito mi capiterà di considerare le quantità come costituite da particelle determinate, e mi capiterà di prendere segmenti curvilinei come retti, *non voglio intendere particelle indivisibili, ma divisibili evanescenti*, non somme e ragioni di parti determinate, ma sempre limiti di somme e ragioni, e la forza di tali dimostrazioni si richiamerà sempre al metodo dei lemmi precedenti.

Qui si nota come Newton abbia abbandonato la teoria degli indivisibili, e si può intravvedere il concetto di limite, anche se ancora non una definizione esplicita.

Per arrivare a questo, bisogna attendere il matematico e filosofo Jean-Baptiste D'Alembert coautore dell'*Encyclopédie*, per la quale nel 1757 redige la voce "Limite":

> Diciamo che una grandezza è il *limite* di un'altra grandezza quando la seconda può avvicinarsi alla prima più vicino di una grandezza data tanto piccola quanto si voglia supporre, ma senza che la grandezza che si avvicina possa mai sorpassare la grandezza alla quale si avvicina, in modo che la differenza di una tale quantità al limite è assolutamente inassegnabile. [...] La teoria dei limiti è la base della vera metafisica del calcolo differenziale. [...] A dire il vero, il limite non coincide mai, o non diventa mai uguale alla quantità della quale è il limite, ma questa le si avvicina sempre di più, e può differirne così poco quanto si vorrà.

Questa definizione è ancora lontana dalla forma attuale e presenta piuttosto forti somiglianze con le definizioni intuitive date dai nostri studenti. Analoghe anche

---

[3] Il titolo completo è *Nova methodus pro maximis et minimis, itemque tangentibus, quae nec fractas, nec irrationales quantitates moratur, et singulare pro illis calculi genus*, ossia "Nuovo metodo per i massimi e i minimi, nonché per le tangenti, che non si arresta davanti alle quantità fratte, o irrazionali, e per quelli un singolare genere di calcolo".

le misconcezioni, quale quella per cui la quantità non può mai essere uguale al suo limite.

Si nota poi, aspetto più importante, come cominci a farsi strada l'idea che il concetto di limite sia fondamentale per l'analisi ("la base della vera metafisica").

Per giungere alla definizione attuale, bisogna attendere che i lavori di Eulero e poi di Lagrange stabiliscano come oggetto centrale dell'analisi la *funzione* (capitolo 14). Solo allora sarà possibile porre in rilievo il diverso ruolo delle variabili indipendente e dipendente, e quindi correlare direttamente le rispettive variazioni[4].

Ciononostante, ancora nel 1821 Cauchy, che pure è ritenuto il fondatore del rigore in analisi, in *Cours d'analyse algébrique* si limita a scrivere:

> Quando i valori successivamente attribuiti ad una stessa variabile si avvicinano indefinitamente ad un valore fisso, in modo da finire per differirne tanto poco quanto si vorrà, quest'ultimo è chiamato il limite di tutti gli altri.

Bisognerà poi attendere che si chiarifichi definitivamente la natura dei numeri reali, in modo da garantire all'analisi quella sicurezza logica che la geometria non poteva più soddisfare. Questo avviene con i lavori di Bolzano (dal 1817), Weierstrass (dal 1864), Méray (1869), Heine, Dedekind e Cantor (1872). Si giunge così alla definizione riportata all'inizio del capitolo.

Alcune riflessioni e successive generalizzazioni, dovute agli studi sugli spazi metrici, portano infine alla definizione prevalentemente usata oggi:

Definizione 5 *Sia f una funzione di dominio D, e sia x_0 un punto di accumulazione per D (x_0 può appartenere, o non appartenere, a D). f ammette limite (finito) L per x che tende ad x_0 se*

$\forall \varepsilon > 0 \; \exists \delta > 0$ con la proprietà che $\forall x \in D \smallsetminus \{x_0\}$ per cui

$$|x - x_0| < \delta,$$

risulti

$$|f(x) - L| < \varepsilon.$$

Nota In alcuni manuali di scuola si preferisce evitare di parlare di punto di accumulazione nella definizione di limite, assumendo che la funzione sia definita *in un intorno* del punto x_0, senza che necessariamente sia definita in x_0 stesso. A nostro giudizio, tale scelta non è adeguata dal punto di vista matematico poiché troppo restrittiva, e alla fine non è neppure giustificata dal punto di vista didattico poiché in realtà non semplifica il problema, anzi lo complica dovendosi poi gestire a parte le eccezioni.

---

[4] I matematici precedentemente utilizzavano funzioni in forma implicita, come aveva insegnato Descartes.

Commenti **1** Da questi brevi cenni risulta evidente che la definizione di limite non è né semplice, né naturale. E tuttavia sembra eccessiva l'enfasi con cui la si affronta nelle nostre scuole. Anche perché studenti che non hanno capito e che non sanno neppure recitare a memoria una definizione sensata di limite sono spesso in grado di superare le prove d'esame risolvendo correttamente un certo numero di esercizi tecnici piuttosto impegnativi. In questo somigliano ai matematici del '600, del '700 e del primo '800 che hanno costruito l'analisi matematica senza avere preventivamente formalizzato la definizione di limite.

2 Troppo spesso gli esempi addotti nei libri di testo per illustrare la nozione di limite sono di una banalità estrema, che rischia di essere addirittura fuorviante. Di fronte ad esempi del tipo

$$\lim_{x \to 2} x^2 + 3x - 7 \quad \text{oppure} \quad \lim_{x \to 3} \frac{x^2 - 9}{x - 3}$$

tutti gli studenti, da quello più interessato a quello più sprovveduto, si rendono conto che il valore del limite può essere calcolato semplicemente sostituendo nella funzione (eventualmente riscritta in forma semplificata) l'ascissa del punto limite al posto della variabile x.

3 Esempi realmente significativi per far toccare con mano l'importanza e la complessità della definizione di limite sono, a nostro avviso, quelli delle classiche successioni per il calcolo della somma di una progressione geometrica (Zenone), per il calcolo di π (Archimede) ed eventualmente per il calcolo del numero di Eulero e. Buoni esempi e controesempi sono funzioni quali $\sin(1/x)$ e $x \sin(1/x)$. Notiamo invece come due limiti importanti (i *limiti fondamentali*), che spiegano *perché* è opportuno usare la base e per le funzioni esponenziali e logaritmiche e usare i radianti nella misura delle ampiezze angolari per le funzioni trigonometriche, non siano calcolati mediante la definizione, ma tramite il teorema del confronto.

4 Naturalmente, *la definizione di limite va usata nelle dimostrazioni.* In fondo, chi l'ha elaborata aveva lo scopo **di permettere la dimostrazione rigorosa dei principali risultati di analisi, e non di dare una tecnica di calcolo.** Tra i teoremi sui limiti, il *teorema della permanenza del segno*, e il *teorema del confronto* usano in modo particolarmente significativo la definizione di limite. Successivamente, quando si inizia a parlare di derivate, ci sono sostanzialmente solo altri tre casi in cui la stessa definizione è sfruttata appieno: per dimostrare le formule di derivazione della funzione polinomiale x^n, della funzione esponenziale e^x e della funzione goniometrica $\sin(x)$. Tutte le altre formule usuali si deducono dalle varie regole di derivazione, e non più dalla definizione di limite.

Sulle misconcezioni

Abbiamo accennato alle misconcezioni dei nostri studenti. Il problema merita alcune riflessioni.

- Le misconcezioni non vanno sottovalutate, né svalutate. Abbiamo visto che anche grandi matematici del passato nei loro lavori scientifici avevano sostenuto molte di queste idee, a riprova della non-banalità e della non-semplicità del concetto in esame.

- Quando una di queste misconcezioni è posta all'attenzione della classe, è opportuno discuterla apertamente e francamente per esplicitarne l'inaccettabilità, anziché limitarsi a dire bruscamente che è sbagliata.

- Può anzi essere utile stimolare gli allievi a raccogliere un certo numero di frasi di uso comune nelle quali interviene la parola 'limite', spesso intesa con significato diverso da quello matematico, e più vicino al significato che si riscontra in quelle che i matematici classificano come misconcezioni. Ad esempio, nel Grande Dizionario della Lingua Italiana di Battaglia alla voce 'limite' si trova:

> Confine irraggiungibile e invalicabile. Impedimento, ostacolo. Termine che non si può o non si deve superare.

Questo lavoro poi porterà ad una riflessione esplicita su definizioni di questo genere, e sul differente significato del termine in matematica.

15.2 Breve analisi della definizione di limite

Analizziamo ora la definizione 5, richiamando l'attenzione del lettore in particolare su alcune correlazioni tra nozione intuitiva e nozione formalizzata:

- la frase "$f(x)$ tende a L per $x \to x_0$" significa che quando x è molto vicino ad x_0, $f(x)$ è molto vicino a L, o più precisamente, che possiamo avvicinare $f(x)$ a L *quanto vogliamo*, a patto di prendere x *abbastanza vicino* a x_0;

- termini quali *essere vicino, avvicinarsi* e simili sono tradotti per mezzo di *distanze*: "x è abbastanza vicino a x_0" diventa "la distanza di x da x_0 è minore di un numero δ", ossia "$|x - x_0| < \delta$"; analogamente "$f(x)$ si avvicina a L" diventa "$|f(x) - L| < \varepsilon$". Abbiamo già osservato che questo comporta la perdita dell'aspetto dinamico-temporale presente nel concetto intuitivo;

- la richiesta che la variabile x possa *avvicinarsi quanto si vuole* al valore x_0 è tradotta dalla condizione che x_0 sia punto di *accumulazione* per il dominio; questo garantisce che possiamo trovare infiniti punti del dominio diversi da x_0 in *un qualsiasi intorno I* di x_0 senza richiedere che la funzione sia definita in *ogni punto* di I;

- *non* c'è richiesta che L sia punto di accumulazione per l'insieme immagine, in quanto ciò impedirebbe di parlare di limite in casi importanti, in particolare per le funzioni costanti;

- infine, per garantirci che $f(x)$ tenda effettivamente a L e non ad altro numero, dobbiamo escludere che, per qualche x sufficientemente prossimo ad x_0, capiti che $f(x)$ non sia prossimo a L: per questo, richiediamo che *ogni intorno* di L contenga l'immagine di *tutti i punti di un intorno* di x_0, in cui la funzione esiste. Quest'ultima richiesta si traduce, in termini analitici, esattamente nella definizione 5.

15.3 Generalizzazione del concetto di limite e Topologia

Nel punto precedente abbiamo usato il termine *intorno*. In effetti, una formulazione del limite in termini di intorni è possibile, ed anzi risulta per certi aspetti più semplice nella sua generalità, in quanto consente di unificare in una unica definizione i vari casi, relativamente sia a x_0, sia a L che possono essere o numeri, o $+\infty$ o $-\infty$, e include anche le definizioni di limite destro o sinistro.

Ricordiamo la definizione di intorno, nella *topologia usuale della retta reale estesa*, ossia di $\tilde{\mathbb{R}} = \{-\infty\} \cup \mathbb{R} \cup \{+\infty\}$.

Definizione 6 *Un intorno del punto $x_0 \in \tilde{\mathbb{R}}$ è un qualsiasi sottoinsieme di $\tilde{\mathbb{R}}$ che contenga un intervallo del tipo*

- $]x_0 - \varepsilon, x_0 + \varepsilon[$, *se $x_0 \in \mathbb{R}$;*
- $]-\infty, M[$, *se $x_0 = -\infty$;*
- $]M, +\infty[$, *se $x_0 = +\infty$.*

In base all'ultimo punto del paragrafo precedente, la definizione di limite può essere allora così formulata:

Definizione 7 *Sia f una funzione di dominio $D \subset \tilde{\mathbb{R}}$, e sia x_0 un punto di accumulazione per D (x_0 può appartenere, o non appartenere, a D). f ammette limite $L \in \tilde{\mathbb{R}}$ per x che tende ad x_0 se*

$\forall V$ intorno di L, $\exists U$ intorno di x_0 con la proprietà che

$$f(U \cap D \smallsetminus \{x_0\}) \subset V.$$

Vantaggi e svantaggi

Come detto, la definizione mediante intorni ha il vantaggio di unificare i vari casi in cui si presenta un limite, e di porre in rilievo il concetto fondamentale del limite stesso, che non è tanto risolvere una disequazione, ma provare se l'insieme delle soluzioni soddisfa a determinate condizioni, e cioè contiene un intorno di x_0.

Questa stessa definizione inoltre può essere generalizzata a contesti molto diversi: ad esempio, al caso di funzioni di più variabili, al caso di limiti di successioni di funzioni, e in generale si ritrova quando si ha a che fare con spazi topologici.

Non è tuttavia da ignorare che dal punto di vista logico questa definizione non è più semplice della precedente, in quanto l'uso degli intorni in realtà nasconde la presenza dei quantificatori.

Inoltre, la definizione topologica non è immediatamente utilizzabile quando si deve fare una verifica numerica: in tal caso, bisogna riconvertirla nella versione ε-δ.

15.4 L'approccio dell'Analisi non standard

L'analisi non standard (nel seguito indicata con l'acronimo inglese NSA) si deve nella sua versione originaria ad Abraham Robinson, che nel 1966 pubblica il libro *Non standard Analysis*. Si tratta di una rifondazione dell'analisi matematica sulla *teoria degli iperreali*, che tende a recuperare il concetto di *infinitesimo*, senza però incappare nelle contraddizioni che la teoria leibniziana presentava.

L'insieme degli iperreali, spesso indicato con $\mathbb{R}^*$, contiene $\mathbb{R}$ ed è *totalmente ordinato* e *non archimedeo*. In $\mathbb{R}^*$ si estendono le operazioni di addizione e di moltiplicazione dei reali. L'esistenza di insiemi di tal genere è garantita da un risultato molto generale di logica, il Teorema di Löwenheim-Skolem-Tarski.

In $\mathbb{R}^*$ esistono *elementi infinitesimi*, ossia *elementi positivi minori di* $1/n$, *per ogni numero naturale* n, ed elementi infiniti. È così possibile parlare di numeri *infinitamente vicini* ad un altro: due numeri sono infinitamente vicini se la loro differenza è un infinitesimo.

L'NSA ricorre a questi elementi infinitesimi per semplificare il concetto di limite, riducendo di conseguenza anche la complessità delle definizioni e delle dimostrazioni che tale concetto usano, in particolare nella derivazione e nell'integrazione.

Ecco ad esempio come viene data la definizione di limite in [Keisler, 2000, pagg. 117-118]:

c e L siano numeri reali.

Definizione 8 L è il **limite** di $f(x)$ per x che tende ad c se ogniqualvolta x è *infinitamente vicino ma non uguale a* c, $f(x)$ è *infinitamente vicino a* L.

In simboli,

$$\lim_{x \to c} f(x) = L$$

se ogniqualvolta $x \approx c$ ma $x \neq c$, $f(x) \approx L$.

Questa definizione *sembra* più vicina al concetto intuitivo, e più semplice delle precedenti.

Tuttavia un'analisi più approfondita rivela una complessità logica e semantica della teoria degli iperreali notevole, uguale alla complessità della teoria dei limiti. Alla proposta di usare in didattica l'NSA si possono fare poi altri rilievi, in particolare la difficoltà ad introdurre $\mathbb{R}^*$. Alcune osservazioni critiche puntuali si trovano nell'articolo di E. Mendelson presente in bibliografia [Mendelson, 2003].

In questo libro abbiamo scelto l'approccio dell'analisi standard: non parleremo più dell'NSA.

Chi tuttavia voglia approfondirne la conoscenza può consultare [DiNasso, 2003] o [Maffini,] per una introduzione veloce, e [Keisler, 2000], il cui testo è liberamente disponibile in rete, per una trattazione estesa.

Capitolo 16
Come è possibile che molti fondamentali risultati in Analisi precedano una definizione rigorosa di limite, di derivata o di integrale?

La domanda pone un problema delicato, perché presuppone che la matematica si caratterizzi più per il rigore che per l'intuizione. In realtà non è così, e non c'è alcuna contraddizione. Come abbiamo visto nel capitolo precedente, la definizione rigorosa di limite si è imposta come esigenza di dare fondamenti logicamente inattaccabili e chiari all'analisi, non tanto per l'importanza del concetto in sè, ma in quanto il limite risultava lo strumento necessario alla definizione di concetti operativamente più importanti (derivata, integrale, sviluppi in serie, soluzioni di equazioni differenziali...). È quindi naturale che inizialmente i matematici fossero più interessati a capire e a sfruttare la potenza dello strumento, piuttosto che a chiarire la definizione dello strumento stesso. Ma come si sviluppa una teoria matematica quale l'analisi?

16.1 La genesi di una teoria matematica

Nella società

Alcuni strumenti e concetti dell'analisi sono stati creati ed usati per secoli pur in presenza di problemi che oggi definiremmo fondazionali. Possiamo già riconoscere le origini dei principali concetti in diversi problemi e metodi della matematica dall'antichità fino all'Ottocento, e anche in situazioni della vita corrente; ne citiamo solo alcuni.

- Il *calcolo della radice* di un numero assegnato (14.1.1) o la determinazione della misura della lunghezza della circonferenza (14.1.2) rinviano al concetto di limite di una successione. Un discorso analogo si applica a molte altre situazioni, per esempio alla definizione del numero *e* come interesse composto calcolato per intervalli di tempo sempre più brevi.
- Il *metodo di esaustione* di Eudosso è l'esempio di un primo strumento per il "calcolo integrale". Archimede se ne servì per il calcolo dell'area del cerchio, per l'area di un segmento di parabola (20.1.1), per il volume della sfera.
- La *velocità istantanea*, come limite del rapporto spazio/tempo, l'*accelerazione*, come limite del rapporto velocità/tempo rinviano poi ai concetti di limite e di derivata di una funzione, e così anche molti altri concetti scientifici.

Per un periodo molto lungo, quindi, i matematici hanno continuato ad affinare gli strumenti ed i concetti dell'analisi, ad ottenere risultati fondamentali e dalle

Villani V., Bernardi C., Zoccante S., Porcaro R.: Non solo calcoli. Domande e risposte sui perché della matematica
DOI 10.1007/978-88-470-2610-0_16, © Springer-Verlag Italia 2012

vaste applicazioni, in un intreccio profondo con le scienze, in particolare con la fisica, e questa sinergia ha permesso l'enorme sviluppo delle scienze stesse e della matematica. Solo successivamente i matematici, che ormai disponevano di una teoria ricca, significativa ed utile, affrontarono il problema della fondazione sicura dell'analisi.

In breve, il problema di organizzare in modo coerente ed organico la disciplina compare *solo dopo* che la disciplina ha raggiunto la 'maturità'. Questa fase di riorganizzazione logica è però fondamentale, e permette di dare unitarietà alla disciplina, di controllare procedimenti *rischiosi* (ci riferiamo, ad esempio, all'uso disinvolto delle serie, anche non convergenti, nel Settecento), di identificare e separare concetti sottilmente diversi (si pensi alla confusione tra continuità e derivabilità), di generalizzare correttamente i campi di applicazione dei concetti, di individuare nuove strade di ricerca.

È in questa fase che la creazione di definizioni sofisticate e complesse acquista *significato*, che l'astrattezza dei concetti diventa *necessaria* se si vogliono estendere i vecchi concetti ai nuovi campi di applicazione, che le dimostrazioni si fanno *importanti*, perché cade il supporto delle rappresentazioni grafiche e la validità dei teoremi dipende solo dalla correttezza dell'argomentazione.

Queste tappe nello sviluppo delle teorie matematiche sono una costante nella storia. Duemila anni prima era successo alla *geometria*, che ha visto Euclide riorganizzare in modo logicamente soddisfacente la massa di risultati geometrici ottenuti dai suoi predecessori nei tre secoli precedenti. Nell'Ottocento, poi, i matematici si sono posti l'obiettivo esplicito di dare una sistemazione teorica alle varie discipline: oltre all'analisi, hanno risistemato i risultati della *geometria proiettiva*, utilizzata dalle arti pittoriche nei problemi di prospettiva, a partire dal Quattrocento. Alla fine dello stesso secolo c'è stata l'assiomatizzazione dei *numeri naturali* ad opera di Peano e di altri, fatto particolarmente eclatante in quanto i numeri naturali sono stati usati da tutte le civiltà del passato per migliaia di anni, senza avvertire la necessità di una loro assiomatizzazione. Nel Novecento infine abbiamo assistito alla riorganizzazione e all'assiomatizzazione della *probabilità*, nata tre secoli prima con Fermat e Pascal, e della *logica*.

Nella realtà, non una delle discipline matematiche si è costituita in un sistema organizzato e rigorosamente fondato al momento della nascita.

Nel lavoro dei matematici

Anche l'analisi di come lavorino i matematici professionisti risulta interessante [Hughes, 1994]: nella ricerca, dapprima si esplora un problema, si tenta di individuarne gli aspetti fondamentali, si fanno degli esempi; quando la comprensione del problema è più approfondita, si propongono delle congetture, si fanno ulteriori esempi di verifica; e solo alla fine si passa alla formalizzazione del problema stesso e alla dimostrazione rigorosa.

A mostrare che questo è *sempre* stato il modo di fare matematica da parte dei matematici, è significativo il *Metodo*, una piccola opera di Archimede tornata alla luce solo nel 1906, in cui l'autore descrisse come ottenesse i suoi principali risultati, e come *poi* passasse ad una dimostrazione geometrica *rigorosa*, così come previsto dagli standard dell'epoca [Archimede, 1988].

16.2 Implicazioni didattiche

Le considerazioni dei punti precedenti sembrano suggerire che il modo più proficuo di affrontare una disciplina matematica, nella fase di costruzione dei concetti e di apprendimento degli strumenti così come avviene nelle scuole, non sia l'approccio formale attualmente prevalente, in cui dapprima si danno le definizioni già perfette, quindi si passa ai teoremi con relative dimostrazioni, e solo alla fine si portano degli esempi. Piuttosto, sembra preferibile ripercorrere la strada dei matematici ricercatori: partire con un approccio esplicitamente informale ed operativo, che consenta di inquadrare i problemi a cui si vuole dare risposta, di formare una prima idea dei concetti coinvolti, di imparare ad utilizzare i primi strumenti operativi. Questa fase iniziale deve essere sufficientemente estesa, da permettere agli studenti di *familiarizzare* con le nuove idee. Solo dopo questa fase sarà possibile richiedere una riflessione sensata sul significato dei concetti incontrati, fare una loro analisi e riorganizzare il tutto in una teoria.

Andrebbe poi discusso se la riorganizzazione in una teoria rigorosa, in particolare dell'analisi matematica, debba essere un obiettivo per *tutti* gli studenti di *tutti* gli indirizzi di scuola superiore. Bisogna infatti tenere presente che la quasi totalità degli studenti utilizzerà la matematica *in modo strumentale* nell'attività futura, e che un approccio troppo formale è, per la maggioranza delle persone, la causa principale della percezione della matematica come disciplina difficile e astrusa, e in conclusione inutile alla comprensione del mondo che ci circonda. Per un approfondimento su questo tema rinviamo a [Mumford, 1997].

16.3 Il *Calculus*

Su questa linea si sono mosse alcune proposte, in particolare di origine anglosassone, di un approccio all'analisi che tenga conto di come avviene realmente la costruzione della matematica, e di quale sia l'utilizzo principale che gli studenti faranno, nella loro vita, della matematica stessa. I corsi di *Calculus* (questo è il termine con cui usualmente si indica l'analisi matematica *di base*: limiti, derivate e integrali) sviluppati su queste idee si caratterizzano, di norma, per una semplificazione consistente (talvolta con l'eliminazione) della parte teorica sui limiti, e con una notevole riduzione delle dimostrazioni relative a derivate e integrali. L'approfondimento dei concetti principali - limiti, derivate, integrali - è spesso sostenuto dal ricorso a rappresentazioni grafiche, in genere con il supporto di calcolatrici o computer. Inoltre, un peso notevole è riservato alle applicazioni, estese a più discipline.

Ci sembrano opportune qui alcune osservazioni.

- Una consistente riduzione della parte formale e dimostrativa è certamente possibile, e in molti casi auspicabile. Questo è possibile in particolare per la teoria dei limiti. Uno sfoltimento teorico a parere nostro non compromette l'organizzazione della disciplina; anzi, può favorire la visibilità dei concetti fondamentali, e ha il pregio notevole di consentire un percorso senza "distrazioni" in tempi più contenuti.

- Si deve tuttavia evitare di ridurre la trattazione dell'analisi ad un elenco di *ricette da cucina*: l'esperienza mostra che un semplice elenco di argomenti e metodi giustapposti senza una struttura sottostante che li colleghi non favorisce la comprensione chiara dei concetti.

- Le applicazioni sono essenziali in questo contesto, perché danno un senso sociale all'attività matematica. Una conoscenza astratta della matematica sarebbe di ben scarsa utilità, se non accompagnata dalla capacità di servirsene per descrivere, schematizzare e interpretare quantitativamente i principali aspetti della realtà che ci circonda.

- Naturalmente l'analisi non è riducibile ad una collezione di sole applicazioni. Queste non possono sostituire la teoria, e non garantiscono neppure l'applicabilità dei concetti. Questo perché è la riflessione che porta all'astrazione a fare riconoscere la possibilità di applicare concetti e metodi ad altri contesti.

- L'utilizzo intenso delle rappresentazioni grafiche è da apprezzare. In fondo, come visto nel capitolo precedente, i concetti dell'analisi sono nati in ambito geometrico, ed un ritorno alle origini è un sicuro aiuto a chi vi si accosta per la prima volta.

- Bisogna però evitare che le rappresentazioni grafiche risultino l'unico approccio. Ad esse deve seguire una indispensabile e puntuale analisi teorica che porti alla precisa definizione e caratterizzazione dei concetti sottostanti, altrimenti ci si priva della possibilità di applicare i concetti stessi a situazioni in cui la rappresentazione grafica non è possibile o non ha significato.

Due testi che propongono interessanti percorsi di Calculus, destinati a lettori diversi, sono [Villani, 2007], citato più volte in questo scritto, e [Adams, 2007].

Capitolo 17
Quali ruoli giocano
ai fini dello studio di una funzione
le nozioni di continuità e di derivabilità?

Si può affermare, senza esagerazione, che l'enorme importanza assunta dall'analisi matematica per lo studio di problemi teorici e applicativi (in fisica, ingegneria, economia, ecc.) deriva essenzialmente dall'introduzione e dall'uso delle due nozioni citate nel titolo di questo capitolo.

Infatti, consideriamo una funzione f a valori reali, definita al variare di x in un intervallo I dell'asse delle ascisse.

- La proprietà di f di essere una funzione *continua* traduce in termini matematici rigorosi l'idea intuitiva della (vera o presunta) continuità dei principali fenomeni fisici dove a *piccole variazioni* dei parametri in ingresso corrispondono *piccole variazioni* dei valori in uscita: ad esempio in cinematica a piccole variazioni di tempo corrispondono piccole variazioni di spazio, o di velocità, o di accelerazione. Sempre in termini intuitivi la continuità di una funzione può essere caratterizzata dicendo che il corrispondente grafico è una linea 'senza interruzioni'.

- La proprietà di f di essere una funzione *derivabile* traduce in termini rigorosi l'idea intuitiva secondo cui il grafico della funzione può essere approssimato in ogni suo punto $(x, f(x))$ da una retta 'tangente' la cui pendenza fornisce informazioni sulla crescenza o decrescenza o stazionarietà della funzione, il che consente a sua volta la determinazione (di particolare interesse teorico e applicativo) degli eventuali punti x di I nei quali f assume valori massimi o minimi (relativi o assoluti). Sempre in termini intuitivi la derivabilità di una funzione può essere caratterizzata dicendo che il corrispondente grafico è una linea 'liscia'.

In questo capitolo ci dedicheremo alla continuità, mentre nel prossimo ci occuperemo della derivabilità.

17.1 La definizione di continuità di Cauchy
e il concetto intuitivo

Abbiamo già osservato nel paragrafo 14.2 come l'espressione *funzione continua* abbia cambiato significato nel tempo. La definizione attuale che, come quella del limite, è puramente aritmetica, si deve ai lavori di Bolzano e di Cauchy. Quest'ultimo, nel già citato *Cours d'analyse*, dice:

> Se [...] si assegna alla variabile x un incremento infinitamente piccolo α la funzione assumerà come incremento la differenza $f(x + \alpha) - f(x)$ che dipenderà allo stesso tempo dalla nuova variabile α e dal valore di x. Ciò posto, la funzione $f(x)$ sarà *fra i due limiti assegnati alla x* [ossia per x

Villani V., Bernardi C., Zoccante S., Porcaro R.: Non solo calcoli. Domande e risposte sui perché della matematica
DOI 10.1007/978-88-470-2610-0_17, © Springer-Verlag Italia 2012

appartenente ad un intervallo] *continua* se, per ciascun valore di x compreso tra questi due limiti, il valore numerico della differenza $f(x + \alpha) - f(x)$ decresce indefinitamente insieme con quello di α. [...] Diciamo anche che la funzione $f(x)$ è una funzione continua di x nell'*intorno di un particolare valore* assegnato alla variabile x se essa è continua fra questi due limiti di x, comunque prossimi essi siano, che includono il valore in questione.

Si noti che, strettamente parlando, la definizione di Cauchy riguarda *sempre* la continuità di f *in un intervallo*; anche nell'ultima frase non si parla della continuità di f in *un punto* x, ma *in tutti i punti* di un intervallo preso arbitrariamente piccolo.

Ci sembra che la definizione di Cauchy renda il concetto intuitivo di continuità. A rigore, quando Cauchy dice "il valore della differenza decresce indefinitamente", oggi dobbiamo intendere "il valore della differenza tende a 0".

Oggi si preferisce definire dapprima la continuità in un punto, e poi in un intervallo. La definizione che proponiamo non è la più diffusa nei manuali scolastici; i motivi della nostra scelta saranno chiariti nelle prossime pagine.

Definizione 9 (Continuità in un punto)   *Una funzione f di dominio D è continua in un punto $x_0 \in D$ se*

$$\forall \varepsilon > 0 \ \exists \delta > 0 \ \textit{tale che } \forall x \in D \textit{ per cui}$$
$$|x - x_0| < \delta,$$

risulti

$$|f(x) - f(x_0)| < \varepsilon.$$

Definizione 10 (Continuità in un insieme)   *Una funzione f di dominio D è continua in un insieme $A \subset D$ se è continua in ogni punto di A. Se poi f è continua in ogni punto di D, suo insieme di definizione, si dice (semplicemente) che f è continua.*

Esempi

1 Si può provare con sufficiente facilità che le funzioni polinomiali, goniometriche, esponenziali e logaritmiche sono continue.

2 La funzione $segno(x)$ definita in (14.10) è continua su tutto $\mathbb{R}$ eccetto che in 0.

3 La funzione di Dirichlet (14.11) invece non è continua in alcun punto del dominio, mentre la seguente è una funzione continua solo per $x = 0$:

$$c(x) = \begin{cases} |x| & \text{se } x \in \mathbb{Q} \\ -|x| & \text{altrimenti.} \end{cases} \tag{17.1}$$

Quest'ultimo esempio risulta paradossale rispetto all'idea intuitiva di continuità, visto che la funzione c non è continua in nessun intorno dello 0, per quanto piccolo.

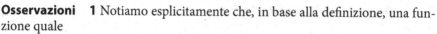
Osservazioni **1** Notiamo esplicitamente che, in base alla definizione, una funzione quale

$$f(x) = \frac{1}{x}$$

è *continua in tutto il suo dominio*; è quindi scorretto o almeno inappropriato dire che presenta una discontinuità nell'origine, poiché il punto di ascissa 0, pur essendo di accumulazione per il dominio, non vi appartiene. Approfondiremo il problema tra poche righe.

2 Sempre in base alla definizione, *una funzione è continua nei punti isolati* del suo dominio, perché, se si sceglie un opportuno valore di δ, non ci sono punti diversi da x_0 da considerare e quindi la richiesta contenuta nella definizione è automaticamente soddisfatta.

Altre definizioni

Nella maggior parte dei manuali scolastici la continuità in un punto è espressa mediante il limite. Ecco una definizione tratta da un testo molto diffuso:

Sia f una funzione definita *in un intervallo I aperto*, e sia $x_0 \in I$.
La funzione f è continua nel punto x_0 se

$$\lim_{x \to x_0} f(x) = f(x_0). \tag{17.2}$$

Questa definizione è basata sul fatto che il punto x_0, se è interno al dominio, risulta essere di accumulazione; in tal caso la definizione (9) coincide formalmente con la (5), se si pone $L = f(x_0)$.

A noi tuttavia sembra preferibile la definizione proposta (9). In primo luogo, perché l'accostamento del concetto di limite a quello di continuità nasconde l'importanza di quest'ultimo, e poi perché le due definizione hanno campi di applicabilità diversi, cosa che ci pone di fronte ad alcuni problemi, per lo meno terminologici.

La definizione (17.2) infatti copre solo i punti interni, ma non i punti della frontiera di D. Così, è da integrare con le definizioni per la continuità a destra o a sinistra di un punto.

Ad esempio, per studiare la continuità della funzione $f(x) = \sqrt{1 - x^2}$ dovremo usare definizioni diverse nei tre casi: $x = -1$, $x \in]-1, 1[$, $x = 1$.
Migliore risulta la definizione di testi quali [Barozzi, 1998]:

Sia f una funzione definita nell'insieme D, e sia $x_0 \in D$ un punto di accumulazione di D. La funzione f è continua nel punto x_0 se

$$\lim_{x \to x_0} f(x) = f(x_0). \tag{17.3}$$

In ogni caso, quando la continuità è data mediante i limiti, si deve definire a parte la continuità di f nei punti isolati del dominio, poiché queste definizioni non sono applicabili a tali punti.

17.2 Discontinuità, singolarità

Se una funzione *non è continua* in un punto x_0 *del suo dominio D* si dice che è *discontinua* in x_0 o che x_0 è un punto *singolare* (espressioni equivalenti: la funzione presenta in x_0 una *discontinuità* o una *singolarità*).

L'attributo *singolare* è usato anche per i punti x_0 che non appartengono a D, ma che sono di accumulazione per D.

In molti testi si usa parlare di *punto di discontinuità* anche in questo caso. Noi riteniamo che tale uso sia inappropriato e causa di confusione, in quanto, secondo la definizione, una funzione può essere *continua* (e quindi anche *discontinua*) *solo nei punti del dominio*.

Data l'importanza che lo studio dei punti singolari assume nelle nostre scuole, vediamo di fare chiarezza.

Definizione 11 (di punto singolare) *Sia f una funzione reale di dominio D e sia x_0 un numero reale. x_0 è un* punto singolare *per f se:*
1 *x_0 appartiene a D, ma la funzione non è continua in x_0;*
2 *x_0 non appartiene a D, ma è di accumulazione per D.*

Notiamo che, nel caso 1, x_0 è un punto di accumulazione. Se infatti fosse isolato, la funzione sarebbe continua nel punto.

La classificazione dei vari tipi di singolarità è alquanto datata, e non c'è accordo unanime su di essa, così come non c'è accordo sulla terminologia, non sempre significativa; in particolare, sconsigliamo, sul piano didattico, di insistere sulla nomenclatura 'prima, seconda, terza specie'.

Ci limitiamo ad esaminare i due casi più interessanti.

1 *f* ha in x_0 un *salto* se esistono finiti i limiti destro e sinistro nel punto, ma tali limiti sono diversi. In formule:
$\lim_{x \to x_0^-} f(x) = L_1$, $\lim_{x \to x_0^+} f(x) = L_2$, con L_1 e L_2 numeri reali, ma $L_1 \neq L_2$.
Il valore $|L_1 - L_2|$ è detto *salto*.

2 x_0 è una singolarità *eliminabile* se il limite L nel punto esiste finito, ma o $L \neq f(x_0)$, o f non è definita in x_0.
Questa singolarità è detta eliminabile perché è possibile modificare la definizione della *f* nel solo punto x_0 in modo che risulti continua nel punto: basta porre $f(x_0) = L$.

Esempi
1 La funzione *segno* presenta in 0 un salto (Fig. 17.1a).
2 La funzione $f(x) = e^{1/x}$ ha in 0 una singolarità (Fig. 17.1b): il limite destro è infinito.
3 La funzione $f(x) = \sin(1/x)$ ha in 0 una singolarità (Fig. 17.2a): il limite non esiste.
4 La funzione

$$f(x) = x \cdot \sin \frac{1}{x} \qquad (17.4)$$

ha in 0 una singolarità eliminabile (Fig. 17.2b).

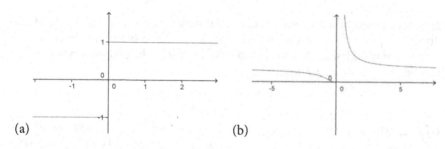

(a)   (b)

▲ **Figura 17.1**   Esempi di singolarità

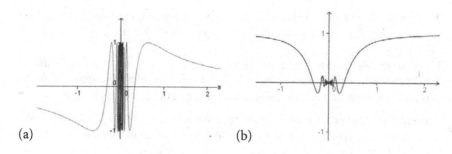

(a)   (b)

▲ **Figura 17.2**   Altre singolarità

17.3 Conseguenze della continuità

La definizione (9) consente di dimostrare le principali proprietà delle funzioni continue. Tra le più importanti ricordiamo il *Teorema degli zeri* con il conseguente *Teorema dei valori intermedi*, il *Teorema di Weierstrass* (o *Teorema del massimo e del minimo*) e il *Teorema di Heine-Cantor*. Questi risultati sono interessanti anche dal punto di vista storico, perché hanno permesso di mettere in luce, nell'Ottocento, le carenze nella teoria dei numeri reali. Proponiamo una dimostrazione elementare di due di questi.

Teorema 2 (degli zeri)   *Sia f una funzione continua nell'intervallo chiuso* $[a, b]$, *e sia* $f(a) < 0$ *e* $f(b) > 0$. *Allora esiste un punto* $x_0 \in\,]a, b[$ *tale che* $f(x_0) = 0$.

Dimostrazione.   Dividiamo l'intervallo dato in due parti mediante il suo punto medio $c = \frac{a+b}{2}$. Se $f(c) = 0$, abbiamo trovato il punto in cui f si annulla, e il procedimento termina.

Se invece $f(c) > 0$, poniamo $a_1 = a$, e $b_1 = c$, altrimenti poniamo $a_1 = c$, e $b_1 = b$. Sul nuovo intervallo $[a_1, b_1]$ ripetiamo il procedimento costruendo, mediante il nuovo punto medio $c_1 = \frac{a_1+b_1}{2}$, un secondo intervallo $[a_2, b_2]$, e, proseguendo, una successione di intervalli $[a_n, b_n]$, ognuno con ampiezza metà del precedente. Se la funzione si annulla in uno dei punti medi c_n via via calcolati, il teorema è provato. Altrimenti consideriamo le successioni a_n e b_n: la prima è crescente, la seconda decrescente, e la loro differenza $b_n - a_n = \frac{b-a}{2^n}$ tende a 0. Individuano pertanto un unico numero reale x_0 (estremo superiore dei valori a_n e contemporaneamente estremo inferiore dei valori b_n) che è il loro limite comune. Poiché f è continua, avremo:

$$\lim_{n \to \infty} f(a_n) = f(x_0) = \lim_{n \to \infty} f(b_n).$$

D'altra parte, si ha $f(a_n) \leqslant 0$ per costruzione, e quindi il primo limite è anch'esso minore o uguale a 0, cioè $f(x_0) \leqslant 0$. Poi, analogamente, da $f(b_n) \geqslant 0$ si ha $f(x_0) \geqslant 0$, da cui la conclusione. □

Osservazioni **1** La validità del teorema si basa sulla proprietà dell'estremo superiore dei reali. Per approfondimenti, si rinvia a [Barozzi, 1998, pag. 27] e a [Fiori, 2009, pagg. 7 e 8].
2 Il **Teorema dei valori intermedi** (*una funzione f continua in un intervallo assume tutti i valori compresi tra l'estremo inferiore e l'estremo superiore di f nell'intervallo stesso*) risulta una immediata conseguenza del teorema degli zeri.

Premettiamo al prossimo teorema una definizione: *massimo (o minimo, o estremo superiore o inferiore) di una funzione è il massimo (o minimo, ecc.) dei valori f(x) al variare di x nell'insieme di definizione considerato.*

Notiamo esplicitamente che, se la funzione è *limitata*, esistono sicuramente gli estremi inferiore e superiore, mentre non è detto che esistano minimo o massimo. Il prossimo risultato individua le funzioni per le quali tali valori esistono.

Teorema 3 (di Weierstrass) *Una funzione f continua in un intervallo chiuso e limitato $[a, b]$ ha massimo e minimo.*

Dimostrazione. Dimostriamo l'esistenza del massimo (il caso del minimo si ottiene in modo analogo).

Sia M l'estremo superiore di f nell'intervallo $[a, b]$, che, finito o infinito, esiste per la proprietà di $\mathbb{R}$ già citata. Si tratta di provare che esiste un valore x_M nell'intervallo stesso per cui $f(x_M) = M$. Dividiamo l'intervallo dato in due sottointervalli mediante il suo punto medio $c = (a + b)/2$. In uno (almeno) dei due sottointervalli f avrà lo stesso estremo superiore M: indichiamo con $[a_1, b_1]$ tale intervallo. Ripetiamo l'operazione su questo nuovo intervallo mediante il suo punto medio ottenendo così $[a_2, b_2]$, e poi, proseguendo, una successione di intervalli $[a_n, b_n]$, ognuno con ampiezza metà del precedente, *in ognuno dei quali f ha M come estremo superiore.* Come nel caso del Teorema degli zeri, le successioni a_n e b_n individuano un unico numero reale x_M: si tratta di provare che $f(x_M) = M$. Considerato un numero positivo ε, poiché f è continua in x_M, esiste un intorno I di centro x_M e raggio $\delta > 0$ tale che, $\forall x \in I$, si ha $|f(x) - f(x_M)| < \varepsilon$, ed in particolare $f(x) < f(x_M) + \varepsilon$. Per lo stesso valore di ε, esiste certamente un numero k_0 tale che, per tutti i valori $k \geqslant k_0$, risulta $[a_k, b_k] \subset I$; questo comporta per M, estremo superiore dell'intervallo di indice k_0, la disuguaglianza $M \leqslant f(x_M) + \varepsilon$, e quindi, data l'arbitrarietà di ε, $M \leqslant f(x_M)$.

D'altra parte, $f(x_M) \leqslant M$, essendo M l'estremo superiore di f.

Quindi: $f(x_M) \leqslant M \leqslant f(x_M)$, da cui $f(x_M) = M$. □

Osservazioni **1** Anche questo teorema si basa sulla proprietà dell'estremo superiore dei reali.
2 Il procedimento dimostrativo usa la tecnica di bisezione dell'intervallo come il teorema degli zeri; tuttavia la somiglianza si ferma qui. Infatti, nel teorema degli zeri la dimostrazione è *costruttiva*, e fornisce un algoritmo esplicito, noto come *metodo di bisezione* o *dicotomico* (si veda 23.2.1), per la determinazione degli intervalli contenenti lo zero: basta testare il valore della funzione agli estremi degli intervalli stessi. In questo invece abbiamo una dimostrazione di esistenza *non costruttiva*, in quanto non esiste un algoritmo generale per determinare quale dei due sottointervalli abbia estremo superiore uguale a quello dell'intero intervallo.

Enunciamo ora il terzo teorema. Per una sua dimostrazione elementare si veda [Barozzi, 1998, pag. 326].

Teorema 4 (di Heine-Cantor)   *Sia f una funzione continua nell'intervallo chiuso* $[a, b]$. *Per ogni* $\varepsilon > 0$ *si può determinare una partizione finita dell'intervallo* $[a, b]$ *in sottointervalli tali che l'oscillazione di f su ognuno di questi sia* $\leqslant \varepsilon$.

Ricordiamo che l'*oscillazione* di una funzione limitata è la differenza tra estremo superiore ed inferiore della funzione stessa nell'intervallo considerato.
Questo teorema sarà usato esplicitamente nella teoria dell'integrazione.
Concludiamo questo paragrafo accennando alla *continuità uniforme*.
Nella definizione 10, si dice che una funzione f è continua in un insieme A se è continua in ogni punto $x \in A$. Ciò può essere espresso nel modo seguente:

$$\forall x \in A, \forall \varepsilon > 0, \exists \delta > 0 : \forall x' \in A, |x - x'| < \delta \text{ implica } |f(x) - f(x')| < \varepsilon.$$

In questa definizione, δ dipende naturalmente da ε, ma anche dal punto x, come è evidenziato dall'ordine dei quantificatori. In certi casi si può determinare un valore di δ *indipendente* da x. Si parla allora di *funzione uniformemente continua* in A.

Definizione 12 (Continuità uniforme)   *Una funzione f è uniformemente continua in un insieme A se*

$$\forall \varepsilon > 0, \exists \delta > 0 : \forall x, x' \in A, |x - x'| < \delta \text{ implica } |f(x) - f(x')| < \varepsilon.$$

Il confronto con la continuità semplice è significativo: come evidenziato dall'ordine dei quantificatori, nella continuità uniforme il valore di δ dipende esclusivamente da ε, e non più dal punto $x \in A$.
La continuità uniforme è più forte della continuità semplice, e quindi dobbiamo aspettarci che non tutte le funzioni continue siano uniformemente continue. Un caso tipico è rappresentato dalla funzione $f(x) = 1/x$, che è continua in $]0, +\infty[$. Questa è uniformemente continua in $[1, +\infty[$, e anzi lo è in $[a, +\infty[$, qualunque sia $a > 0$, ma non è uniformemente continua nell'intervallo $]0, 1[$, e quindi a maggior ragione neppure in $]0, +\infty[$.
Notiamo infine che il teorema 4 di Heine-Cantor può essere così riformulato: *Una funzione continua in un intervallo chiuso* $[a, b]$ *è uniformemente continua*.

Infatti si osservi che, assegnato ε, basta prendere δ uguale alla minima ampiezza dei sottointervalli della partizione. L'ampiezza minima esiste, perché la partizione è finita.

Alcuni commenti sulle dimostrazioni

1 L'acquisizione di conoscenze matematiche passa attraverso varie fasi: esplorazione ingenua, formalizzazione (definizioni rigorose, enunciati rigorosi, dimostrazioni rigorose), analisi di esempi e controesempi.

Per chi userà la matematica solo in modo strumentale la parte "rigorosa" delle dimostrazioni può essere ridotta alle dimostrazioni di un paio di teoremi cruciali come quelli qui presentati per capire il metodo dimostrativo, limitandosi poi nel caso di altri teoremi ai soli enunciati *purché questi siano correttamente compresi*. In altri termini: a nostro parere è più importante capire *cosa* andrebbe dimostrato, che imparare a memoria i dettagli delle corrispondenti dimostrazioni.

2 Va enfatizzato il ruolo di esempi e controesempi. Questi infatti permettono di capire il ruolo delle varie ipotesi, l'eventuale loro sufficienza o necessità.

Per esempio, dopo aver trattato del teorema di Weierstrass suggeriamo ai nostri lettori di porre agli allievi domande del tipo:

Qual è il ruolo delle tre ipotesi? Esibite esempi nei quali due delle tre ipotesi (continuità, intervallo chiuso, intervallo limitato) sono soddisfatte, ma la tesi dell'esistenza del massimo e del minimo è falsa.

E poi: *Ma allora, se manca almeno uno di questi tre requisiti, la tesi è sempre falsa?*

Dopo aver osservato che a rigor di logica la risposta potrebbe essere anche negativa (e per questo aspetto si veda anche il capitolo 8 della sezione di Logica) la nuova sfida sarà quella di trovare altri controesempi, nei quali, pur essendo false una, o due, o tutte e tre le ipotesi, la tesi è vera.

Va da sé che è preferibile valorizzare i *controesempi più semplici* tra quelli proposti, non i più complicati come i primi della classe sono tentati di fare.

Capitolo 18
Perché il concetto di derivata è così importante in analisi?

La derivata è connessa alle *variazioni* di una funzione e le variazioni sono, molto spesso, le uniche grandezze rilevabili sperimentalmente. Ad esempio, nell'osservazione astronomica possiamo rilevare le variazioni di luminosità di una stella, di posizione di un pianeta. In fisica possiamo osservare le variazioni delle grandezze cinematiche, termodinamiche, elettromagnetiche. Ma tutte le scienze in generale hanno a che fare con le variazioni: di popolazioni (biologia), di prezzi (economia), di parametri vitali (medicina).

Avere gli strumenti teorici che consentono di *passare dalla conoscenza delle variazioni alla conoscenza dell'andamento di un fenomeno* è quindi cosa di eccezionale rilevanza per la scienza e per la società. Per questo, la derivata è forse il concetto più importante dell'analisi.

18.1 Derivata e derivabilità

Il concetto di derivata è stato esplicitato ben prima di quello di continuità, come risulta anche da 15.1. Questo è dovuto al fatto che problemi quali la determinazione *delle tangenti, dei massimi e dei minimi, delle velocità* erano fondamentali per la scienza del Seicento e del Settecento.

Come caso emblematico, vediamo brevemente in che cosa consiste il *problema delle tangenti.*

Dalla geometria elementare, sappiamo come determinare la tangente ad un cerchio e ad una conica in generale. Quando però si passa alla determinazione della tangente di altre curve, si osserva subito che non è più possibile definire come tangente alla curva γ in un punto P_0 la retta che ha in comune con γ solo il punto P_0 (Fig. 18.1a), o che non attraversa la curva stessa in P_0 (Fig. 18.1b).

Invece, l'intuizione induce a scegliere come *tangente alla curva* la retta per P_0 che più di ogni altra *si confonde con la curva in prossimità di P_0.* Se poi vogliamo disegnare approssimativamente la tangente basterà considerare sulla curva un secondo punto P_1 convenientemente vicino a P_0, e tracciare la retta $P_0 P_1$. E questo è quanto, in fondo, affermava Leibniz.

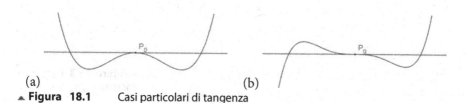

(a)   (b)

▲ **Figura 18.1**   Casi particolari di tangenza

Villani V., Bernardi C., Zoccante S., Porcaro R.: Non solo calcoli. Domande e risposte sui perché della matematica
DOI 10.1007/978-88-470-2610-0_18, © Springer-Verlag Italia 2012

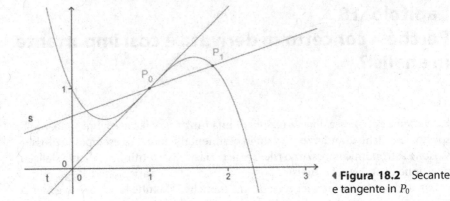

◀ **Figura 18.2** Secante e tangente in P_0

Dal punto di vista analitico, è immediato vedere che la tangente sarà determinata una volta che sia determinato il suo coefficiente angolare. L'idea guida è allora pensare al coefficiente angolare della retta tangente come *limite* del coefficiente angolare della retta secante, quando il punto P_1 tende a P_0 (Fig. 18.2). Il problema, naturalmente, è *come* calcolare questo coefficiente. La cosa è complicata se le curve sono espresse da equazioni implicite nelle variabili, o in forma parametrica, come inizialmente era per Cartesio, Leibniz e Newton.

Ma diventa invece molto più semplice se esprimiamo la curva mediante l'equazione di una funzione, perché allora il punto P_1 tende a P_0 quando x_1 tende a x_0, e il coefficiente della retta è dato dal *rapporto incrementale*

$$\frac{f(x_1) - f(x_0)}{x_1 - x_0}, \tag{18.1}$$

e coincide con la tangente *trigonometrica* dell'angolo $\widehat{QP_0P_1}$ (Fig. 18.3).

Ad esempio, D'Alembert, nella già citata *Encyclopédie*, dice esplicitamente che il calcolo si esegue mediante *il limite del rapporto tra le differenze della variabile dipendente e della variabile indipendente*.

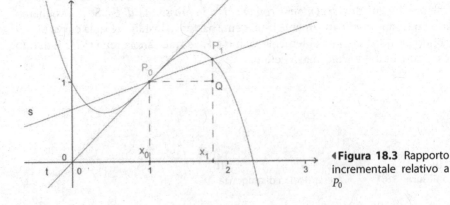

◀**Figura 18.3** Rapporto incrementale relativo a P_0

Capitolo 18 • Perché il concetto di derivata è così importante in analisi?

141

Problemi come questi portano allora a riconoscere l'importanza di tale limite e quindi a considerare fondamentale il concetto di *derivata di una funzione*.

La definizione attuale di derivata si deve sostanzialmente a Bolzano e a Cauchy.

Definizione 13 *Sia f una funzione reale definita su un* intervallo *D e sia $x_0 \in D^1$. Si dice* derivata *di f nel punto x_0 il limite del rapporto incrementale al tendere di x ad x_0, ossia:*

$$\lim_{x \to x_0} \frac{f(x) - f(x_0)}{x - x_0}, \tag{18.2}$$

se tale limite esiste ed è finito.

La derivata si indica con uno dei simboli

$$f'(x_0); \quad Df(x_0); \quad \frac{\mathrm{d}f}{\mathrm{d}x}(x_0); \quad \left(\frac{\mathrm{d}f}{\mathrm{d}x}\right)_{x_0}.$$

Ognuno di questi ha una storia, ed esprime un diverso aspetto della derivata.

Spesso si attua il cambiamento di variabile $x - x_0 = \Delta x$ (o $x - x_0 = h$), per cui $x = x_0 + \Delta x$; allora il rapporto incrementale viene espresso come

$$\frac{f(x_0 + \Delta x) - f(x_0)}{\Delta x} = \frac{\Delta f}{\Delta x},$$

e la derivata come

$$f'(x_0) = \lim_{\Delta x \to 0} \frac{f(x_0 + \Delta x) - f(x_0)}{\Delta x}.$$

E poi:

Definizione 14 *Si dice che f è* derivabile *in x_0 se ammette derivata in x_0.*

In base alla discussione precedente, si pone infine la seguente:

Definizione 15 *La retta* tangente *alla curva, grafico di f, nel punto di ascissa x_0 è la retta di equazione*

$$y = f(x_0) + f'(x_0)(x - x_0). \tag{18.3}$$

Che la retta tangente così definita sia poi *la funzione lineare che meglio approssima la curva in un intorno del punto* deriva immediatamente dalla definizione di derivata. Infatti, se f è derivabile in x_0, si ha che

$$\frac{f(x) - f(x_0)}{x - x_0} = f'(x_0) + e(x - x_0)$$

dove $e(x - x_0)$ è infinitesimo con $x - x_0$, ossia $\lim_{x \to x_0} e(x - x_0) = 0$.

---

[1]Si potrebbe anche generalizzare, considerando un dominio *D* qualsiasi e $x_0 \in D$ un *punto di accumulazione* per *D*, ma allora la definizione non sarebbe generalizzabile a funzioni in più variabili.

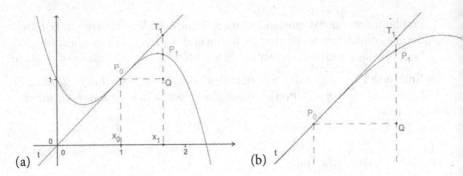

▲ **Figura 18.4**   Curva e retta tangente in prossimità di P_0

Da questo segue

$$f(x) = f(x_0) + f'(x_0)(x - x_0) + (x - x_0) \cdot e(x - x_0); \qquad (18.4)$$

perciò (cfr. Fig. 18.4a e b), prendendo l'ordinata del punto T_1 sulla retta tangente, invece che del punto P_1 sulla curva, si compie un errore che è infinitesimo di ordine maggiore di $x - x_0$.

Si può anche mostrare che la tangente è l'*unica*, tra le rette per il punto P_0, ad avere questa proprietà, e che quindi è appropriato affermare che è *la funzione lineare che meglio approssima* la curva in un intorno di P_0, attribuendo così un significato ben preciso all'espressione (cfr. [Giusti, 2002, pag. 251]).

Esempi e osservazioni

1 Consideriamo la funzione $f(x) = \sqrt{x}$; si ha:

$$\frac{\sqrt{x + \Delta x} - \sqrt{x}}{\Delta x} = \frac{\sqrt{x + \Delta x} - \sqrt{x}}{\Delta x} \cdot \frac{\sqrt{x - \Delta x} + \sqrt{x}}{\sqrt{x - \Delta x} + \sqrt{x}} = \frac{\Delta x}{\Delta x(\sqrt{x - \Delta x} + \sqrt{x})}.$$

Perciò, per $x > 0$, il limite del rapporto per Δx che tende a 0 vale $\frac{1}{2\sqrt{x}}$, mentre, per $x = 0$ (e naturalmente $\Delta x > 0$), vale $+\infty$. Ne risulta che f è derivabile in ogni $x \in \,]0, +\infty[$, ma non in 0.

In questi casi, la non derivabilità è dovuta al fatto che *in prossimità di tale punto il grafico di f è approssimabile da una retta, ma non da una funzione lineare.*

2 Dato un punto x del dominio, si parla a volte di derivata destra o sinistra nel punto stesso, a seconda che Δx assuma solo valori positivi, o negativi rispettivamente. Precisamente si definisce *derivata sinistra* in x il numero

$$f'_-(x) = \lim_{\Delta x \to 0^-} \frac{f(x + \Delta x) - f(x)}{\Delta x}$$

e *derivata destra* in x il numero

$$f'_+(x) = \lim_{\Delta x \to 0^+} \frac{f(x + \Delta x) - f(x)}{\Delta x}.$$

Osserviamo che questa non è una nuova definizione, se x è estremo di D: la definizione (13) include già questo caso.

Capitolo 18 • Perché il concetto di derivata è così importante in analisi?

143

3 Gli stessi concetti sono utilizzati per studiare i punti di non derivabilità, in modo analogo a quanto fatto per le singolarità. Ad esempio, la funzione $f(x) = |x|$ non è derivabile in 0. E infatti:

$$f'_-(0) = \lim_{\Delta x \to 0^-} \frac{|0 + \Delta x| - |0|}{\Delta x} = \lim_{\Delta x \to 0^-} \frac{-\Delta x}{\Delta x} = -1$$

mentre

$$f'_+(x) = \lim_{\Delta x \to 0^+} \frac{|0 + \Delta x| - |0|}{\Delta x} = \lim_{\Delta x \to 0^+} \frac{\Delta x}{\Delta x} = 1.$$

Anche in questo caso la non derivabilità è dovuta al fatto che in un intorno di 0 la funzione non è approssimabile da *una (sola!)* funzione lineare: in un *intorno sinistro* è approssimabile da $y = -x$ (in questo caso addirittura vi coincide), in un *intorno destro* da $y = x$.

Per una classificazione dei punti di non derivabilità si rinvia il lettore ad un qualsiasi manuale scolastico.

4 Con calcoli analoghi a quelli svolti al punto 1, è facile provare che le funzioni costanti, lineari, goniometriche, esponenziali e logaritmiche sono derivabili in ogni punto del loro dominio naturale. Similmente si possono dimostrare le formule per il calcolo della derivata di funzioni somma, prodotto, quoziente, composte e inverse di funzioni derivabili. Anche per queste si rinvia ad un buon manuale scolastico.

18.2 Continuità e derivabilità

L'esempio 3 precedente mostra che la continuità in un punto non implica la derivabilità nello stesso punto: la funzione valore assoluto è *continua*, ma *non è derivabile* nell'origine.

Un secondo interessante esempio è dato dalla funzione (17.4) *prolungata per continuità* nell'origine:

$$f^*(x) = \begin{cases} x \cdot \sin\left(\dfrac{1}{x}\right) & \text{se } x \neq 0 \\ 0 & \text{se } x = 0. \end{cases}$$

Come illustrato nella Fig. 18.5 seguente, che mostra ingrandimenti successivi del grafico in prossimità dell'origine, la nostra f^* continua ad oscillare infinite volte in *ogni intorno dello* 0.

Il calcolo del rapporto incrementale ci dà:

$$\frac{(0 + \Delta x) \cdot \sin(\frac{1}{0 + \Delta x})}{\Delta x} = \sin\left(\frac{1}{\Delta x}\right)$$

che non ha limite; di conseguenza f^* non può avere in tal punto *alcuna* retta tangente: in 0 è *continua, ma non derivabile*.

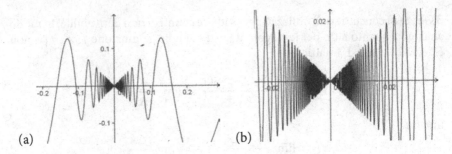

(a)

(b)

▲ **Figura 18.5** Dettagli del grafico di $f^*(x)$

Viceversa, da 18.4 è immediato provare che *la derivabilità in un punto comporta la continuità nello stesso punto*.

Tuttavia, fin quasi alla fine dell'Ottocento, molti matematici credevano che *ogni funzione continua fosse anche derivabile, eccetto al più in qualche punto*. Si deve ancora a Bolzano (1834, in un'opera però mai pubblicata) e a Riemann (1854) la distinzione definitiva fra continuità e derivabilità [Kline, 1999, pag. 1114 ss].

Per i lettori interessati, riportiamo un esempio, dovuto a *van der Waerden*, di una funzione continua ma mai derivabile.

Indichiamo con (x) la differenza tra il numero x e l'intero più vicino, cioè $(x) = \min(x - [x], [x] - x + 1)$: si tratta di una funzione periodica di periodo 1. Definiamo

$$h(x) = \frac{(x)}{1} + \frac{(2x)}{2} + \frac{(4x)}{4} \ldots = \sum_{n=0}^{\infty} \frac{(2^n x)}{2^n}. \tag{18.5}$$

Questo è possibile perché la serie converge per ogni valore di x, quindi la sua somma definisce una precisa funzione $h(x)$. h è continua per tutti gli $x \in R$, però non è derivabile in alcun punto del dominio. Maggiori dettagli in [DeMarco, 2002, pagg. 337-338]. In Fig. 18.6, il grafico dei primi quattro termini della serie e della ridotta quindicesima.

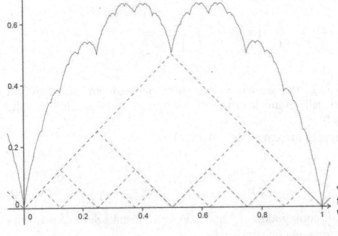

◀ **Figura 18.6** La funzione di van der Waerden

Capitolo 18 • Perché il concetto di derivata è così importante in analisi?

145

18.3 Conseguenze della derivabilità

Il concetto di derivabilità consente di vedere la derivazione come un *costruttore* di nuove funzioni nel modo seguente.

Data una funzione f di dominio D, si consideri l'insieme dei valori per cui la funzione è derivabile: indichiamo con D' tale insieme (ovviamente sottoinsieme di D). Per ogni valore $x \in D'$, esiste il numero $f'(x)$. Questo consente di definire su D' una nuova funzione ponendo $x \mapsto f'(x)$. Usualmente, questa è chiamata *funzione derivata prima* di f, o semplicemente *funzione derivata*, ed è indicata con f', o con $D(f)$.

Il calcolo differenziale consiste precisamente nello studio delle relazioni che intercorrono tra una funzione e la sua funzione derivata. Un ruolo particolare assumono le funzioni derivabili almeno in un intervallo, come vedremo nel seguito.

Passiamo ora ad esporre alcune proprietà delle funzioni derivabili. Distingueremo tra proprietà *locali*, associate ad un intorno di un punto, e proprietà *globali*, associate ad un intero intervallo. In questo secondo caso illustreremo l'importanza del Teorema di Lagrange.

18.3.1 Proprietà locali

Abbiamo già visto (teorema 3 di Weierstrass) che una funzione continua in un intervallo chiuso e limitato ha massimo e minimo; avevamo però osservato che il teorema garantiva l'esistenza, ma non permetteva la determinazione dei punti di massimo e di minimo della funzione. Il calcolo differenziale ci può risolvere il problema.

Premettiamo due definizioni.

Definizione 16 *Sia f una funzione definita in $D \subset R$. f è* crescente *se, per ogni scelta di x_1, x_2 in D, con $x_1 < x_2$, risulta $f(x_1) \leqslant f(x_2)$. Se risulta $f(x_1) < f(x_2)$, f è* strettamente crescente. *Analogamente: f è* decrescente *se, per ogni scelta di x_1, x_2 in D, con $x_1 < x_2$, risulta $f(x_1) \geqslant f(x_2)$. Se risulta $f(x_1) > f(x_2)$, f è* strettamente decrescente.

Alcuni testi utilizzano una terminologia leggermente diversa: *crescente*, per indicare *strettamente crescente*, e *non decrescente* per *crescente* (ma questa nomenclatura è ambigua, perché, a rigore, "non decrescente" significa che "non è vero che f è decrescente").

Osservazioni **1** È immediato notare che la funzione f è *crescente* se, e solo se,

$$\frac{f(x_1) - f(x_2)}{x_1 - x_2} \geqslant 0, \quad \forall x_1, x_2 \in D : x_1 \neq x_2 \tag{18.6}$$

ossia se e solo se il rapporto incrementale è non negativo, ed è *strettamente crescente* se il rapporto è positivo. Analogamente, f è *decrescente* se, e solo se,

$$\frac{f(x_1) - f(x_2)}{x_1 - x_2} \leqslant 0, \quad \forall x_1, x_2 \in D : x_1 \neq x_2 \tag{18.7}$$

ossia se e solo se il rapporto incrementale è non positivo, ed è *strettamente decrescente* se il rapporto è negativo.

2 Le funzioni crescenti o decrescenti sono, indistintamente, dette funzioni *monotòne*; e *strettamente monotòne*, quando siano strettamente crescenti o decrescenti.

Definizione 17 *Sia f una funzione definita in $D \subset R$. $x_0 \in D$ è di* massimo *relativo o* locale *per f se esiste un intorno I di x_0 tale che, per ogni $x \in I \cap D$, sia*

$$f(x) \leqslant f(x_0). \tag{18.8}$$

Se tale disuguaglianza vale per ogni $x \in D$, allora x_0 è un punto di massimo assoluto *in D.*

Analogamente, se vale la disuguaglianza

$$f(x) \geqslant f(x_0) \tag{18.9}$$

x_0 è un punto di minimo relativo *o* locale *(o, rispettivamente, un* minimo assoluto*) in D.*

I punti di massimo e minimo relativo sono anche detti punti *estremanti*, e i corrispondenti massimo e minimo *estremi*.

Il teorema seguente è stato uno dei primi risultati dell'analisi ed è noto come:

Teorema 5 (di Fermat) *Sia f una funzione di dominio D che abbia in x_0, punto interno a D, un estremo locale. Se f è derivabile in x_0, allora $f'(x_0) = 0$.*

Per una dimostrazione si rinvia a [Giusti, 2002]. Il significato geometrico è evidente: se x_0 è punto di massimo o di minimo interno e f è derivabile in x_0, la tangente al grafico nel punto deve essere parallela all'asse delle ascisse, e quindi avere pendenza nulla.

Un punto in cui si annulla la derivata prima si chiama *punto critico* o *stazionario* per f.

Osservazioni **1** Il teorema assume come ipotesi che il punto x_0 sia *interno* a D. È facile vedere che l'ipotesi è essenziale: se consideriamo la funzione $f(x) = x$ ristretta all'intervallo $[1,3]$, questa ha massimo locale in 3 e minimo locale in 1 ma in tali punti la derivata non è nulla.

2 La condizione che la f' si annulli in un punto interno è solo *necessaria, ma non sufficiente* perché il punto sia di massimo o di minimo. Si consideri infatti la funzione $f(x) = x^3$, ed un qualsiasi intervallo che contenga 0 come punto interno. In 0 f' si annulla, ma 0 non è un estremante, essendo f strettamente crescente su tutto l'intervallo.

3 Tornando al problema di determinare i punti di massimo e di minimo assoluti di una funzione in un intervallo chiuso e limitato, il teorema precedente ci consente di concludere che questi si troveranno tra:

- i punti *critici interni* all'intervallo, cioè le soluzioni dell'equazione $f'(x) = 0$ che cadono nell'intervallo;

Capitolo 18 • Perché il concetto di derivata è così importante in analisi?

147

- gli eventuali punti *di non derivabilità*;
- gli *estremi* dell'intervallo.

Poiché questi punti sono, in genere, in numero finito, il calcolo diretto della funzione per questi valori ci dirà qual è il punto di massimo assoluto, e quale di minimo.

18.3.2 Dal locale al globale. Il Teorema del valor medio

Enunciamo ora i teoremi di Rolle, di Lagrange e di Cauchy: questi, e le loro conseguenze, sono i risultati principali del calcolo differenziale. Le loro dimostrazioni si trovano in qualsiasi manuale.

Teorema 6 (di Rolle) *Se f è una funzione continua in* $[a; b]$ *e derivabile in* $]a; b[$, *e* $f(a) = f(b)$, *esiste almeno un punto* $x_0 \in]a; b[$ *tale che* $f'(x_0) = 0$.

Osservazioni e commenti   **1** Quando si legge l'enunciato del Teorema di Rolle, ci si chiede quasi sempre perché la funzione debba essere continua sull'intervallo chiuso e derivabile invece sull'intervallo aperto. L'enunciato è formulato in questo modo perché:

- il Teorema di Rolle è un raffinamento del Teorema di Weierstrass, che garantisce l'esistenza di punti di massimo e minimo nell'intervallo per funzioni *continue* su un intervallo *chiuso*;
- poiché si è alla ricerca di punti stazionari interni all'intervallo, non si è interessati alla derivabilità agli estremi; se si richiede come ipotesi la derivabilità sull'intervallo chiuso, l'enunciato rimane corretto, ma risulta applicabile in un minor numero di casi.

I controesempi che seguono mostrano che le ipotesi del teorema sono tutte essenziali.

- Controesempio per $f(a) \neq f(b)$

$$f : [0, 1] \to \mathbb{R}, \ x \mapsto x.$$

La funzione è continua su $[0, 1]$, derivabile su $]0, 1[$, $f(0) = 0 \neq f(1) = 1$; la sua derivata non si annulla in alcun punto dell'intervallo e sappiamo che ha punti di massimo e di minimo.

- Controesempio per f non continua su $[a, b]$.

$$f : [0, 1] \to \mathbb{R}, \ x \mapsto x - [x].$$

La funzione è derivabile in $]0, 1[$ e $f(0) = f(1) = 0$, ma non è continua in $[0, 1]$ (presenta un salto in 1); la derivata della funzione non si annulla in alcun punto dell'intervallo.

- Controesempio per f non derivabile in $]a, b[$.

$$f : [-1,1] \to \mathbb{R}, \ x \mapsto |x|.$$

La funzione è continua su $[-1,1]$, e $f(1) = 1 = f(-1)$, ma non è derivabile in $]-1,1[$ (presenta un punto angoloso in 0); la derivata della funzione dove esiste non è mai nulla.

2 La prima formulazione del teorema risale al 1691 ([Boyer, 2004, pag. 500]), e si deve a Michel Rolle, un geometra inizialmente molto critico verso il calcolo differenziale che considerava non ben fondato, a confronto della geometria. Rolle enunciò il teorema in un suo lavoro sugli zeri dei polinomi, rilevando che tra due zeri di polinomio cade sempre una radice del polinomio derivato. Ovviamente, la sua non era una derivata secondo l'analisi, ma piuttosto una derivata formale. È curioso notare come uno dei risultati principali dell'analisi si debba ad un matematico critico nei suoi confronti.

Un primo **corollario** di questo teorema è che se $f'(x) \neq 0$ per tutti i valori interni all'intervallo, allora f è iniettiva. Se infatti esistessero x_1 e x_2 interni all'intervallo per i quali $f(x_1) = f(x_2)$, esisterebbe, per il teorema di Rolle, un punto $x_0 \in]x_1; x_2[$ tale che $f'(x_0) = 0$, contro l'ipotesi fatta.

Dallo stesso teorema segue poi il:

Teorema 7 (del valor medio o di Lagrange) *Se f è una funzione continua in* $[a; b]$ *e derivabile in* $]a; b[$, *esiste un punto* $x_0 \in]a; b[$ *tale che*

$$f'(x_0) = \frac{f(b) - f(a)}{b - a}. \tag{18.10}$$

La dimostrazione si basa sulla costruzione di una funzione ausiliaria quale

$$F(x) = f(x) - f(a) - \frac{f(b) - f(a)}{b - a}(x - a).$$

Per la F valgono le ipotesi del teorema di Rolle 6 (verificate!), da cui, con pochi passaggi, segue la tesi.

Il significato geometrico dei due teoremi precedenti è semplice: in un punto interno all'intervallo la tangente al grafico è parallela alla secante passante per i due punti $A(a, f(a))$ e $B(b, f(b))$. In figura, il caso del teorema di Rolle (a), e del teorema di Lagrange (b). La denominazione *valor medio* si deve al fatto che nel punto x_0 la derivata assume un valore medio tra tutti i valori assunti: la pendenza della retta tangente in C è la *pendenza media costante* che consente di andare da A a B.

Il teorema di Cauchy, che non ha una altrettanto semplice interpretazione geometrica, si dimostra, come il teorema di Lagrange, introducendo un'opportuna funzione ausiliaria.

Capitolo 18 • Perché il concetto di derivata è così importante in analisi?

149

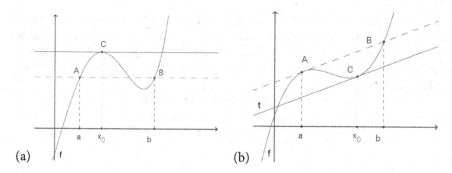

▲ **Figura 18.7**   Rappresentazioni dei teoremi di Rolle e di Lagrange

Teorema 8 (degli incrementi finiti o di Cauchy) *Se f e g sono funzioni continue in $[a;b]$ e derivabili in $]a;b[$, e $g'(x) \neq 0$ per ogni $x \in]a;b[$, esiste un punto $x_0 \in]a;b[$ tale che*

$$\frac{f'(x_0)}{g'(x_0)} = \frac{f(b) - f(a)}{g(b) - g(a)}. \tag{18.11}$$

Ma passiamo alle conseguenze del teorema di Lagrange sulle proprietà di monotonia.

Teorema 9 *Sia f una funzione con dominio D, derivabile in D con derivata identicamente nulla. Allora f è costante su ciascun intervallo contenuto in D.*

Dimostrazione.   Sia I un intervallo contenuto in D, e x_1, $x_2 \in I$, con $x_1 \neq x_2$. Dobbiamo provare che $f(x_1) = f(x_2)$, comunque essi siano scelti. Per il teorema del valor medio (7) applicato all'intervallo $[x_1, x_2]$, esiste un punto x_0 tale che

$$\frac{f(x_2) - f(x_1)}{x_2 - x_1} = f'(x_0)$$

Poiché x_0 è interno all'intervallo $[x_1, x_2]$ e quindi a D, si ha $f'(x_0) = 0$, da cui $f(x_1) = f(x_2)$.   □

Osservazioni e commenti   **1** Abbiamo dato la dimostrazione del teorema precedente perché è diffusa la tendenza ad ignorarne le ipotesi. Ripetiamo: il *teorema non garantisce la costanza della funzione su tutto D*, ma su ogni intervallo contenuto in D (per il teorema di Lagrange), e *le costanti possono essere diverse sui vari intervalli*. Alcuni esempi: la funzione *parte intera di x*: $[x]$, ristretta a $\mathbb{R} \setminus \mathbb{Z}$, ha derivata nulla sull'intero dominio, ma assume tutti i valori interi e non può certo definirsi costante; analogamente per altre funzioni, ad esempio $x/|x|$ e $\arctan(x) + \arctan(1/x)$.

2 Conseguenza immediata del teorema precedente è il fatto che, *se due funzioni hanno la stessa derivata su un intervallo, allora differiscono per una costante su quell'intervallo*.

3 Ancor più diffusa è la tendenza ad ignorare le ipotesi del teorema del punto precedente. Ad esempio, in molti testi si afferma che tutte le primitive della funzione $1/x$ differiscono per una costante, e quindi sono del tipo $\ln(|x|) + k$. L'affermazione è corretta solo se riferita ad uno tra i due intervalli $]-\infty, 0[, \ ]0, +\infty[$, ma *non all'intero dominio naturale*.

Volendo la soluzione più generale, dobbiamo considerare la funzione

$$f(x) = \begin{cases} \ln(-x) + k_1 & \text{se } x \in]-\infty, 0[\\ \ln(x) + k_2 & \text{se } x \in]0, +\infty[, \end{cases}$$

con k_1 e k_2 arbitrariamente scelte.

Analizziamo infine il:

Teorema 10 *Sia f una funzione continua in un intervallo $I = [a, b]$ e derivabile in $I' =]a, b[$. Allora f è* crescente (decrescente) *in I se e solo se $f(x) \geqslant 0$ (rispettivamente $f(x) \leqslant 0$) per ogni $x \in I'$.*

Dimostrazione. Sia dapprima f crescente. Abbiamo già osservato (18.6) che

$$\frac{f(x_1) - f(x_2)}{x_1 - x_2} \geqslant 0 \ \ \forall x_1, x_2 \in x_1 \neq x_2$$

e quindi, passando al limite per $x_2 \to x_1$, si conclude che $f'(x_1) \geqslant 0$, per il teorema della permanenza del segno. Da cui la tesi data l'arbitrarietà nella scelta di x_1.

Viceversa, se $f'(x) \geqslant 0$ in I', consideriamo $x_1, x_2 \in I$ e $x_1 < x_2$. Per il teorema del valor medio (7) si ha

$$\frac{f(x_2) - f(x_1)}{x_2 - x_1} = f'(x_0)$$

per un opportuno $x_0 \in]x_1, x_2[$.

Poiché $f'(x_0) \geqslant 0$, si conclude che $f(x_2) \geqslant f(x_1)$. Dimostrazione analoga nel caso che f sia decrescente. □

Osservazioni e commenti 1 Il teorema precedente può essere in parte migliorato: se $f'(x) > 0$ in I', allora f è *strettamente crescente* in I. Il risultato è immediato, se si analizza la seconda parte della dimostrazione: $f'(x_0) > 0$ implica $f(x_2) > f(x_1)$.
2 Non è invece migliorabile la prima parte: una funzione può essere strettamente crescente pur avendo qualche punto in cui si annulla la derivata, ad esempio $f(x) = x^3$, sempre strettamente crescente, ha derivata nulla in 0.

Capitolo 19
Esistono casi significativi in cui la ricerca di massimi e minimi può essere effettuata senza ricorrere all'Analisi Matematica?

Nella ricerca di massimi e minimi l'Analisi è certamente lo strumento principale. Fornisce sia teoremi generali di esistenza di punti estremanti (in particolare il *teorema di Weierstrass* per funzioni continue in una o più variabili), sia metodi sistematici di ricerca.

Tuttavia si danno ambiti in cui la ricerca avviene con altri metodi. Si tratta in genere di ambiti dalle caratteristiche geometriche o discrete, quali ad esempio la programmazione lineare o la teoria dei giochi. Però non vogliamo porre l'attenzione su questi temi, ampiamente trattati in testi a loro dedicati. Piuttosto vogliamo mettere in evidenza che non sempre l'Analisi è lo strumento *migliore* per risolvere problemi di massimo e minimo, né è uno strumento universale. Si danno molte situazioni in cui altri metodi portano al risultato in maniera più elegante e comprensibile. Niven, in [Niven, 1981, pag. x], scrive:

> Ci sono molti problemi che sono ardui, se non impossibili, per il Calcolo elementare. Si consideri ad esempio la domanda posta nei testi di Calcolo di trovare, tra i rettangoli di dato perimetro, quello di area massima. La domanda più generale di trovare il *quadrilatero* di area massima tra quelli di dato perimetro *non si adatta bene* al calcolo elementare.

Qui ci limitiamo ad esporre alcuni risultati *algebrici* che consentono di affrontare molti tra i problemi 'classici' proposti nei manuali scolastici. Si tratta di risultati strettamente legati a uguaglianze o disuguaglianze algebriche.

Chi è interessato a tecniche geometriche per la soluzione di problemi di massimo o minimo può utilmente consultare [Dedò, 1962, pag. 178 ss] e, naturalmente, [Niven, 1981].

19.1 Massimi e minimi senza Analisi Matematica

19.1.1 Massimo o minimo di una funzione quadratica

Un primo risultato è il seguente: *Sia a un numero positivo e* $y = ax^2 + bx + c$; *la funzione ha minimo per* $x = -b/2a$, *e tale minimo vale* $y = -\frac{b^2 - 4ac}{4a}$.

Il risultato è immediato se considera la nota uguaglianza

$$y = ax^2 + bx + c = a\left[\left(x + \frac{b}{2a}\right)^2 - \frac{b^2 - 4ac}{4a^2}\right].$$

Villani V., Bernardi C., Zoccante S., Porcaro R.: Non solo calcoli. Domande e risposte sui perché della matematica
DOI 10.1007/978-88-470-2610-0_19, © Springer-Verlag Italia 2012

Infatti, il quadrato è minimo quando si annulla, ossia quando $x = -\frac{b}{2a}$; in tal caso il valore $y = -\frac{b^2-4ac}{4a}$ sarà il minimo della funzione. Se invece si assume $a < 0$, quel valore sarà il massimo.

19.1.2 Somme e prodotti di due numeri

Il risultato 19.1.1 porta con sè alcuni corollari:

a) *Il minimo di $x^2 - kx$ è $-k^2/4$, e si ha quando $x = k/2$.*
E quindi, il massimo di $kx - x^2 = -(x^2 - kx)$ è $k^2/4$, e si ha sempre per $x = k/2$.

b) *Se due numeri x e y hanno somma costante $x + y = k$, allora il loro prodotto xy è massimo quando sono uguali, ossia $x = y = k/2$.*
Infatti, poiché $y = k - x$, $xy = x(k - x) = kx - x^2$, e il risultato segue da **a)**.

c) *Se due numeri positivi x e y hanno prodotto costante $xy = k$, allora la loro somma $x + y$ è minima quando sono uguali, ossia $x = y = \sqrt{k}$.*
Questo risultato segue dall'identità

$$x + y = x + k/x = (\sqrt{x} - \sqrt{k/x})^2 + 2\sqrt{k},$$

quando si osservi che l'ultima espressione è minima se il quadrato è nullo.

Un interessante approccio alternativo parte dalla formula

$$(x + y)^2 - (x - y)^2 = 4xy$$

e fissa l'attenzione su uno dei termini dell'espressione.

Ad esempio, se si assume la somma $x + y$ costante, è immediato dedurre che il prodotto xy è massimo quando la differenza è nulla, e quindi quando $x = y$ (caso **b**).

Se invece si assume il prodotto xy costante, allora la somma $x + y$ è minima quando anche la differenza $x - y$ è minima (in valore assoluto), e quindi quando $x = y$ (caso **c**).

Alcuni problemi

Ecco alcuni classici problemi scolastici di massimo o di minimo. Il lettore è invitato a confrontare il percorso risolutivo proposto con il percorso che fa uso dell'analisi matematica.

1 *Si determini tra i rettangoli di perimetro assegnato quello di area massima.* La somma dei lati è costante: in base a **b)** è il quadrato.

2 *Si determini tra i rettangoli di area data quello di perimetro minimo.* Il prodotto è costante: in base a **c)** è il quadrato.

3 *Si determini tra i triangoli di base e perimetro assegnati quello di area massima.* Indichiamo con b la base, con a e c gli altri lati. L'area è data dalla formula di Erone:

$$A = \sqrt{p(p - a)(p - b)(p - c)},$$

dove, al solito, p indica il semiperimetro, costante nel nostro caso. Per **c)**, il prodotto $(p-a)(p-c)$ è massimo quando $a = c$; quindi il triangolo di area massima è il triangolo isoscele.

4 *Si determini tra i triangoli quello di area massima, noti la somma di due lati a e b e l'angolo γ compreso.* L'area del triangolo è data da

$$A = \frac{1}{2}ab \sin \gamma.$$

La somma dei lati è costante: in base a **b)** il prodotto ab è massimo quando $a = b$. Il triangolo di area massima è isoscele.

5 *Si determini tra i parallelogrammi di lati assegnati quello di area massima.* Indicati con a e b i lati noti, e con γ l'angolo compreso tra i due lati, l'area del parallelogramma è data da

$$A = ab \sin \gamma.$$

Il prodotto dei lati è costante: l'area è massima per $\sin \gamma = 1$, cioè quando il parallelogramma è rettangolo.

Osservazione   Come già detto, molti problemi di questo tipo possono essere affrontati anche con metodi geometrici. Si consideri ad esempio il problema 3. I triangoli che soddisfano le condizioni, una volta fissata la base, con il loro terzo vertice C generano un'ellisse (Fig. 19.1); è allora immediato dedurre che il triangolo è di area massima quando ha massima altezza, e quindi quando è isoscele.

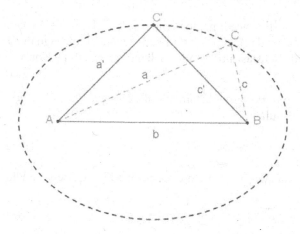

◄ **Figura 19.1** Triangoli isoperimetrici di base assegnata

19.1.3 Generalizzazioni e disuguaglianze

I risultati **b)** e **c)** del punto precedente possono essere generalizzati ad n numeri.

b') *Il prodotto di n numeri reali positivi $x_1 x_2 ... x_n$ di somma assegnata è massimo quando tutti i numeri sono uguali tra loro.* Diamo due dimostrazioni di **b')**.

Dimostrazione (I).   Siano x_1 e x_2 due numeri diversi. Sostituiamo ciascuno dei due con la loro media aritmetica. Con ciò, la somma resta invariata, mentre il prodotto aumenta. Infatti $\left(\frac{x_1+x_2}{2}\right)^2 > x_1 x_2$. Ripetendo il procedimento finché ci sono numeri diversi, troveremo sempre un prodotto maggiore del precedente. Quindi, *se esiste il massimo*, questo si avrà nel caso del prodotto di numeri tutti uguali.   □

Osservazione importante   Questa dimostrazione è molto semplice, ma non può essere considerata come elementare: infatti l'ipotesi che il prodotto abbia massimo deve essere provata, ad esempio mediante il già citato *teorema di Weierstrass* per funzioni di n variabili, che non può essere considerato un risultato elementare. Tale situazione si presenta in diversi contesti: è possibile trovare una procedura non analitica per trovare un massimo o un minimo, *una volta che si assuma che tale massimo o minimo esista.*

Ecco invece una dimostrazione che non fa uso dell'analisi.

Dimostrazione (II).   Sia A la media aritmetica degli n numeri, per cui la loro somma è nA. Si tratta di provare che il prodotto è massimo quando tutti i numeri sono uguali ad A. Se così non è, consideriamo il minimo x_1 e il massimo x_2 tra i numeri: risulta necessariamente $x_1 < A < x_2$. Sostituiamo questi due numeri con A e $x_1 + x_2 - A$. Con ciò, la somma resta invariata, mentre il prodotto aumenta. Infatti:

$$A(x_1 + x_2 - A) = A(x_2 - A) + Ax_1 - x_1 x_2 + x_1 x_2 = (A - x_1)(x_2 - A) + x_1 x_2 > x_1 x_2,$$

poiché $(A - x_1)(x_2 - A) > 0$. Il procedimento viene ripetuto al più $n - 1$ volte, finché si trovano numeri diversi da A. Il prodotto finale, di fattori tutti uguali ad A, risulta quindi maggiore di qualsiasi altro prodotto di numeri aventi per somma nA.   □

Il risultato appena provato porta immediatamente alla *Disuguaglianza aritmetico-geometrica.* Infatti la formula

$$x_1 x_2 \ldots x_n \leqslant A^n \tag{19.1}$$

può essere riscritta, passando alle radici n-sime e ricordando che A è la media aritmetica, come

$$\sqrt[n]{x_1 x_2 \ldots x_n} \leqslant \frac{x_1 + x_2 + \ldots + x_n}{n}. \tag{19.2}$$

c') *La somma di n numeri reali positivi di prodotto assegnato è minima quando tutti i numeri sono uguali.*

Rinviamo a [Niven, 1981, pag. 23 ss] per la dimostrazione di questo risultato.

Un'ulteriore generalizzazione, conseguenza diretta della disuguaglianza aritmetico-geometrica, è fornita dal seguente teorema:

Se n funzioni positive hanno somma costante, allora il loro prodotto è massimo quando le funzioni sono uguali. E se hanno prodotto costante, allora la loro somma è minima quando esse sono uguali.

Un esempio [Niven, 1981, pag. 28] mostra come utilizzare i risultati precedenti.

Si trovi il minimo della funzione $r^4 + s^4 + 2t^2$ su tutti i numeri positivi r, s, t che soddisfano la condizione rst = 81.

Poiché i termini r^4, s^4, $2t^2$ non hanno prodotto costante, possiamo riscrivere la funzione come

$$r^4 + s^4 + t^2 + t^2;$$

ora risulta $r^4 s^4 t^2 t^2 = r^4 s^4 t^4 = 81^4$.

Possiamo quindi minimizzare la somma precedente se si possono rendere uguali i suoi addendi, ossia se possiamo risolvere nell'insieme dei positivi le equazioni

$$r^4 = s^4 = t^2 \text{ e } rst = 81.$$

Questo porta a $r^2 = s^2 = t$ e quindi a $s = r$, per cui $rst = 81$ diventa $r^4 = 81$, ed infine si ha $r = 3$, $s = 3$, $t = 9$, e il minimo valore di $r^4 + s^4 + 2t^2$ è 324.

19.1.4 Due applicazioni notevoli

Completiamo questa sezione con due applicazioni geometriche. Cominciamo con un ben noto risultato sui triangoli.

6 *Tra tutti i triangoli di perimetro assegnato si determini quello di area massima.*

Useremo l'approccio già visto nel problema 3 precedente. Indicati con a, b e c i tre lati, risulta costante il semiperimetro $p = \frac{a+b+c}{2}$. L'area è data dalla formula di Erone

$$A = \sqrt{p(p-a)(p-b)(p-c)}.$$

Trascurando la costante p, si tratta perciò di determinare il massimo del prodotto $(p-a)(p-b)(p-c)$. Si osservi che la somma dei tre fattori è costante:

$$(p-a) + (p-b) + (p-c) = 3p - (a+b+c) = p.$$

Pertanto, per **b')** il prodotto è massimo quando i tre fattori sono uguali. Quindi il triangolo di area massima è l'equilatero.

Ed ora, il problema iniziale posto da Niven.

7 *Tra tutti i quadrilateri di perimetro assegnato si determini quello di area massima.*

Affrontiamo il problema a tappe.

- Possiamo limitare la nostra analisi a quadrilateri convessi. Se infatti il quadrilatero non lo fosse, possiamo sempre sostituire il quadrilatero $ABCD$ con uno convesso $ABCD'$ avente lo stesso perimetro, come in Fig. 19.2.

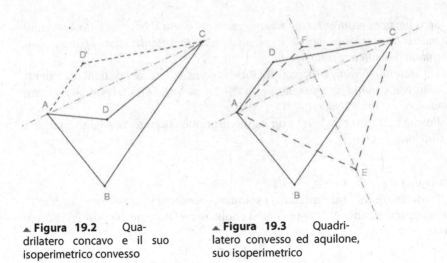

▲Figura 19.2 Qua-
drilatero concavo e il suo
isoperimetrico convesso

▲Figura 19.3 Quadri-
latero convesso ed aquilone,
suo isoperimetrico

- Consideriamo ora una diagonale qualsiasi del quadrilatero convesso $ABCD$
  (Fig. 19.3), ad esempio AC. Questa divide il quadrilatero in due triangoli, ABC
  e ACD di base assegnata AC e con somma dei lati assegnata. Per il problema 3, il triangolo ABC ha area minore del suo isoperimetrico isoscele AEC, e
  analogamente ACD ha area minore di ACF.
  Quindi, il quadrilatero $AECF$ è isoperimetrico ad $ABCD$, ma la sua area è
  maggiore.
- Il quadrilatero $AECF$ (Fig. 19.4) è diviso in due triangoli congruenti dall'altra diagonale EF. Ancora per il problema 3, il triangolo EFA ha area minore
  del suo isoperimetrico isoscele EFG, ed analogamente ECF ha area minore
  di EHF. Quindi, il quadrilatero $EHFG$ è isoperimetrico ad $AECF$, ma la sua
  area è maggiore. Inoltre, è un rombo, poiché i due triangoli EFA e ECF sono
  congruenti e lo sono di conseguenza anche i triangoli EFG e EHF.

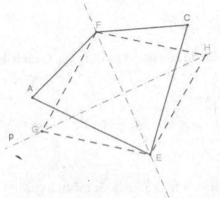

◀ Figura 19.4 Aquilone e il rombo suo
isoperimetrico

- Il rombo è un parallelogramma. In base al problema 5, tra tutti i parallelogrammi che hanno lati assegnati, il rettangolo è quello di area massima. Ma in questo caso il rettangolo è anche quadrato, poiché il rombo ha i lati congruenti. La dimostrazione è quindi conclusa.

Capitolo 20
È meglio introdurre prima l'integrale definito o quello indefinito? E perché l'operazione di integrazione è tanto più difficile di quella di derivazione?

Le domande sono in realtà due. La prima è dovuta probabilmente alla consuetudine di molti manuali scolastici di far precedere la trattazione dell'integrale indefinito a quella dell'integrale definito. La seconda invece pone in rilievo l'evidente diverso livello di difficoltà di calcolo nei due casi. Affrontiamo il primo punto.

20.1 Integrale definito e integrale indefinito

I due concetti hanno origine ben diversa, e notiamo che aver dato loro nomi simili non serve certamente a fare chiarezza.

L'integrale definito risolve il problema del calcolo delle aree e dei volumi, e la sua origine può farsi risalire alla matematica antica. Euclide descrive e utilizza nei suoi Elementi il metodo di *esaustione*. La fortuna di questo metodo si deve però ad Archimede, che lo perfeziona e lo utilizza per determinare risultati sulla parabola, sul cerchio e su sfera, cono e cilindro nei suoi lavori *Quadratura della parabola*, *Misura del cerchio*, *Sulla sfera e sul cilindro*. Per l'importanza che nel Rinascimento assunse l'opera di Archimede, proponiamo, semplificato, il suo percorso per il calcolo dell'area del segmento parabolico [Barozzi, 1998, pagg. 374-5].

20.1.1 L'area del segmento parabolico

Con riferimento alla Fig. 20.1a, Archimede dimostra che l'area del segmento parabolico, delimitato dalla secante a e dall'arco di parabola $A'B'$, è 2/3 dell'area del parallelogramma $A'B'B''A''$ circoscritto al segmento parabolico stesso, e che è delimitato dalla retta a e dalla sua parallela b, tangente alla curva in C'.

Ora, è facile provare sinteticamente o analiticamente che, considerati A e B, proiezioni di A' e B' su una retta ortogonale all'asse della parabola, C' è la proiezione sulla parabola di C, punto medio del segmento AB. Si può quindi determinare l'area A_1 del triangolo $A'B'C'$, che è la metà dell'area del parallelogramma circoscritto. Infatti, considerato $A'B'C'$ come unione dei due triangoli $A'C'H$ e $B'C'H$, che hanno base comune $C'H$ ed uguale altezza pari a $AB/2$, risulta $A_1 = C'H \cdot AB/2$.

Per *riempire* meglio il segmento parabolico, e quindi migliorarne la stima dell'area, consideriamo poi i due segmenti parabolici $A'C'$ e CB'. Su ciascuno di essi possiamo ripetere la costruzione dei triangoli inscritti, ottenendo i due triangoli $A'D'C'$ e $C'E'B'$ (Fig. 20.1b).

Villani V., Bernardi C., Zoccante S., Porcaro R.: Non solo calcoli. Domande e risposte sui perché della matematica
DOI 10.1007/978-88-470-2610-0_20, © Springer-Verlag Italia 2012

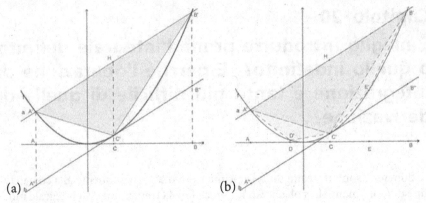

▲ **Figura 20.1**   Segmento parabolico

È facile provare che l'area di ciascun triangolo è 1/8 del triangolo $A'B'C'$. Così otteniamo che A_2, somma delle aree dei due triangoli risulta essere pari a $1/4A_1$.

Ripetendo ancora la costruzione per ciascuno dei nuovi segmenti parabolici così ottenuti, il cui numero raddoppia ad ogni passaggio, troviamo $A_3 = 1/4A_2$, $A_4 = 1/4A_3$, e così via tutti gli altri valori.

Come il lettore avrà già osservato, indicata con A_S l'area del segmento parabolico, A_S risulta il limite delle somme $A_1 + A_2 + A_3 + \dots$.

Ma le relazioni tra A_i ed A_{i+1} mostrano che (A_i) è una successione geometrica, così si può scrivere

$$A_S = A_1 + \frac{1}{4}A_1 + \left(\frac{1}{4}\right)^2 A_1 + \left(\frac{1}{4}\right)^3 A_1 + \dots =$$
$$= A_1\left[1 + \frac{1}{4} + \left(\frac{1}{4}\right)^2 + \left(\frac{1}{4}\right)^3 + \dots\right] =$$
$$= A_1\left[1 + \frac{1}{1-\frac{1}{4}}\right] = \frac{4}{3}A_1.$$

Da questo scende immediatamente l'enunciato di Archimede, poiché l'area del parallelogramma circoscritto è il doppio di A_1.

Il metodo di esaustione, che gli antichi attribuiscono ad Eudosso di Cnido (IV secolo a.C.), consiste quindi nel *riempire* la figura di cui si vuole calcolare l'area con poligoni - usualmente triangoli - di area nota (se si vuole calcolare il volume il procedimento è perfettamente analogo, ad esempio sostituendo i triangoli con parallelepipedi di volume noto). Si giunge così ad una determinazione dell'area della figura. Infine, una dimostrazione per assurdo certifica che l'area non può essere che quella trovata.

Lo stesso metodo si può applicare a molte figure, ma per ognuna bisogna trovare il *giusto* poligono da utilizzare nel riempimento, e la determinazione del poligono richiede una conoscenza approfondita delle proprietà geometriche della figura. Per questo motivo tra i matematici del Rinascimento, in seguito alla riscoperta delle opere dei classici, si diffuse l'idea che Archimede utilizzasse un suo

Capitolo 20 • È meglio introdurre prima l'integrale definito o quello indefinito?

161

personale metodo che gli consentiva di ottenere dei risultati preliminari - idea in seguito confermata da quanto descritto nel già citato *Metodo*.

Per superare questa limitazione i matematici del XVII secolo, tra i quali Keplero, Cavalieri, Torricelli, Fermat, tentarono di trovare dei loro metodi sufficientemente *universali*. Tra questi merita particolare rilievo il *metodo degli indivisibili*, che ebbe una larga diffusione nel continente e che è considerato il vero precursore del calcolo integrale. Non ci soffermiamo su questo; presentiamo però un risultato di Fermat (1636 e anni successivi), che permette di quadrare una curva di ordine n, che lui chiamava *parabole generali*, se $n > 0$ o *iperboli generali* se $n < 0$.

20.1.2 L'area sottesa ad una curva di ordine n

Consideriamo la curva di equazione $y = x^n$ (Fermat considera $n \neq -1$ numero razionale; la generalizzazione a n reale si deve a John Wallis, che la espose nel 1656 in *Arithmetica infinitorum*). Vogliamo determinare l'area A_S sottesa all'arco di curva nell'intervallo $[0,1]$. Per ottenere una prima approssimazione di A_S, suddividiamo l'intervallo $[0,1]$ mediante una successione *geometrica* di punti a, a^2, a^3,..., di ragione $a < 1$ (Fig. 20.2).

Se costruiamo i rettangoli inscritti di base gli intervalli $[a^i, a^{i+1}]$, un'approssimazione di A_S è data dalla somma delle loro aree:

$$(1-a)a^n + (a - a^2)(a^2)^n + (a^2 - a^3)(a^3)^n + ... =$$

$$(1-a)(a^n + a^{2n+1} + a^{3n+2} + ...) =$$

$$\tfrac{1-a}{a}(a^{n+1} + a^{2(n+1)} + a^{3(n+1)} + ...).$$

Come si nota, siamo in presenza di una serie geometrica di ragione a^{n+1}, la cui somma vale

$$\frac{1-a}{a}\frac{a^{n+1}}{1-a^{n+1}} = a^n\frac{1-a}{1-a^{n+1}}.$$

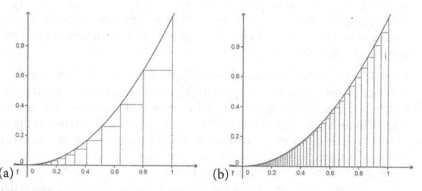

(a)   (b)

▲ **Figura 20.2** La suddivisione di Fermat: (a) per $a = 0,8$, (b) per $a = 0,95$

Se ora vogliamo migliorare la stima dell'area A_S, ci basta considerare che

$$a^n \frac{1-a}{1-a^{n+1}} = \frac{a^n(1-a)}{(1-a)(1+a+a^2+\ldots+a^n)} = \frac{a^n}{1+a+a^2+\ldots+a^n}$$

e quindi passare al limite per a tendente a 1. Otteniamo così infine

$$A_S = \frac{1}{1+n}.$$

Fermat ottiene un risultato notevole, in quanto con un metodo unico riesce a quadrare un'intera classe di funzioni. Nel procedimento seguito riconosciamo alcuni punti che poi saranno alla base delle definizioni successive. Primo punto, il riempimento è fatto con rettangoli, indipendentemente dalle singole curve. Secondo punto, scelta vincente in questo caso, la suddivisione dell'intervallo $[0, 1]$ non avviene per punti equidistanziati: la condizione importante è che si possano "infittire" arbitrariamente, come in Fig. 20.2b: e qui riconosciamo un passaggio che sarà fondamentale nella definizione di Cauchy.

Osservazioni 1 Notiamo che il plurirettangolo inscritto - ossia il poligono formato dall'unione dei rettangoli compresi tra l'asse delle ascisse ed il grafico della funzione - consente di ottenere approssimazioni per difetto dell'area A_S, e che il limite in questo caso consente di determinare l'*estremo superiore* di tali approssimazioni. Avremmo ottenuto lo stesso risultato considerando approssimazioni per eccesso con il plurirettangolo circoscritto; in tal caso il limite ne avrebbe determinato l'*estremo inferiore*.

2 Osservando la Fig. 20.2b, si può capire perché Leibniz, già nell'ottobre 1675, abbia introdotto le notazioni ancora oggi in uso per gli integrali [Rosenthal, 1951]. Leibniz, seguendo la teoria degli indivisibili, intende l'area come la *somma di tutte le linee* - che abbrevia come *omn.l.* E nota:

Sarà utile scrivere $\int$ invece di *omn.*, e quindi $\int l$ invece di *omn.l*, cioè la somma di tutte le l.

Quindi $\int$ deriva dalla prima lettera della parola *Summa*. La notazione dx, dy/dx e, per gli integrali, la notazione odierna $\int l\, dx$ risale a poche settimane dopo, al novembre 1675. Questo mostra quanta importanza Leibniz desse alla scelta delle notazioni matematiche.

Quando nei lavori di quegli anni i matematici affrontarono i problemi già citati delle velocità e delle tangenti, si accorsero abbastanza rapidamente che il problema dell'integrazione era connesso al problema della derivazione. Ad esempio, Torricelli, in un manoscritto lasciato alla sua morte nel 1647, ottenne la funzione $s(t)$ dello spazio percorso da un punto mobile mediante l'integrazione della funzione velocità $v(t)$, mentre per la costruzione della tangente alla curva $s(t)$ ricorreva alla determinazione della velocità $v(t)$.

La chiara percezione che il problema dell'integrazione e il problema della derivazione potessero essere l'uno l'inverso dell'altro, e che pertanto la determinazione

Capitolo 20 • È meglio introdurre prima l'integrale definito o quello indefinito?

163

di una funzione di cui è nota la funzione derivata, portasse anche alla soluzione del problema delle aree, e viceversa, si trova per la prima volta nel 1670 in *Lectiones geometricae* di Isaac Barrow[1].

La scoperta del legame tra primitiva e integrale portò subito ad una semplificazione del calcolo delle aree, in quanto per molte funzioni il calcolo della primitiva è immediato. Inoltre, poiché molte relazioni tra grandezze fisiche e geometriche potevano essere espresse in forma differenziale, il calcolo delle primitive risultò necessariamente prioritario. Fu per questo motivo che l'integrazione indefinita prese un'importanza maggiore rispetto a quella definita, e per tutto il Settecento il calcolo delle aree si ridusse al calcolo delle primitive: l'integrazione (il termine si deve a Johann Bernoulli) era intesa come l'inverso della derivazione, ed era quest'ultima l'operazione veramente importante[2].

Tuttavia rimanevano ancora dei punti non risolti. Ad esempio si dava per scontato che tutte le funzioni utilizzate allora avessero una primitiva, e però erano poche le classi di funzioni di cui si riusciva a calcolare una primitiva in forma esplicita, mediante funzioni elementari.

Si deve ancora una volta a Cauchy la revisione e la conseguente rivalutazione del concetto di integrale definito. Cauchy espose la sua teoria dell'integrazione nel suo *Résumé*[3], comparso nel 1823. Egli ritenne necessario *dimostrare* l'esistenza dell'integrale indefinito, e di conseguenza della primitiva, prima di poterlo usare. Ciò lo portò a definire dapprima l'integrale definito per una funzione continua f come limite di una somma, e poi la funzione integrale F, e infine a provare che F è una primitiva di f.

Ricordiamo però che nello stesso periodo il concetto di funzione subì una profonda revisione e una generalizzazione (cfr. 14.2), per cui si pose il problema di determinare quali fossero le funzioni integrabili. Il problema fu affrontato da Riemann, i cui lavori portarono infine ad un'estensione della teoria di Cauchy che è quella attualmente usata nei testi scolastici di riferimento.

Vediamo alcuni punti in dettaglio, nella versione di Darboux [Barozzi, 1998, pag. 316 ss], [Giusti, 2002, pag. 307 ss].

20.1.3 L'integrale di Riemann

Il primo passo sta nella definizione e determinazione dell'integrale per funzioni particolarmente semplici: le funzioni costanti a tratti in un intervallo $[a, b]$.

Consideriamo una *scomposizione* (o *suddivisione*) σ di $[a, b]$ tramite i punti $a = x_0 < x_1 < ... x_n = b$ in sottointervalli aperti $I_k =]x_{k-1}, x_k[$.

---

[1] Per questo motivo il teorema fondamentale dell'analisi spesso è citato come *Teorema di Torricelli-Barrow*.

[2] Va osservato che effettivamente la grande novità rispetto alla matematica antica era il calcolo differenziale.

[3] *Résumé des leçons donnés à l'École polytechnique sur le calcul infinitésimal.*

Definizione 18 *Una funzione f che assuma valore costante λ_1 in I_1, λ_2 in I_2, ..., λ_n in I_n, e che negli estremi di tali intervalli assuma valori ad arbitrio, è una funzione costante a tratti in $[a, b]$.*

Conviene ampliare tale funzione su tutto $\mathbb{R}$ ponendola uguale a 0 fuori dell'intervallo $[a, b]$. In tal modo, può essere descritta in forma compatta usando le funzioni caratteristiche degli intervalli I_k: $\chi_k(x) = 1$ se $x \in I_k$, e 0 altrimenti.

Così risulta, ignorando i punti estremi dei sottointervalli, fatto ininfluente nella definizione di integrale, come vedremo:

$$f(x) = \lambda_1\chi_1(x) + \lambda_2\chi_2(x)...\lambda_n\chi_n(x) = \sum_{k=1}^{n}\lambda_k\chi_k(x).$$

In Fig. 20.3, il grafico di una funzione costante a tratti: l'aliquota IRPEF.

Questa è così definita (dal 2007 al 2011, almeno):

- il 23% fino a 15.000 euro;
- il 27% oltre 15.000 euro e fino a 28.000 euro;
- il 38% oltre 28.000 euro e fino a 55.000 euro;
- il 41% oltre 55.000 euro e fino a 75.000 euro;
- il 43% oltre 75.000 euro.

In questo caso, le specifiche della funzione portano ad intervalli semiaperti a sinistra.

Per le funzioni costanti a tratti si definisce facilmente il relativo integrale.

Definizione 19 *L'integrale della funzione f sopra definita nell'intervallo $[a, b]$ è il numero*

$$\int_a^b f(x)\mathrm{d}x = \sum_{k=1}^{n}\lambda_k(x_k - x_{k-1}). \qquad (20.1)$$

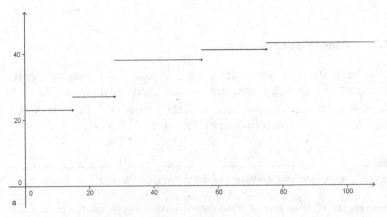

▲ **Figura 20.3**   Aliquota IRPEF relativa al 2010

Capitolo 20 • È meglio introdurre prima l'integrale definito o quello indefinito?

165

Esempio Si voglia calcolare l'imposta IRPEF dovuta per 50000 euro di reddito dichiarato, al netto delle deduzioni dovute. Si tratta di calcolare l'integrale dell'aliquota IRPEF nell'intervallo $[0, 50000]$:

$$\int_0^{50000} f(x)\mathrm{d}x = \frac{23}{100}15000 + \frac{27}{100}(28000 - 15000) + \frac{38}{100}(50000 - 28000) = 15320.$$

Osservazioni **1** Dal punto di vista geometrico, l'integrale è la somma algebrica delle aree dei rettangoli individuati dalla funzione f, con la convenzione di valutare *positive* o *negative* tali aree a seconda che i rettangoli siano *sopra* o *sotto* l'asse delle ascisse. Da questo punto di vista, le funzioni costanti a tratti sono la generalizzazione dei plurirettangoli, utilizzati negli esempi precedenti.

2 Dall'analisi della definizione di integrale, risulta del tutto indifferente l'aver usato nella definizione (20.1.3) gli intervalli aperti. Avremmo potuto utilizzare intervalli semiaperti a destra o a sinistra, o intervalli chiusi, e l'integrale avrebbe assunto lo stesso valore.

3 La variabile che compare nella definizione di integrale è detta *variabile di integrazione*. Il valore dell'integrale è un numero: non dipende da quale lettera si voglia usare per indicare tale variabile.   Variabili di tale genere sono dette *mute*.

Dalla definizione segue immediatamente questo primo risultato:

Teorema 11 *Sia f una funzione costante a tratti in $[a, b]$ e $c \in R$.*
Risulta

$$\int_a^b cf(x)\mathrm{d}x = c \int_a^b f(x)\mathrm{d}x. \tag{20.2}$$

Una caratteristica semplice ma interessante di queste funzioni sta nel fatto che, se da una scomposizione σ si passa ad una scomposizione *più fine*, in cui uno o più intervalli sono a loro volta scomposti in sottointervalli, le funzioni non cambiano, come non cambiano i loro integrali.

Pertanto, date due funzioni f e g costanti a tratti, possiamo sempre considerarle come definite sugli stessi intervalli, raffinando eventualmente la scomposizione:

$$f(x) = \sum_{k=1}^n \lambda_k \chi_k(x); \quad g(x) = \sum_{k=1}^n \mu_k \chi_k(x).$$

Da ciò derivano immediatamente i seguenti risultati:

Teorema 12 *Siano f e g due funzioni costanti a tratti nell'intervallo $[a, b]$.*
Risulta

$$\int_a^b [f(x) + g(x)]\mathrm{d}x = \int_a^b f(x)\mathrm{d}x + \int_a^b g(x)\mathrm{d}x. \tag{20.3}$$

Dimostrazione. Infatti si ha:

$$\int_a^b [f(x) + g(x)]\mathrm{d}x = \sum_{k=1}^n [\lambda_k + \mu_k](x_k - x_{k-1}) =$$

$$\sum_{k=1}^n \lambda_k(x_k - x_{k-1}) + \sum_{k=1}^n \mu_k(x_k - x_{k-1})) = \int_a^b f(x)\mathrm{d}x + \int_a^b g(x)\mathrm{d}x.$$

□

I due teoremi precedenti garantiscono la *linearità dell'integrale* rispetto al suo argomento. E similmente si ha:

Teorema 13 (additività sugli intervalli)   *Sia f una funzione costante a tratti nell'intervallo* $[a, b]$, *e sia* $c \in]a, b[$.
   Risulta

$$\int_a^c f(x)\mathrm{d}x + \int_c^b f(x)\mathrm{d}x = \int_a^b f(x)\mathrm{d}x. \tag{20.4}$$

Come il lettore avrà osservato, i tre teoremi precedenti, che saranno successivamente dimostrati per funzioni più generali, enunciano i risultati principali del calcolo integrale. Ma veniamo alla definizione per classi di funzioni più ampie.
   L'idea guida è di approssimare per difetto e per eccesso una generica funzione mediante funzioni costanti a tratti. Le approssimazioni saranno tanto migliori quanto più suddivideremo gli intervalli della scomposizione in intervalli via via più piccoli.
   Sia data allora una funzione f definita nell'intervallo $[a, b]$ e *limitata*. Considerata una qualsiasi scomposizione σ dell'intervallo di base, calcoliamo gli estremi inferiori e superiori di f in ognuno degli intervalli I_k determinati da σ: siano

$$e_k := \inf\{ f(x) \mid x \in I_k \}$$

e

$$E_k := \sup\{ f(x) \mid x \in I_k \}.$$

Costruiamo ora le due funzioni costanti a tratti:

$$h(x) := \sum_{k=1}^n e_k \chi_k(x); \quad g(x) := \sum_{k=1}^n E_k \chi_k(x).$$

Si osserva subito che

- h è una *minorante* di g (ossia h è una funzione tale che per ogni $x \in [a, b]$ risulta $h(x) \leqslant g(x)$), e quindi che $\int_a^b h(x)\mathrm{d}x \leqslant \int_a^b g(x)\mathrm{d}x$;
- h è una *minorante* di f;
- e infine g è una *maggiorante* di f (ossia tale che per ogni $x \in [a, b]$ risulta $g(x) \geqslant f(x)$).

Capitolo 20 • È meglio introdurre prima l'integrale definito o quello indefinito?

167

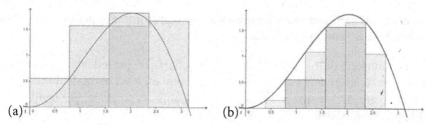

(a) (b)

▲ **Figura 20.4**   Somme inferiori e superiori

Indichiamo con s_σ l'integrale di h, che è usualmente chiamato *somma inferiore* di f relativo a σ, e con S_σ l'integrale di g, detto *somma superiore*.

Notiamo esplicitamente che, per costruzione, questi due valori dipendono *esclusivamente* dalla funzione f e dalla scomposizione σ (si veda la Fig. 20.4a).

Ora, quando si passa da una scomposizione σ ad una scomposizione σ_1 *più fine*, è immediato osservare che (in Fig. 20.4 b è rappresentato il caso delle somme inferiori):

$$s_\sigma \leqslant s_{\sigma_1} \leqslant S_{\sigma_1} \leqslant S_\sigma; \tag{20.5}$$

e che, in generale, ogni somma inferiore è minore o uguale ad ogni somma superiore.

Ne deriva che, indicati con Σ^- l'insieme delle somme inferiori e con Σ^+ l'insieme delle somme superiori,

$$\sup\{\Sigma^-\} \leqslant \inf\{\Sigma^+\}. \tag{20.6}$$

In altri termini, gli insiemi Σ^- e Σ^+ sono *separati*.

Si danno ora due casi: o nella disuguaglianza precedente vale il segno =, e allora Σ^- e Σ^+, oltre che separati, sono *contigui*, oppure no.

Ciò suggerisce la seguente:

Definizione 20   *Sia f una funzione definita nell'intervallo $[a, b]$ e limitata; f è* integrabile secondo Riemann *(o brevemente* R-integrabile*) su $[a, b]$ se*

$$\sup\{\Sigma^-\} = \inf\{\Sigma^+\} = \alpha.$$

In tal caso, si pone

$$\int_a^b f(x)\mathrm{d}x = \alpha. \tag{20.7}$$

Esempi   1 Le funzioni potenza sono integrabili: le somme inferiori e superiori possono essere calcolate ad esempio con il metodo di Fermat (cfr. 20.1.2), ed è immediato osservare che l'estremo superiore delle prime coincide con l'estremo inferiore delle seconde.

2 La funzione d di Dirichlet (formula 14.11) non è integrabile su nessun intervallo di ampiezza positiva. Infatti, data la densità di $\mathbb{Q}$ e di $\mathbb{R} \smallsetminus \mathbb{Q}$, l'estremo inferiore di d in qualsiasi intervallo è sempre 0, mentre l'estremo superiore è sempre 1. Di conseguenza, ogni somma inferiore vale 0, e ogni somma superiore 1, e i due insiemi Σ^- e Σ^+ *non sono contigui.*

La condizione di integrabilità data dalla definizione precedente è nota come *condizione di integrabilità di Riemann* e può essere espressa in modo diverso.

Infatti, $\sup\{\Sigma^-\} = \inf\{\Sigma^+\}$, ossia f è integrabile, se e solo se, per ogni $\varepsilon > 0$, esiste una scomposizione σ per cui $S_\sigma - s_\sigma < \varepsilon$.

Sviluppando i calcoli otteniamo

$$S_\sigma - s_\sigma = \sum_{k=1}^{n} E_k (x_k - x_{k-1}) - \sum_{k=1}^{n} e_k (x_k - x_{k-1}) =$$

$$= \sum_{k=1}^{n} [E_k - e_k] (x_k - x_{k-1}).$$

Ora, ogni prodotto $[E_k - e_k] (x_k - x_{k-1})$ è l'area del rettangolo avente come base l'intervallo I_k e come altezza $[e_k, E_k]$.

Geometricamente, la condizione di integrabilità di Riemann afferma che f è *integrabile se e solo se il suo grafico può essere ricoperto mediante un numero finito di rettangoli, tali che la somma delle loro aree possa essere resa arbitrariamente piccola* (si veda la Fig. 20.5)

La condizione presentata ci permette di determinare altre classi di funzioni integrabili.

Teorema 14 *Una funzione f continua nell'intervallo chiuso $[a, b]$ è ivi integrabile.*

Dimostrazione. In base al Teorema di Heine-Cantor (4), per ogni $\varepsilon > 0$ si può determinare una scomposizione σ dell'intervallo $[a, b]$ tale che l'oscillazione ω_k di f in ogni sottointervallo di σ sia $\leqslant \varepsilon$:

$$\omega_k = E_k - e_k \leqslant \varepsilon, \text{ per ogni } k = 1, 2, \dots n.$$

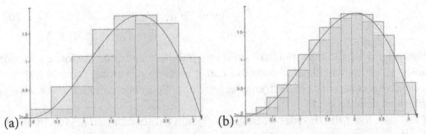

▲ **Figura 20.5**   Condizione di Riemann: i rettangoli differenza ricoprono il grafico

Capitolo 20 • È meglio introdurre prima l'integrale definito o quello indefinito?

169

Allora

$$S_\sigma - s_\sigma = \sum_{k=1}^{n} \omega_k (x_k - x_{k-1}) \leqslant$$

$$\leqslant \varepsilon \sum_{k=1}^{n} (x_k - x_{k-1}) =$$

$$= \varepsilon(x_n - x_0) = \varepsilon(b - a),$$

dove l'ultimo valore può essere reso arbitrariamente piccolo, data l'arbitrarietà di ε. □

Osservazione Per ottenere la scomposizione di cui si parla nella dimostrazione precedente, graficamente si può procedere nel seguente modo:

- si suddivide l'intervallo $[\inf\{f\}, \sup\{f\}]$, immagine di $[a, b]$, in intervalli di ampiezza ε;
- per ognuno di tali sottointervalli si determina l'antimmagine;
- l'insieme delle antimmagini è unione di intervalli su ognuno dei quali l'oscillazione risulta, ovviamente, minore o uguale a ε.

Si faccia riferimento alla Fig. 20.6a.

In modo analogo (Fig. 20.6b), partendo da una scomposizione di $[a, b]$ in intervalli di ampiezza ε, si dimostra il seguente:

Teorema 15 *Una funzione f monotòna su $[a, b]$ è ivi integrabile.*

È possibile definire l'integrale di una funzione f limitata in altro modo, che si rifà alla definizione di Cauchy.

Definizione 21 *Considerata una scomposizione σ di $[a, b]$, si scelga a caso un punto t_k in ciascun intervallo $I_k =]x_{k-1}, x_k[$. Si chiama* somma di Cauchy-Riemann *(o semplicemente di Riemann) la somma*

$$S = \sum_{k=1}^{n} f(t_k)(x_k - x_{k-1}). \tag{20.8}$$

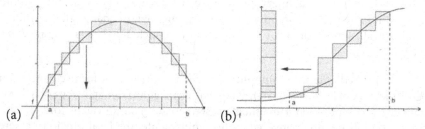

(a) (b)

▲ **Figura 20.6** Integrabilità delle funzioni continue (a) e delle funzioni monotòne (b). In entrambi i casi il plurirettangolo che ricopre il grafico può essere reso piccolo a piacere

Naturalmente, con le solite notazioni, risulta $e_k \leqslant t_k \leqslant E_k$, per cui

$$s_\sigma \leqslant \sum_{k=1}^{n} f(t_k)(x_k - x_{k-1}) \leqslant S_\sigma. \tag{20.9}$$

Pertanto, se indichiamo con $\delta(\sigma)$ il massimo delle ampiezze degli intervalli della scomposizione σ, l'integrale di f su $[a, b]$ sarà, se esiste finito, il limite

$$\lim_{\delta(\sigma) \to 0} \sum_{k=1}^{n} f(t_k)(x_k - x_{k-1}). \tag{20.10}$$

Osservazioni Notiamo che il limite appena scritto *non è il solito limite* di una funzione. Cauchy riguardo alla somma S precisa:

La quantità S dipenderà evidentemente:

- *dal numero n degli elementi in cui si sarà divisa la differenza $b - a$;*
- *dai valori stessi dei suoi elementi e, di conseguenza, dal modo di divisione adottato.*

Poi, per la dimostrazione che il limite di S dipende unicamente da f, a e b, Cauchy utilizza implicitamente la proprietà di continuità uniforme della funzione su $[a, b]$.

Commenti **1** Dal punto di vista didattico, quest'ultima definizione di integrale mediante la somma di Riemann sembra presentare delle difficoltà maggiori della precedente proprio per gli aspetti evidenziati da Cauchy. Come detto, non si tratta di un limite usuale perché la somma *non è solo* una funzione di $\delta(\sigma)$, *ma anche* della scelta (in infiniti modi) dei valori t_k.

2 Usualmente, per il calcolo della somma si utilizza una scomposizione di $[a, b]$ in *sottointervalli di uguale ampiezza* $(b - a)/n$, si valuta la funzione f ad *un estremo dell'intervallo* e poi si fa tendere n all'infinito.

Questa scelta a volte è fuorviante. Ad esempio, se la si applica alla funzione d di Dirichlet (14.11) sull'intervallo $[0, 1]$, e si prende t_k uguale ad un estremo del k-esimo intervallo, la somma darà costantemente 1, in quanto gli estremi dei sottointervalli sono razionali, e saremo indotti a concludere che l'integrale esiste e vale 1.

3 Il calcolo mediante le somme inferiori e superiori inoltre fornisce anche un algoritmo, chiamato *metodo dei rettangoli* (per maggiori dettagli, si veda il paragrafo 23.3), che può opportunamente essere eseguito su un calcolatore. L'algoritmo è semplice e non converge molto rapidamente, ma ha il pregio di essere facilmente comprensibile e di permettere il controllo della precisione nei casi che normalmente si affrontano, cosa che la somma di Riemann non consente.

Capitolo 20 • È meglio introdurre prima l'integrale definito o quello indefinito?

171

20.2 Derivazione e integrazione

Passiamo ora ad esaminare il legame tra derivazione ed integrazione. Così come dalla derivata in un punto si passa alla *funzione derivata*, vediamo come passare dall'integrale definito alla *funzione integrale*.

Come primo passo, dobbiamo generalizzare la proprietà espressa dal teorema (13), anche a valori di c agli estremi o esterni all'intervallo $]a, b[$. Poniamo dapprima

$$\int_a^a f(x)dx = 0; \quad \int_b^a f(x)dx = -\int_a^b f(x)dx.$$

Così è possibile dare la seguente:

Definizione 22 *Si consideri una funzione f integrabile nell'intervallo $[a, b]$ e $x_0, x \in [a, b]$. La funzione*

$$F(x) = \int_{x_0}^x f(t)dt$$

è detta funzione integrale *di f relativa al punto x_0 nell'intervallo considerato.*

Nelle Figg. 20.7 e 20.8 sono riportate due funzioni e le relative funzioni integrali.

20.2.1 Il teorema fondamentale del calcolo integrale

Premettiamo l'enunciato del seguente:

Teorema 16 (della media integrale) *Sia f una funzione integrabile in $I = [a, b]$, e siano*

$$e := \inf\{f(x)|x \in I\}, \qquad E := \sup\{f(x)|x \in I\}.$$

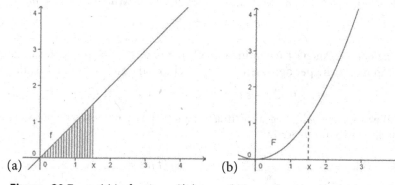

(a)   (b)

▲ **Figura 20.7**   (a) La funzione $f(x) = x$ e (b) la sua funzione integrale F. F è relativa al punto 0 e risulta $F(x) = x^2/2$

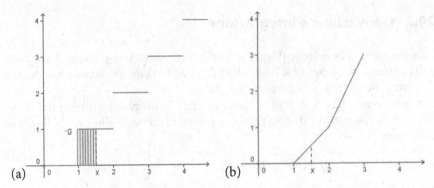

▲ **Figura 20.8** (a) La funzione $g(x) = [x]$ e (b) la sua funzione integrale G nell'intervallo $[0, 3]$. G è relativa al punto 0

Si ha

$$e \leqslant \frac{1}{b-a} \int_a^b f(t)dt \leqslant E.$$

Se poi f è continua, esiste un punto $c \in I$ tale che

$$f(c) = \frac{1}{b-a} \int_a^b f(t)dt.$$

Per la dimostrazione si veda ad esempio [Giusti, 2002, pag. 318].

Esempio Riprendendo il caso dell'imposta IRPEF calcolata su 50000 euro, imposta pari a 15320, il valore della media integrale sull'intervallo $[0, 50000]$ risulta $15320/50000 = 0.3064$.

Questo valore prende il nome di *aliquota media* e nel nostro caso è del 30.64%, ben diverso dall'*aliquota massima* del 38%, applicata sulla parte di reddito eccedente i 28000 euro.

Possiamo ora dimostrare il:

Teorema 17 (fondamentale del calcolo integrale) *Se f una funzione integrabile in $I = [a, b]$ e continua in $x^* \in I$, allora F è derivabile in x^* e si ha*

$$F'(x^*) = f(x^*).$$

Dimostrazione. Poiché f è continua in x^*, per ogni $\varepsilon > 0$ si può determinare un $\delta > 0$ in modo che per ogni elemento $x \in I$ che disti da x^* meno di δ risulti

$$f(x^*) - \varepsilon \leqslant f(x) \leqslant f(x^*) + \varepsilon.$$

In base alle proprietà dell'integrale prima introdotte possiamo scrivere, per x_0 che rientri nelle stesse limitazioni:

$$F(x) - F(x^*) = \int_{x_0}^x f(t)dt - \int_{x_0}^{x^*} f(t)dt =$$

$$= \int_{x^*}^{x_0} f(t)dt + \int_{x_0}^x f(t)dt = \int_{x^*}^x f(t)dt.$$

Capitolo 20 • È meglio introdurre prima l'integrale definito o quello indefinito?

173

Pertanto il rapporto incrementale di F vale

$$\frac{F(x) - F(x^*)}{x - x^*} = \frac{1}{x - x^*} \int_{x^*}^{x} f(t)dt.$$

Se $x > x^*$, il secondo membro dell'uguaglianza ora scritta è la media integrale di f nell'intervallo $[x^*, x]$.

Se invece è $x < x^*$, si ha

$$\frac{1}{x - x^*} \int_{x^*}^{x} f(t)dt = \frac{1}{x^* - x} \int_{x}^{x^*} f(t)dt,$$

in base alla definizione di integrale orientato. In entrambi i casi, per il teorema della media integrale risulta

$$f(x^*) - \varepsilon \leqslant e \leqslant \frac{F(x) - F(x^*)}{x - x^*} \leqslant E \leqslant f(x^*) + \varepsilon.$$

In conclusione, ciò significa che

$$\lim_{x \to x^*} \frac{F(x) - F(x^*)}{x - x^*} = f(x^*).$$

$\square$

Osservazioni e commenti **1** Il teorema fondamentale è anche noto come *teorema di Torricelli-Barrow*, di cui abbiamo già detto; si tratta di un'attribuzione che in realtà ha poca consistenza storica, dato il contesto concettuale molto diverso nel quale lavorarono i due matematici. La prima enunciazione con dimostrazione, limitata alle funzioni continue in un intervallo chiuso, si deve, come già accennato, a Cauchy.

2 Si osservi che il teorema fondamentale illustra una proprietà *locale* della funzione: prova che se f è continua nel punto x, allora la sua funzione integrale F è derivabile in x, e si ha $F'(x) = f(x)$. L'esempio della Fig. 20.8 mostra poi che se la funzione è *discontinua* in un punto, la sua funzione integrale *non è derivabile* in tal punto. Tuttavia, F risulta *continua* nel punto.

3 E ciò vale in generale: poiché f per ipotesi è integrabile, e perciò limitata, la F è *continua in tutti i punti dell'intervallo* $[a, b]$. Infatti, supponendo $x < x_0$, si ottiene

$$|F(x_0) - F(x)| = \left| \int_{x}^{x_0} f(t)dt \right| \leqslant \int_{x}^{x_0} |f(t)|dt \leqslant$$

$$\leqslant \int_{x}^{x_0} Edt = E(x_0 - x),$$

dove $E = \sup\{|f(x)| : x \in [a, b]\}$. Risulta quindi che $F(x) \to F(x_0)$, se $x \to x_0$.

In base alle osservazioni precedenti, possiamo concludere che: se f è continua in tutto $[a, b]$, allora F è derivabile sullo stesso intervallo, e $F'(x) = f(x)$, cioè F è una primitiva di f.

Questo è il legame esplicito tra una funzione e la sua funzione integrale: *il teorema fondamentale garantisce l'esistenza di primitive per le funzioni continue.*

Concludiamo questa sezione con l'osservazione che la conoscenza di una qualsiasi primitiva permette il calcolo dell'integrale definito.

Teorema 18 *Sia f una funzione continua su I = [a, b] e Φ una sua primitiva; allora*

$$\int_a^b f(t)dt = \Phi(b) - \Phi(a).$$

Dimostrazione. Una primitiva di f è la sua funzione integrale

$$F(x) = \int_a^x f(t)dt.$$

Per il teorema 9, tutte le primitive di una funzione differiscono tra loro su un intervallo per una costante, e quindi $\Phi = F + k$. Quindi:

$$\Phi(b) - \Phi(a) = F(b) - F(a) = \int_{x_0}^b f(t)dt - \int_{x_0}^a f(t)dt =$$

$$= \int_a^{x_0} f(t)dt + \int_{x_0}^b f(t)dt = \int_a^b f(t)dt.$$

$\square$

Osservazioni e commenti **1** Il teorema fondamentale garantisce che la funzione integrale, sotto alcune condizioni, è una *primitiva* della funzione integranda. Questa informazione consente di calcolare molte funzioni integrali semplicemente "invertendo" le formule di derivazione.

2 Per quanto riguarda l'uso della funzione integrale come primitiva, si tengano presenti le osservazioni contenute nei Commenti al teorema 9.

3 Torniamo ora brevemente alla seconda domanda del titolo del capitolo, e cioè perché l'operazione di integrazione sia tanto più difficile di quella di derivazione.

La derivazione trasforma una funzione elementare in un'altra funzione elementare, di norma di tipo "più semplice". Ad esempio, la derivata di una funzione polinomiale intera è una funzione polinomiale, ma di un grado minore; la derivata di *arcoseno* è una funzione irrazionale, e così via.

Ma poiché l'integrazione (indefinita) è l'operatore "inverso" rispetto alla derivazione, essa agisce nella direzione contraria, tende cioè a generare funzioni "più complesse". Alcuni esempi:

- la primitiva di una funzione costante *non è* una costante;
- la primitiva di $f(x) = 1/x$ *non è* una funzione razionale;
- la primitiva della funzione Gaussiana *non è* una funzione esponenziale; di più, *non è neppure esprimibile mediante funzioni elementari* (cfr. capitolo 30).

Capitolo 20 • È meglio introdurre prima l'integrale definito o quello indefinito?

175

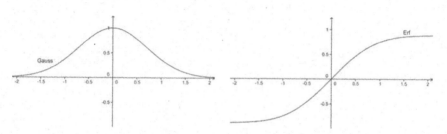

▲ Figura 20.9   La Gaussiana e la sua funzione integrale *Erf*. Il grafico di *Erf* è stato ottenuto mediante calcolo numerico dell'integrale definito sull'intervallo $[0, x]$, al variare di x

Questo giustifica la maggior difficoltà che, dal punto di vista del calcolo, si incontra nell'integrazione.

4 Lo stesso motivo spiega anche l'importanza dell'integrale come operatore funzionale: permette di *costruire* nuove funzioni, anche non elementari. Quale esempio, riportiamo in Fig. 20.9 *Erf*, funzione integrale della Gaussiana, relativa al punto 0. *Erf*, nota come *funzione degli errori*, è utilizzata in probabilità e statistica (si veda il paragrafo 30.2) in quanto è la *funzione di ripartizione* della *distribuzione normale*.

5 Dal punto di vista didattico, andrebbe in parte ridimensionata l'importanza del calcolo degli integrali: in fondo, le funzioni integrabili elementarmente non sono poi molte. Quando necessario, si può o si deve ricorrere all'integrazione numerica. Abbiamo già citato il metodo dei rettangoli. Altri metodi, con ampia discussione sul controllo degli errori, saranno discussi nel paragrafo 23.3.

Questo è uno dei settori in cui la matematica numerica - così viene definita la matematica che si occupa delle applicazioni numeriche - è in grande espansione. Non si deve però interpretare il fatto in contrapposizione alla matematica "esatta". Per maggiori dettagli, si veda il già citato capitolo 23.

Capitolo 21
Cosa significa approssimare una funzione? E quali sono i possibili criteri per la scelta delle funzioni approssimanti?

La risposta richiederebbe un excursus su buona parte dell'analisi moderna. Approssimare una funzione significa, in genere, utilizzare in sua vece un'altra funzione, generalmente più "semplice".

I motivi per cui si ricorre a ciò sono di varia natura: può essere che l'imprecisione o l'incompletezza delle informazioni in nostro possesso non consentano l'uso di modelli o rappresentazioni esatte; o può succedere che i fenomeni da descrivere, ad esempio nel mondo fisico, chimico, biologico, economico, ..., siano troppo complessi; oppure semplicemente si vuole sostituire una funzione con un'altra più semplice dal punto di vista computazionale.

Per comodità, possiamo raggruppare le approssimazioni di funzioni in due filoni: approssimazioni *locali*, e approssimazioni *globali*.

Le approssimazioni locali richiedono che le funzioni approssimanti passino per uno o più punti dati, e quindi i valori calcolati sono *esatti* in tali punti, e in genere che soddisfino ad ulteriori condizioni. Esempi di tali approssimazioni sono i noti *polinomi di Taylor*, i *polinomi interpolatori di Lagrange* e le *spline*, ad esempio le spline di Bézier.

Le approssimazioni globali prevedono che i valori calcolati siano sì *approssimati* ma *buoni* in tutto un intervallo. (Naturalmente, resta da chiarire che cosa intendiamo con la parola *buoni*). Esempi di questo secondo tipo sono le *rette dei minimi quadrati* e le *serie di Fourier*.

Nel seguito, esponiamo alcune riflessioni al riguardo. Cominceremo con i polinomi di Lagrange e le spline.

21.1 I polinomi interpolatori di Lagrange

I polinomi interpolatori di Lagrange permettono di risolvere il problema seguente: *dati $n + 1$ punti del piano* (x_0, y_0), $(x_1, y_1) \ldots (x_n, y_n)$, *con ascisse distinte, determinare una funzione polinomiale di grado al più n il cui grafico passi per tutti i punti assegnati.*

Il metodo per costruire la funzione polinomiale L che soddisfa alle specifiche si deve al già citato Lagrange[1]. Ecco come procedere [Barozzi, 1998].

Supponiamo di saper costruire $n + 1$ polinomi di grado n, $L_0, L_1, \ldots L_n$, tali che ciascuno di essi assuma valore 1 per un solo valore di x_i, e si annulli in tutti gli

---

[1]Esistono alti metodi per la costruzione del polinomio interpolatore, ad esempio il metodo di Newton, solitamente con un costo computazionale minore. Naturalmente, è anche possibile determinare il polinomio risolvendo un sistema lineare di $n + 1$ equazioni in $n + 1$ incognite.

Villani V., Bernardi C., Zoccante S., Porcaro R.: Non solo calcoli. Domande e risposte sui perché della matematica
DOI 10.1007/978-88-470-2610-0_21, © Springer-Verlag Italia 2012

altri:

$$L_i(x_k) = \begin{cases} 1 & \text{se } i = k \\ 0 & \text{altrimenti.} \end{cases}$$

Allora il polinomio cercato è

$$L(x) = y_0 \cdot L_0(x) + y_1 \cdot L_1(x) + y_2 \cdot L_2(x) + \cdots y_n \cdot L_n(x). \qquad (21.1)$$

Infatti, si ha

$$L(x_0) = y_0 \cdot L_0(x_0) + y_1 \cdot L_1(x_0) + y_2 \cdot L_2(x_0) + \cdots y_n \cdot L_n(x_0) =$$
$$= y_0 \cdot 1 + y_1 \cdot 0 + y_2 \cdot 0 + \cdots y_n \cdot 0 = y_0,$$

e in generale

$$L(x_i) = y_i.$$

Ci restano da determinare i singoli polinomi $L_i(x)$, che si annullano per tutti i valori x_k per $k \neq i$, e che valgono 1 per $x = x_i$.

Un polinomio che si annulla per tutti i valori richiesti x_k (con $k \neq i$) è il prodotto degli n fattori

$$(x - x_0) \cdot (x - x_1) \cdot \ldots (x - x_{i-1}) \cdot (x - x_{i+1}) \cdot \ldots (x - x_n).$$

Naturalmente, non c'è ragione perché questo polinomio valga 1 per $x = x_i$. Però, per soddisfare quest'ultima condizione, basta dividere il polinomio precedente per il valore che esso stesso assume nel punto $x = x_i$, *sicuramente diverso da 0*.

Ecco quindi il polinomio cercato:

$$L_i(x) = \frac{(x - x_0) \cdot (x - x_1) \cdot \ldots (x - x_{i-1}) \cdot (x - x_{i+1}) \cdot \ldots (x - x_n)}{(x_i - x_0) \cdot (x_i - x_1) \cdot \ldots (x_i - x_{i-1}) \cdot (x_i - x_{i+1}) \cdot \ldots (x_i - x_n)}. \qquad (21.2)$$

Osservazioni e commenti   **1** Quanto detto sopra garantisce l'*esistenza* del polinomio $L(x)$. Per l'*unicità*, bisogna rifarsi al *Teorema di identità dei polinomi* [Villani, 2003, pagg. 137-140], che ci assicura che esiste *al più* un polinomio di grado n che assume il valore y_i in x_i per ogni i.

2 Anche se può sembrare una buona idea ricavare una funzione polinomiale da dati sperimentali, si deve tenere conto che, all'aumentare del numero di punti, aumenta anche il grado del polinomio di Lagrange, e di conseguenza anche il costo computazionale. Inoltre, di norma si manifestano accentuate oscillazioni nei valori interpolati tra punto e punto, in particolare presso gli estremi (situazione nota come *fenomeno di Runge*), che rendono il polinomio di Lagrange poco adatto alla modellizzazione di fenomeni naturali.

Quale esempio, si considerino i dati della tabella seguente. Descrivono le crescite annuali di un individuo maschio, dagli 11 ai 20 anni.

Età (anni)	11	12	13	14	15	16	17	18	19	20
Δh (cm)	5	6	7	9	11	8	6	3	1	0

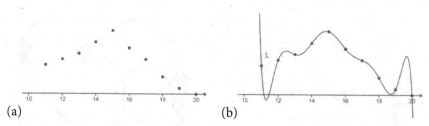

(a)   (b)

▲ **Figura 21.1**   La distribuzione delle crescite annue e il relativo polinomio di Lagrange

Nella Fig. 21.1 in (a) si ha la rappresentazione per punti di tali crescite, e in (b) il grafico del corrispondente polinomio interpolatore, la cui equazione è

$$L(x) =$$
$$\frac{(20-x)(115x^8 - 13\,747x^7 + 715\,498x^6 - 21\,176\,554x^5 + 389\,800\,327x^4}{181\,440} \cdots$$
$$\frac{-4\,569\,292\,063x^3 + 33\,308\,873\,532x^2 - 138\,053\,139\,876x + 249\,067\,804\,608)}{181\,440}.$$

Si osservi come la funzione L possa considerarsi adeguata per i punti centrali, mentre le forti oscillazioni agli estremi non siano plausibili per il problema in questione (trascuriamo pure il fatto che la funzione crescita non può assumere valori negativi, come sembra invece suggerire il grafico).

Si notino anche i coefficienti imprevedibilmente alti, pur in presenza di punti con coordinate assai modeste.

21.2 Le funzioni spline

Una soluzione diversa al problema precedente è quella costituita dalla funzione poligonale che congiunge, nell'ordine, i punti assegnati. In questo modo si rinuncia ad una forma analitica *globale* ma si guadagna in semplicità computazionale.

Tuttavia, si veda la Fig. 21.2, anche l'andamento di questa funzione non è adeguato: non è verosimile, ad esempio, che le crescite varino improvvisamente allo scadere dell'anno. In altri termini, l'elemento di maggior disturbo è il fatto che i vari segmenti del grafico non si raccordino *dolcemente*, ossia che la curva non sia liscia.

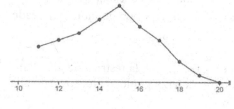

◄ **Figura 21.2** La distribuzione delle crescite annue con interpolazione poligonale

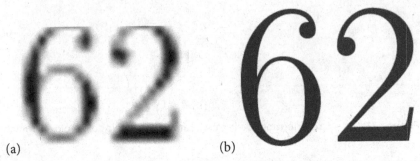

(a)   (b)

▲ **Figura 21.3**   Differenza nell'ingrandimento di un carattere bitmap (a) e PostScript
(b)

L'idea è allora di sostituire i segmenti di retta con archi di curve di grado superiore, di secondo grado, ma più comunemente di terzo, in modo che nei punti di raccordo, detti *nodi*, la curva risulti non solo continua, ma anche *derivabile*.

Le curve così ottenute sono dette *spline*. Interessante è l'origine del nome: le spline erano dei particolari curvilinei, costituiti da sottili strisce di materiale inestensibile ma abbastanza flessibile. Erano utilizzate dalle industrie automobilistiche ed aeronautiche per tracciare i profili delle superfici metalliche che dovevano essere tagliate e saldate. Le spline erano vincolate, con molle e contrappesi, a passare per determinati punti, e la loro inestensibilità e flessibilità permetteva di ottenere un profilo liscio che connetteva questi punti. Le spline furono gradualmente sostituite dalle loro omonime funzioni con l'avvento della progettazione al computer e delle macchine a controllo numerico. Pur essendo già note in campo matematico (ad esempio, sono definite esplicitamente in un articolo di S. N. Schoenberg del 1946), le spline furono portate all'attenzione del grande pubblico da un lavoro pubblicato nel 1962, ad opera di un ingegnere della Renault, Pierre Ètienne Bézier (1910-1999).

Le spline si dimostrarono molto flessibili nelle applicazioni: con opportune varianti, sono oggi utilizzate nell'ambito dei CAD (Computer-Aided Design, cioè progettazione assistita dall'elaboratore), anche tridimensionali (curve nello spazio), nella elaborazione/rielaborazione delle figure in genere, nella definizione dei font (ad esempio PostScript e TrueType).

Una caratteristica che le rende particolarmente utili è il fatto che le figure ottenute tramite spline sono indipendenti dalle dimensioni dell'immagine stessa, cosa che non capita con altre forme di codifica delle figure.

Vediamo i principi su cui si basano [Bevilacqua et al., 1992].

Siano dati una funzione f definita sull'intervallo $[a, b]$ e $n+1$ punti distinti tali che $a = x_0 < x_1 < \cdots < x_n = b$. Una funzione s è una *spline cubica* che approssima f se:

- in ogni sottointervallo $[x_i, x_{i+1}]$, con $i = 0, ..., n-1$, s è un polinomio di grado al più 3;
- $s(x_i) = f(x_i)$ per $i = 0, ..., n$.

Più in dettaglio: indicando con s_i, per $i = 0, ..., n-1$, la restrizione di s all'intervallo i-esimo $[x_i, x_{i+1}]$, s_i è un polinomio di terzo grado al più, soggetto alle seguenti condizioni:

a) $s_i(x_i) = f(x_i)$ e $s_i(x_{i+1}) = f(x_{i+1})$ per $i = 0, ..., n-1$ (*continuità nei nodi*);

b) $s'_{i-1}(x_i) = s'_i(x_i)$ per $i = 1, ..., n-1$ (*derivabilità nei nodi*);

c) $s''_{i-1}(x_i) = s''_i(x_i)$ per $i = 1, ..., n-1$ (*derivabilità seconda nei nodi*).

In questo modo si ottengono $4n - 2$ condizioni, a fronte di $4n$ incognite (ogni polinomio cubico s_i è individuato dai suoi 4 coefficienti, e i polinomi sono n). Le 2 rimanenti condizioni sono usualmente dei vincoli agli estremi, o sulla derivata prima, o sulla derivata seconda.

Ad esempio:

d') $s''_0(a) = s''_{n-1}(b) = 0$ (caso della *spline naturale*);

d'') $s'_0(a) = f'(a)$ e $s'_{n-1}(b) = f'(b)$ (caso della *spline completa*) se si hanno informazioni sulla derivata prima di f agli estremi dell'intervallo;

d''') $s'_0(a) = s'_{n-1}(b)$ e $s''_0(a) = s''_{n-1}(b)$ (caso della *spline periodica*) se la f è periodica con periodo $b - a$.

In ogni caso, abbiamo un sistema lineare di $4n$ equazioni in $4n$ incognite, e si può dimostrare che risulta determinato. Naturalmente, il rapido crescere delle dimensioni del sistema sconsiglia il calcolo manuale, ma nel mercato esistono sistemi altamente efficienti per gestire i calcoli. Nell'immagine 21.4 si vede l'interpolazione mediante spline cubica naturale della distribuzione delle crescite annue; l'elaborazione è stata fatta con *Octave*, un software di calcolo numerico (si veda *www.octave.org*).

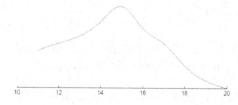

◀ **Figura 21.4** La distribuzione delle crescite annue con interpolazione spline

21.3 I polinomi e le serie di Taylor

Nei paragrafi precedenti abbiamo approssimato una funzione usando un'altra funzione, costruita una volta per tutte. Un approccio diverso si ha considerando una *successione* di funzioni che approssimino sempre meglio la funzione in esame. Una variante di questo approccio prevede l'uso di una *serie* di funzioni: in questo caso, l'idea guida è che si parte da una funzione approssimante iniziale, e che ad ogni passo alle precedenti si somma un'altra funzione atta a migliorare l'approssimazione. Poiché in questo modo si ottiene una somma che può avere molti addendi, ci si orienta di preferenza su funzioni approssimanti facilmente computabili, che siano derivabili ed integrabili.

La scelta più semplice consiste nel prendere le funzioni potenze: è il caso degli sviluppi di Taylor. In altri contesti si considerano funzioni esponenziali o goniometriche: è il caso delle serie di Fourier.

21.3.1 La formula di Taylor

Poiché la retta tangente $y = f(x_0) + f'(x_0)(x - x_0)$, polinomio di primo grado, rappresenta la *migliore approssimazione affine* di una funzione f in prossimità di un punto x_0, possiamo ipotizzare che, aumentando il grado dei polinomi approssimanti, si possano ottenere delle *approssimazioni migliori* per un intorno sempre più grande del punto x_0, potenzialmente per l'intero dominio della funzione. Vedremo però che non sarà sempre così.

Assumiamo ora che la funzione f sia derivabile almeno n volte nell'intervallo $I = [a, b]$. I polinomi approssimanti che discuteremo sono detti di *Taylor*. I loro coefficienti sono ottenuti imponendo la condizione che *funzione e polinomio abbiano, nel punto x_0 scelto, uguale valore ed uguali derivate fino all'ordine n*. Semplici calcoli (si veda, ad esempio, [Barozzi, 1998, pag. 400 ss]) portano allora a concludere che T_n, polinomio di Taylor di grado n relativo al punto x_0, ha equazione

$$T_n(x, x_0) = f(x_0) + f'(x_0)(x - x_0) + \dots + \frac{f^{(n)}(x_0)}{n!})(x - x_0)^n =$$
$$= \sum_{k=1}^{n} \frac{f^{(k)}(x_0)}{k!})(x - x_0)^k. \tag{21.3}$$

Ad esempio, la funzione $\sin(x)$ ammette come polinomio di Taylor

$$T_{2n+1}(x, 0) = T_{2n+2}(x, 0) = x - \frac{x^3}{3!} + \frac{x^5}{5!} - \dots + (-1)^n \frac{x^{2n+1}}{(2n+1)!}.$$

In Fig. 21.5 sono rappresentati i grafici di T_3, T_9 e T_{15}. Si noti come, all'aumentare del grado, i grafici si adattino sempre meglio, e su un intervallo via via più esteso, al grafico della funzione $\sin(x)$.

Naturalmente, la conoscenza del solo polinomio non ci consente di stabilire quanto buona sia l'approssimazione che otteniamo sostituendo la funzione f con il polinomio T_n, fintanto che non conosciamo la differenza R_n, detta *resto n-simo*,

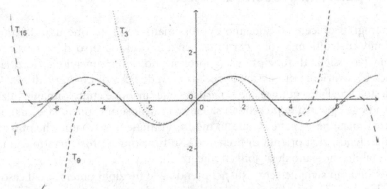

▲ **Figura 21.5**   Polinomi di Taylor relativi alla funzione $\sin(x)$

tra la funzione e il polinomio stesso, o almeno una sua stima: $R_n(x, x_0) = f(x) - T_n(x, x_0)$.

Per il resto R_n abbiamo solitamente due espressioni:

- la prima prende il nome di *resto di Peano* (o *resto nella forma di Peano*) ed afferma che

$$\lim_{x \to x_0} \frac{R_n(x, x_0)}{(x - x_0)^n} = 0 \qquad (21.4)$$

ossia che R_n è infinitesimo di ordine superiore a $(x - x_0)^n$;

- la seconda, detta *resto di Lagrange*, afferma che

$$R_n(x, x_0) = \frac{f^{(n+1)}(\xi)}{(n + 1)!}(x - x_0)^{n+1}, \qquad (21.5)$$

dove $\xi \in [x_0, x]$, se si suppone $x_0 < x$, altrimenti $\xi \in [x, x_0]$.

Per le dimostrazioni si rinvia ad un buon manuale, o a [Giusti, 1984, pagg. 410-411].

Osservazioni e commenti **1** Quando il punto iniziale è 0, la formula di Taylor è chiamata a volte *formula di MacLaurin*. Anche se queste formule portano il nome degli inglesi Brook Taylor (1685-1731) e Colin MacLaurin (1698-1746), in realtà sviluppi di funzioni mediante polinomi si trovano già alla fine del '600, agli albori del calcolo infinitesimale, nei lavori di Newton, Leibniz, Bernoulli ed altri. Ad esempio, Newton usa sistematicamente gli sviluppi polinomiali di funzioni per calcolare derivate e integrali.

2 Delle due formule per il resto, solo quella di Lagrange consente di dare una stima effettiva dell'errore.

M. Dolcher, in *Elementi di Analisi Matematica* (1991), commenta:

Il conoscere l'ordine di infinitesimo di una funzione ϕ, per quanto importante sia, non ci consente alcuna maggiorazione di $|\phi(x)|$, in nessun punto: ϕ può essere infinitesima, ad esempio per $x \to 0$, anche di ordine elevato, e può essere $\phi(10^{-6}) = 3\,000\,000\,000$! Per questa ragione il risultato sulla formula di Taylor-Peano, importante e bello, non ci soddisfa agli effetti del calcolo approssimato dei valori di una funzione f. Si noti bene che, agli effetti del calcolo approssimato, nemmeno la *serie di Taylor* dà quell'informazione che invece si può trarre dalla formula di Taylor-Lagrange.

Ciò è dovuto al fatto che l'essere infinitesimo riguarda i punti *prossimi* a x_0, a *distanza infinitesima* da x_0. Ma appena ci poniamo in un punto x_1 ad una *distanza finita* da x_0, la questione perde di significato: la funzione in x_1 non sarà di norma infinitesima. E quindi non abbiamo nessuna informazione sull'errore commesso.

Chi desidera ulteriori approfondimenti sul tema può consultare [Battaia, 2007], a cui si deve la citazione precedente.

3 Si potrebbe pensare che la stima dell'errore mediante il resto di Lagrange $R_n(x, x_0) = \frac{f^{(n+1)}(\xi)}{(n+1)!}(x - x_0)^{n+1}$ richieda di *determinare il valore* del numero ξ. Per nostra fortuna non è così: in genere ci basta dare un'opportuna *maggiorazione* di $f^{(n+1)}(\xi)$ nell'intervallo richiesto, come negli esempi che seguono.

Esempio 3.1. Derivata n-sima limitata in un intervallo

Il polinomio di Taylor di ordine n di $\sin(x)$ relativo al punto 0 ha resto di Lagrange

$$R_n(x, x_0) = \frac{f^{(n+1)}(\xi)}{(n+1)!}(x - x_0)^{n+1}.$$

Consideriamo ora un qualsiasi intervallo centrato nell'origine, ad esempio $[-\pi/4, \pi/4]$. Per ogni x in tale intervallo abbiamo le seguenti maggiorazioni:

$$|x - x_0| = |x| \leqslant \pi/4 \quad e \quad |f^{(n+1)}(\xi)| \leqslant 1,$$

dove la seconda discende dal fatto che le derivate successive della funzione *seno* sono anch'esse *seno* o *coseno*.

Pertanto l'*errore massimo* sarà minore di

$$\frac{(\pi/4)^{n+1}}{(n+1)!}.$$

Notiamo che in questo caso T_n realizza un'*approssimazione della funzione* seno *in tutto l'intervallo assegnato* con l'errore massimo di cui sopra.

Ad esempio, per $n = 9$ e quindi assumendo

$$\sin(x) \cong x - x^3/3! + x^5/5! - x^7/7! + x^9/9!,$$

l'errore risulta $< 2, 5 \cdot 10^{-8}$ per ogni punto dell'intervallo.

Esempio 3.2. Derivata n-sima monotona in un intervallo

Si consideri lo sviluppo di e^x relativa al punto 0:

$$T_n(x, 0) = 1 + x + \frac{x^2}{2!} + \frac{x^3}{3!} + \ldots + \frac{x^n}{n!} = \sum_{k=1}^{n} \frac{x^k}{k!};$$

allora il polinomio di Taylor calcolato per $x = 1$ ci dà un'approssimazione del numero $e^1 = e$.

La somma dei primi 6 termini è $1 + 1 + \frac{1}{2} + \frac{1}{6} + \frac{1}{24} + \frac{1}{120} = 2,71\bar{6}$.

Per stimare l'errore, maggioriamo il resto $R_5(1, 0) = \frac{f^{(6)}(\xi)}{(6)!}(1)^6 = \frac{e^\xi}{(6)!}$.

Poiché $\xi \in [0, 1]$ e la funzione esponenziale è crescente, si ha $e^\xi < e^1 < 3$, da cui $R_5(1, 0) < 3/720 < 0,0042$.

Possiamo generalizzare: se prendiamo la somma dei primi n termini della serie, otteniamo un'approssimazione del numero e a meno di

$$R_n(1, 0) < \frac{3}{(n+1)!}.$$

4 Negli esempi precedenti abbiamo visto come, dato un polinomio approssimante di grado n, sia possibile determinare la precisione di calcolo per un intero intervallo.

Possiamo anche invertire il ragionamento: se vogliamo una certa precisione, il *calcolo dell'errore massimo ci consente di determinare l'ordine del polinomio approssimante*. Ad esempio, se vogliamo ottenere e con 10 cifre decimali esatte, dobbiamo avere un errore minore di 10^{-10}. Per questo, dobbiamo scegliere n in modo che

$$\frac{3}{(n+1)!} < 10^{-10},$$

da cui $n \geqslant 14$.

21.3.2 La serie di Taylor

Si potrebbe pensare che, passando da un polinomio ad una serie, e cioè ad infiniti addendi, l'approssimazione si estenda a tutto il dominio della funzione. Non è sempre così. Ma procediamo con ordine.

Definizione 23 *Sia* $f : D \to R$ *una funzione infinitamente derivabile nell'intervallo* D, *e sia* x_0 *un punto interno a* D. *La serie*

$$\sum_{k=0}^{+\infty} \left(\frac{f^{(k)}(x_0)}{k!} \right) (x - x_0)^k \qquad (21.6)$$

è detta serie di Taylor *di* f *relativa al punto iniziale* x_0. f *è sviluppabile* in serie di Taylor *nell'intervallo* $I \subseteq D$ *se* $x_0 \in I$ *e, per ogni* $x \in I$,

$$f(x) = \sum_{k=0}^{+\infty} \left(\frac{f^{(k)}(x_0)}{k!} \right) (x - x_0)^k.$$

Osserviamo esplicitamente: sviluppabilità significa che

$$\lim_{n \to +\infty} R_n(x, x_0) = 0.$$

Ricordiamo infine che l'insieme dei valori per cui la serie converge è detto *insieme di convergenza*.

Alcune funzioni sono sviluppabili nell'intero loro dominio naturale. È il caso delle funzioni *seno, coseno* ed *esponenziale*: per ogni x, il resto $R_n(x, x_0)$ è infinitesimo, per $n \to +\infty$.

Questi sono i casi "fortunati".

1 Esistono funzioni che presentano sviluppi in *serie di Taylor che convergono ad una funzione diversa* da quelle che l'hanno prodotta. Un caso classico è dato dalla funzione

$$f(x) = \begin{cases} 0 & \text{se } x = 0 \\ e^{-1/x^2} & \text{altrimenti.} \end{cases}$$

Si prova abbastanza facilmente ([Barozzi, 1998, pag. 410]) che, considerando il punto iniziale $x_0 = 0$, $f^{(n)}(0) = 0$ per ogni n. Di conseguenza i polinomi T_n sono

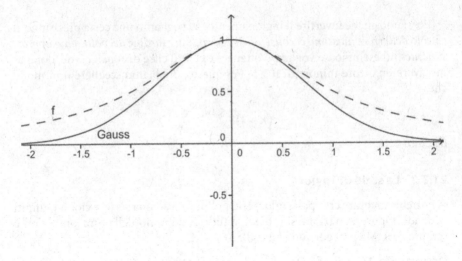

▲ **Figura 21.6** Grafici delle due funzioni

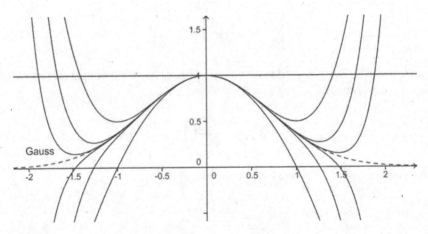

▲ **Figura 21.7** Gaussiana e suoi primi polinomi di Taylor

tutti nulli, e quindi *la serie di Taylor converge alla funzione nulla su tutto l'asse reale.*

In conclusione, questa serie di Taylor ha insieme di convergenza uguale a **R**, ma la funzione f è sviluppabile solo nel punto iniziale 0.

2 Consideriamo ora due funzioni che hanno grafici molto simili: la funzione *gaussiana* $Gauss(x) = e^{-x^2}$ e la funzione $f(x) = \frac{1}{1+x^2}$ (Fig. 21.6). Fatto sorprendente e non prevedibile a priori è che gli sviluppi delle due funzioni, centrati sull'origine, hanno insiemi di convergenza molto diversi: mentre la gaussiana è sviluppabile in serie in tutto l'asse reale (Fig. 21.7), la funzione f risulta sviluppabile solo nell'intervallo $]-1, 1[$ (Fig. 21.8).

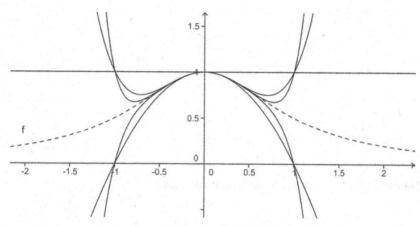

▲ Figura 21.8   Funzione $1/1 + x^2$ e suoi primi polinomi di Taylor

La spiegazione di questa anomalia va oltre gli obiettivi di questo testo: se si passa dal campo reale a quello complesso, risulta che la gaussiana si estende analiticamente a tutto il piano di Argand-Gauss, mentre la f no, avendo due singolarità (due poli) nei punti i e −i ([Villani, 2004]).

21.4 Le serie di Fourier

Gli sviluppi in serie di Taylor hanno applicazioni numerosissime. Tuttavia, le condizioni alle quali una funzione deve soddisfare sono pesanti: saranno sviluppabili in serie di Taylor solo *funzioni infinitamente derivabili*, e neppure tutte, come già osservato. Quindi, se si ha la necessità di lavorare con *funzioni poco regolari*, bisogna ricorrere ad altri sviluppi in serie che non utilizzino le potenze. Si deve a J. Fourier lo sviluppo di tali funzioni in serie di seni e coseni (1822, *Théorie analytique de la chaleur*).

L'esame del problema che ha dato inizio alla teoria, e cioè la ricerca delle più generali soluzioni di un'equazione differenziale del secondo ordine, ci porterebbe troppo lontano.

Partiamo allora dall'osservazione che la somma di due (o più) funzioni sinusoidali, cioè del tipo $A\sin(\omega x + \phi)$, dà origine a funzioni dall'andamento assai diverso da quello dei singoli addendi. La funzione somma tuttavia è ancora una funzione periodica, se il rapporto tra i due periodi è *razionale*. Si veda ad esempio la Fig. 21.9, che mostra il grafico della funzione $f(x) = \sin(6x) + \sin(7x)$ esteso su due periodi.

Se allora una somma di due funzioni sinusoidali fornisce una funzione periodica così diversa, si può cercare di esprimere *una qualsiasi funzione periodica come somma di funzioni sinusoidali.*

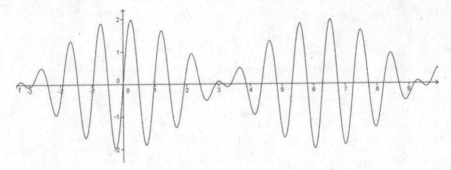

▲ **Figura 21.9**　La somma di due funzioni sinusoidali

21.4.1 Lo sviluppo in serie

Fourier trova che, sotto condizioni molto ampie, una funzione f periodica di periodo 2π si può sviluppare nella serie

$$f(x) = \frac{a_0}{2} + \sum_{k=1}^{\infty} [a_k \cos(kx) + b_k \sin(kx)], \qquad (21.7)$$

dove i coefficienti a_k e b_k, detti *coefficienti di Fourier*, sono determinati dalle relazioni

$$a_k = \frac{1}{\pi} \int_{-\pi}^{\pi} f(x) \cos(kx) \mathrm{d}x \qquad (21.8)$$

$$b_k = \frac{1}{\pi} \int_{-\pi}^{\pi} f(x) \sin(kx) \mathrm{d}x. \qquad (21.9)$$

Ciò deriva da quanto segue:

1 le funzioni $\cos(kx)$ e $\sin(kx)$ soddisfano le relazioni seguenti:

$$\int_{-\pi}^{\pi} \cos(kx) \cos(hx) \mathrm{d}x = \begin{cases} 0 & \text{se } k \neq h \\ \pi & \text{se } k = h \neq 0 \\ 2\pi & \text{se } k = h = 0 \end{cases}$$

$$\int_{-\pi}^{\pi} \cos(kx) \sin(hx) \mathrm{d}x = 0 \qquad (21.10)$$

$$\int_{-\pi}^{\pi} \sin(kx) \sin(hx) \mathrm{d}x = \begin{cases} 0 & \text{se } k \neq h \text{ o se } k = h = 0 \\ \pi & \text{se } k = h \neq 0. \end{cases}$$

Se interpretiamo l'insieme delle funzioni definite su un intervallo di ampiezza un periodo, ad esempio $[-\pi, \pi]$, come uno spazio vettoriale, e consideriamo l'integrale

$$\int_{-\pi}^{\pi} f(x) g(x) \mathrm{d}x$$

come *prodotto scalare*[2] delle due funzioni f e g, le relazioni 21.10 esprimono *la mutua ortogonalità* delle funzioni $\cos(kx)$ e $\sin(hx)$: alternando coseni e seni, al variare dei naturali h e k si ottengono due *successioni di funzioni linearmente indipendenti*.

Lo sviluppo in serie di una funzione può allora essere visto come *combinazione lineare* di elementi di queste successioni. Restano da calcolare i coefficienti a_k e b_k di questa combinazione.

2 I coefficienti a_k si calcolano moltiplicando *scalarmente* per $\cos(hx)$ e integrando fra $-\pi$ e π tutti i termini della relazione 21.7, ottenendo

$$\int_{-\pi}^{\pi} f(x)\cos(hx)\mathrm{d}x = \frac{a_0}{2}\int_{-\pi}^{\pi}\cos(hx)\mathrm{d}x+$$
$$+ \sum_{k=1}^{\infty}\left[a_k \int_{-\pi}^{\pi}\cos(kx)\cos(hx)\mathrm{d}x + b_k \int_{-\pi}^{\pi}\sin(kx)\cos(hx)\mathrm{d}x \right],$$

in cui abbiamo supposto di poter scambiare le operazioni di seriazione e di integrazione, cosa possibile ad esempio sotto la condizione di convergenza uniforme.

A secondo membro, tutti gli integrali risultano nulli per le relazioni 21.10, ad eccezione dell'integrale di $\cos(kx)\cos(hx)$ nel caso in cui $k = h$; da questo si ha il risultato voluto:

$$\int_{-\pi}^{\pi} f(x)\cos(kx)\mathrm{d}x = a_k\pi.$$

Da notare che questa formula definisce, per $k = 0$, il coefficiente

$$a_0 = \frac{1}{\pi}\int_{-\pi}^{\pi} f(x)\mathrm{d}x;$$

e quindi il termine iniziale $a_0/2$ è la *media integrale* di f.

Analogamente, moltiplicando scalarmente la 21.7 per $\sin(hx)$ si ottengono i coefficienti b_k:

$$\int_{-\pi}^{\pi} f(x)\sin(kx)\mathrm{d}x = b_k\pi.$$

Osservazioni **1** Si noti che, data l'ipotesi di periodicità della f, gli integrali possono essere calcolati su qualsiasi intervallo di ampiezza 2π; di solito si sceglie $[-\pi, +\pi]$. La funzione così calcolata viene poi estesa per periodicità.

2 Se la funzione f di cui si vuole la serie è pari, allora i coefficienti b_k sono tutti nulli, perché integrali della funzione $f(x)\sin(kx)$, che è dispari; la funzione risulta sviluppata in somma di soli coseni. Analogamente, se f è dispari risultano tutti nulli i coefficienti a_k.

---

[2]Con una certa semplificazione; ma le idee principali sono quelle qui esposte.

Quale esempio, si consideri la funzione *onda quadra*, definita uguale a 1 nel-l'intervallo $[-\pi/2, +\pi/2]$, e 0 negli altri punti di $[-\pi, +\pi]$. Si tratta di una funzione pari, per cui i coefficienti b_k sono tutti nulli, mentre semplici calcoli danno $a_0 = 1$, e

$$\int_{-\pi}^{\pi} f(x)\cos(kx)\mathrm{d}x = \int_{-\pi/2}^{\pi/2} 1\cos(kx)\mathrm{d}x =$$

$$= \left[\frac{\sin(kx)}{k}\right]_{-\pi/2}^{\pi/2} = \frac{2}{k}\sin\left(k\frac{\pi}{2}\right),$$

che portano a $a_k = 0$ se k è pari e diverso da 0, a $a_k = \frac{2}{k\pi}$ se k è congruo a 1 (mod 4), e a $a_k = -\frac{2}{k\pi}$ se k è congruo a 3 (mod 4).

Nel nostro caso otteniamo

$$f(x) = \frac{1}{2} + \frac{2}{\pi}\cos(x) - \frac{2}{3\pi}\cos(3x) + \frac{2}{5\pi}\cos(5x) - \frac{2}{7\pi}\cos(7x) + \frac{2}{9\pi}\cos(9x)...$$

In Fig. 21.10, i grafici dell'onda quadra e del suo sviluppo fino al quinto termine.

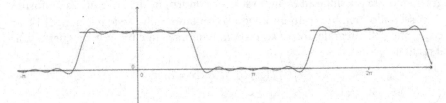

▴ **Figura 21.10**   Onda quadra e sua approssimazione con sviluppo di Fourier

21.4.2 Convergenza delle serie di Fourier

Naturalmente, come capita per gli sviluppi in serie di Taylor, dobbiamo chiederci sotto quali condizioni la serie di Fourier converge alla funzione di cui è sviluppo. Per questo dobbiamo premettere la seguente:

Definizione 24   *Una funzione f è detta* continua a tratti *in un intervallo* $[a, b]$ *se è continua in tale intervallo, eccetto al più in un numero finito di punti, nei quali però ammette sia limite destro, sia limite sinistro.*

Una funzione continua a tratti è detta regolare a tratti *se è derivabile, eccetto al più in un numero finito di punti, e se ha derivata continua e limitata - dove questa esiste.*

Enunciamo ora un primo risultato, rinviando i lettori a [Giusti, 2002, capitolo 14] per la dimostrazione ed ulteriori approfondimenti.

Teorema 19   *Sia f una funzione periodica di periodo 2π e regolare a tratti. Allora la sua serie di Fourier*

$$\frac{a_0}{2} + \sum_{k=1}^{\infty}[a_k\cos(kx) + b_k\sin(kx)]$$

converge puntualmente *a f nei punti in cui f è continua, mentre nei punti in cui è discontinua* converge alla media aritmetica dei limiti *destro e sinistro*.

Balza subito all'attenzione che l'ambito di applicazione è molto più ampio rispetto alla serie di Taylor, potendosi approssimare funzioni non solo discontinue, ma anche non derivabili (in un numero finito di punti).

Se poi si considerano funzioni continue, abbiamo un risultato più forte:

Teorema 20 *Sia f una funzione periodica, regolare a tratti e continua. Allora la sua serie di Fourier converge totalmente, e quindi uniformemente, alla funzione f.*

Osservazioni **1** Le applicazioni tecnologiche della teoria di Fourier e delle sue derivazioni sono innumerevoli, perché innumerevoli sono i fenomeni che presentano periodicità. Si pensi, quale caso emblematico, al suono. Molti metodi di analisi digitale del suono, e della conseguente codifica, tendono ad individuare le *armoniche principali*, che poi altro non sono che (alcuni) termini dello sviluppo in serie di Fourier; in certi casi, tra queste vengono codificate solo quelle percepibili dall'orecchio umano, in modo da ridurre la quantità di informazione che è necessario memorizzare.

2 Naturalmente, nelle applicazioni pratiche non si usa l'intera serie di Fourier, ma solo un numero finito di addendi, sufficienti allo scopo che ci si prefigge.

Si consideri ad esempio la Fig. 21.11 [Villani, 2007]. In (a) è riprodotto il tracciato originario di un elettrocardiogramma, mentre in (b), (c) e (d) sono riprodotte

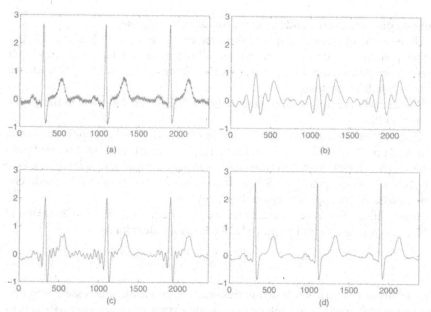

▲ **Figura 21.11** Elettrocardiogramma e sue approssimazioni con sviluppi di Fourier

tre sue approssimazioni, ottenute troncando la corrispondente serie di Fourier rispettivamente a 51 addendi (termine iniziale, più 25 seni e 25 coseni), 101 addendi e 201 addendi. Si noti come sia necessario usare un numero piuttosto elevato di addendi per avere una buona approssimazione. In questo caso ciò è dovuto alla presenza di un picco molto alto e con una *base* piuttosto stretta: per approssimarlo, bisogna avere onde con frequenza elevata, e poiché nelle formule 21.7 la frequenza dipende da k, ciò significa dover utilizzare molti termini dello sviluppo.

Ovviamente non sempre è così: se la funzione è più "regolare" di norma è sufficiente un numero minore di addendi per avere un risultato adeguato.

21.5 Criteri di approssimazione, a seconda del problema che si vuole affrontare

Torniamo ora brevemente alla domanda iniziale, e senza pretesa di completezza.

Come si è visto, il termine *approssimare* esprime molte situazioni diverse. Si pone allora il problema di come si possano scegliere *nel modo migliore* le funzioni approssimanti, rispetto a vincoli determinati. Poiché *approssimare* significa *andare vicino a*, il problema equivale a domandarsi come si possa definire una *distanza* tra funzioni (una *norma* in uno spazio di funzioni). Per ognuna delle distanze definite, si avrà un'*approssimazione* e una *convergenza* corrispondente.

Una prima possibilità consiste nel misurare la *distanza* tra la funzione f e la funzione f_a (che nel nostro caso rappresenta la funzione approssimante) su un intervallo $I = [a, b]$ assumendo

$$\|f - f_a\| = \sup_{x \in I} |f(x) - f_a(x)| \tag{21.11}$$

e questa distanza corrisponde all'*approssimazione uniforme*.

Un esempio di utilizzo di questa distanza è negli sviluppi di Taylor della funzione: quando si valuta l'errore su un intervallo con il resto di Lagrange, si richiede che la differenza massima $|f(x) - T_n(x)|$ sia *minore di una quantità prefissata per tutti i punti* dell'intervallo.

Un secondo esempio è dato dagli sviluppi di Fourier, sotto le condizioni del Teorema (20).

Questa scelta va bene quando siamo interessati a funzioni che approssimino la f in *tutti* i punti di un insieme con un margine d'errore prefissato. Presenta però la peculiarità di essere eccessivamente sensibile alle caratteristiche *locali*, e questo talvolta è uno svantaggio. Ad esempio la presenza di un solo salto fa in modo che f non possa essere approssimata uniformemente.

Si può allora ricorrere ad un'altra distanza, che prende in considerazione la *differenza complessiva* tra i punti delle due funzioni, definita da

$$\|f - f_a\| = \int_I |f(x) - f_a(x)| dx. \tag{21.12}$$

Questa distanza corrisponde all'*approssimazione in media*. Può essere un buon criterio di scelta quando si è interessati al comportamento complessivo della funzione approssimante, e si accettano differenze sui singoli punti.

Questa seconda scelta in certi contesti risulta essere troppo poco sensibile ai valori estremi. Si può allora ricorrere alla distanza seguente

$$\|f - f_a\| \doteq \sqrt{\int_I |f(x) - f_a(x)|^2 dx}.$$ (21.13)

In questo caso si parla di *approssimazione in media quadratica*. Si tratta di una generalizzazione della distanza euclidea, che gode di maggiori favori della precedente per lo stesso motivo per cui in statistica si preferisce usare la deviazione standard invece della media degli scarti in valore assoluto.

Per le funzioni periodiche, si dimostra che la serie di Fourier fornisce la migliore approssimazione in media quadratica.

Capitolo 22
Quali sono le funzioni da considerarsi fondamentali in Analisi Matematica? E che dire delle funzioni di due o più variabili?

Abbiamo già detto in 14.2.1 quali siano le funzioni elementari su cui si è costruita l'Analisi Matematica. Qui vogliamo elencare le funzioni il cui studio è fondamentale per poter poi affrontare proficuamente l'Analisi stessa.

22.1 Le funzioni polinomiali

Un posto di rilievo spetta alle funzioni *polinomiali*. Si tratta delle funzioni più semplici: vi sono coinvolte solo le due operazioni fondamentali dell'addizione e della moltiplicazione. Le funzioni polinomiali dal punto di vista analitico sono di facile studio: il calcolo dei limiti non presenta problemi, né quello delle derivate e degli integrali.

Si consideri poi che l'insieme dei polinomi è chiuso rispetto alla derivazione e all'integrazione indefinita, proprietà che hanno reso possibile l'approssimazione di altri tipi di funzioni tramite funzioni polinomiali, come già visto in 21.1 e in 21.3.

Tra le funzioni polinomiali, particolare attenzione va posta allo studio delle funzioni lineari e quadratiche, che forniscono i modelli matematici di una grande varietà di fenomeni. Riteniamo poi che maggior peso dovrebbe avere lo studio delle funzioni cubiche, anche in funzione del diffuso utilizzo delle spline (cfr. 21.2).

Inoltre, è da evidenziare il rapporto tra equazioni polinomiali e funzioni. In particolare va analizzato il numero massimo di intersezioni del grafico di una funzione polinomiale con una retta; nel caso si tratti dell'asse delle ascisse si avrà il numero massimo di zeri del polinomio associato, e quindi di soluzioni reali dell'equazione. Per approfondimenti, il lettore può fare riferimento a [Villani, 2006, pagg. 139-140].

Le funzioni Potenza

Alla base delle funzioni polinomiali stanno le funzioni potenza x^n con n naturale (Fig. 22.1a e b). Di queste va analizzato con particolare attenzione il comportamento nell'intervallo $[-1, 1]$ (si veda la Fig. 22.2 a e b), e all'infinito positivo e negativo.

L'argomento presenta due importanti generalizzazioni:

- funzioni potenza con esponenti negativi;
- e funzioni potenza con esponenti razionali.

Villani V., Bernardi C., Zoccante S., Porcaro R.: Non solo calcoli. Domande e risposte sui perché della matematica
DOI 10.1007/978-88-470-2610-0_22, © Springer-Verlag Italia 2012

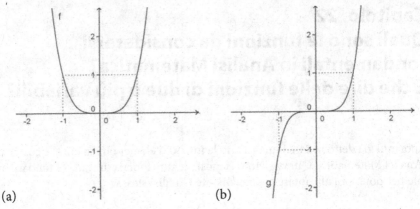

▲ **Figura 22.1** Tipico andamento di una potenza di esponente pari: $f(x) = x^4$ (a) e dispari: $g(x) = x^5$ (b)

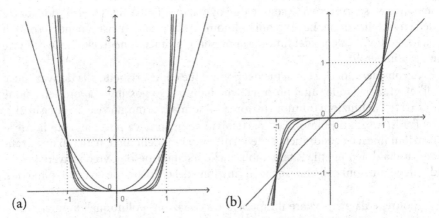

▲ **Figura 22.2** Intervallo $[-1, 1]$: grafici di potenze pari (c) e dispari (d)

Anche queste funzioni presentano andamenti controintuitivi nell'intervallo $[-1, 1]$ (si veda Fig. 22.3) e all'infinito.

Osservazioni sulle potenze ad esponente razionale **1** Le potenze ad esponente razionale sono definite tramite i radicali, ma usualmente solo *per base reale positiva*. Questa limitazione è ampiamente ma non universalmente condivisa. Vediamo perché.

Supponiamo dato l'esponente razionale $a = m/n$; occorre verificare che la definizione $x^a = (\sqrt[n]{x})^m$ sia una *buona definizione*. Questo non è scontato, in quanto il razionale a ha infinite rappresentazioni, ed è necessario che il risultato *non dipenda* dalla rappresentazione scelta. Poiché *di norma* si vogliono conservare le proprietà formali delle potenze anche nel caso degli esponenti razionali, si arriva ad un assurdo se si assumono basi negative.

Capitolo 22 • Quali sono le funzioni da considerarsi fondamentali in Analisi Matematica?

197

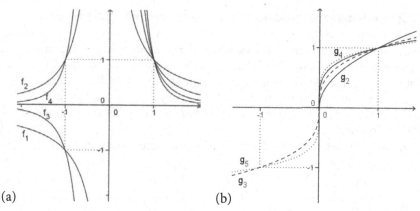

(a)   (b)

▲ **Figura 22.3**   Grafici di potenze con esponente negativo (a) e di radici n-sime (b)

Ecco due casi:

- si ha $(-8)^{1/3} = \sqrt[3]{-8} = -2$, ma anche $(-8)^{1/3} = (-8)^{2/6} = ((-8)^2)^{1/6} = \sqrt[6]{64} = 2$, in base alla regola per la "potenza di potenza";
- si ha $(-4)^{1/2} = \sqrt{-4}$, che non è definito, ma anche $(-4)^{1/2} = (-4)^{2/4} = ((-4)^2)^{1/4} = \sqrt[4]{16} = 2$, sempre per la stessa regola.

Quindi, se si vogliono conservare le usuali proprietà delle potenze, bisogna escludere le basi negative. In alternativa, potremmo limitare gli esponenti a frazioni irriducibili, ma in tal caso dobbiamo rinunciare a molte delle proprietà delle potenze.

Per ulteriori approfondimenti, si veda [DeMarco, 2002, pag. 50].

2 Il caso delle potenze con esponente razionale copre anche il caso delle funzioni *radici n-sime*, viste come funzioni inverse delle *potenze n-sime*. Ciò porta a considerare due situazioni:

- *n dispari*: la funzione potenza è monotona, e quindi invertibile, su tutto il dominio $\mathbb{R}$, e la sua immagine è ancora $\mathbb{R}$. La funzione radice è quindi definita su tutto $\mathbb{R}$;
- *n pari*: la funzione potenza non è monotona su tutto il dominio: è invertibile solo su una restrizione del dominio, in genere $\mathbb{R}^+$.

Nel primo caso (*n dispari*), con un abuso di notazioni rispetto a quanto detto nell'osservazione 1, l'inversa di $f(x) = x^n$, definita su tutto $\mathbb{R}$, è usualmente indicata con $f^{-1}(x) = \sqrt[n]{x}$, *anche per valori negativi* del dominio. Ad esempio, l'inversa di $f(x) = x^3$ è $f^{-1}(x) = \sqrt[3]{x}$, e $\sqrt[3]{-8} = -2$.

Non c'è reale contraddizione con quanto detto precedentemente, perché per n dispari, $\sqrt[n]{x}$ - inversa di x^n - è descritta correttamente dalla formula $\text{segno}(x)|x|^{1/n}$, che corrisponde perfettamente alle fasi del calcolo della radice: dapprima se ne valuta il segno, e poi si calcola la radice n-sima del valore assoluto dell'argomento.

22.2 Le funzioni esponenziali e le funzioni logaritmiche

Le funzioni potenza hanno base variabile ed esponente fisso: se facciamo variare l'esponente e manteniamo fissa la base, otteniamo le funzioni *esponenziali*. Le funzioni esponenziali sono la naturale estensione al dominio $\mathbb{R}$ delle successioni geometriche, e come queste hanno numerose applicazioni a fenomeni naturali. Questo è legato al fatto che la derivata di una funzione esponenziale è *proporzionale* alla funzione stessa.

Infatti si consideri $y = b^x$. Poiché il rapporto incrementale è

$$\frac{b^{x+h} - b^x}{h} = b^x \frac{b^h - 1}{h},$$

posto

$$\lim_{h \to 0} \frac{b^h - 1}{h} = k,$$

risulta

$$\frac{dy}{dx} = b^x \cdot k = k \cdot y. \tag{22.1}$$

Ciò significa che la funzione esponenziale è il modello matematico di un fenomeno in cui una quantità cresce o decresce *in modo proporzionale* alla quantità stessa. Ecco alcuni casi.

- *Dinamica di una popolazione*: in presenza di risorse illimitate, possiamo ritenere che una popolazione (di batteri, di cellule, di animali, ecc.) in un certo intervallo di tempo T, che assumiamo come unità di misura, aumenti (o diminuisca) di un numero di individui *proporzionale* al numero di individui presenti all'inizio dell'intervallo. Se allora indichiamo con $p(0)$ il numero di individui della popolazione iniziale e con r il *tasso di crescita* della popolazione, dopo un tempo T la popolazione sarà

$$p(1) = p(0) + r \cdot p(0) = p(0)(1 + r)$$

e dopo un tempo $2T$ sarà

$$p(2) = p(1) + r \cdot p(1) = p(1)(1 + r) = p(0)(1 + r)^2.$$

In generale, dopo t periodi, si avrà

$$p(t) = p(0)(1 + r)^t.$$

Naturalmente, questa formula vale anche se consideriamo t numero reale qualsiasi, entro i limiti di validità del fenomeno. In conclusione, la popolazione aumenta se r è positivo o diminuisce se r è negativo *secondo un modello esponenziale*.

Capitolo 22 • Quali sono le funzioni da considerarsi fondamentali in Analisi Matematica?

199

- *Capitalizzazione composta*: se una somma di denaro $c(0)$ è investita con una capitalizzazione composta (caso in cui l'interesse è sommato al capitale precedente, e sul totale è calcolato l'interesse successivo) al tasso di interesse annuo r, allora il capitale dopo t anni è dato da

$$c(t) = c(0)(1+r)^t.$$

- *Decadimento radioattivo*: è noto che le sostanze radioattive si trasformano spontaneamente in altre sostanze al passare del tempo. Tale fenomeno, denominato *decadimento radioattivo* è descritto tramite il *tempo di dimezzamento* che, per definizione, è il periodo di tempo in cui metà degli atomi della sostanza si trasforma, e metà non si trasforma. La modellizzazione del fenomeno risulta semplificata se assumiamo come unità di misura dei tempi il *tempo di dimezzamento*. Indicato allora con $n(0)$ il numero iniziale di atomi di sostanza radioattiva, il numero di atomi radioattivi presenti dopo un intervallo di tempo t dall'inizio sarà

$$n(t) = \frac{n(0)}{2^t} = n(0)\left(\frac{1}{2}\right)^t.$$

Negli esempi 1 e 3 è importante osservare come si sia passati da una situazione reale *discreta* (il numero di elementi sia della popolazione, sia della sostanza è un numero naturale) ad una descrizione matematica *continua*, in cui le variabili usate sono numeri reali. Questo cambio di dominio naturalmente può essere accettato oppure no; ma in ogni caso alcuni aspetti della realtà dovranno essere trascurati, se si vuole costruire un modello abbastanza semplice da essere trattabile. Nei casi scelti il passaggio ad una descrizione continua consente l'uso di strumenti dell'analisi matematica per lo studio del modello.

Notiamo poi che la modellizzazione è "buona" solo se il numero di individui o di atomi è sufficientemente elevato. Ciò è dovuto, nel terzo esempio, al fatto che il decadimento radioattivo è sostanzialmente un fenomeno aleatorio: possiamo affermare che *in media* in un tempo pari al tempo di dimezzamento la metà degli atomi si trasformano. Nel caso si stiano considerando pochi atomi, lo scostamento dal comportamento medio può essere notevole.

Osservazioni **1** Poiché usualmente si richiede che l'esponente sia un numero reale, le funzioni esponenziali avranno necessariamente *base strettamente positiva*.

Il problema che si pone è come definire una potenza con esponente irrazionale. Per fare questo è necessario utilizzare la *completezza* dei reali: è uno dei casi da cui emerge la necessità di una teoria dei numeri reali.

L'idea sottostante è la seguente. Se consideriamo *approssimazioni razionali* per difetto d_i e crescenti dell'esponente e per eccesso e_i decrescenti, che definiscono l'esponente x come classi contigue, anche le potenze approssimazioni a^{d_i} e a^{e_i} formeranno classi contigue e quindi definiranno un ben preciso numero reale y: si porrà allora $a^x := y$.

Implicitamente, si assume anche che la funzione da $\mathbb{R}$ in $\mathbb{R}$: $x \mapsto a^x$ sia *continua*[1].

2 La formula 22.1 permette anche di spiegare perché in matematica si preferisca usare la base e per le funzioni esponenziali.

La costante k che compare nella formula dipende chiaramente dalla base della funzione esponenziale. La derivata risulta particolarmente semplice se $k = 1$, ossia se

$$\lim_{h \to 0} \frac{b^h - 1}{h} = 1.$$

Qualche manipolazione algebrica e qualche altra sottigliezza matematica permettono di "risolvere" questa equazione in b, e portano dapprima a

$$b = \lim_{h \to 0} (1 + h)^{1/h},$$

e poi, ponendo $t = 1/h$, a

$$b = \lim_{t \to \infty} \left(1 + \frac{1}{t}\right)^t.$$

Quest'ultimo limite definisce il numero e. In conclusione, *se noi scegliamo e come base, la funzione esponenziale risulta uguale alla sua derivata*, ed anche ad una sua primitiva.

Fenomeni di tipo logaritmico

Anche la funzione logaritmo è molto diffusa nella descrizione dei fenomeni naturali. Interessante è un particolare ambito di applicazione [Maor, 1994].

Nel 1825 il fisiologo tedesco Ernst Weber formulò una legge matematica che aveva lo scopo di misurare la risposta umana a vari stimoli fisici. Una serie di esperimenti portarono Weber a ritenere che la variazione della percezione dello stimolo (della soglia di risposta) fosse proporzionale non alla *variazione assoluta* dello stimolo stesso, ma alla *variazione relativa* rispetto allo stimolo precedente. Ossia, dal punto di vista matematico,

$$\mathrm{d}p = k \frac{\mathrm{d}S}{S} \tag{22.2}$$

dove $\mathrm{d}p$ è la variazione della soglia di risposta (la più piccola variazione ulteriormente percepibile), $\mathrm{d}S$ la corrispondente variazione dello stimolo, S lo stimolo già presente, e k una costante di proporzionalità.

Weber applicò la sua legge a qualsiasi tipo di sensazione fisiologica, come il dolore provato in risposta alla pressione fisica, la percezione della luminosità causata da una fonte luminosa, o la percezione di volume da una fonte sonora. La legge di

---

[1]Per una dimostrazione di quest'ultima proprietà si veda, ad esempio, [Barozzi, 1998, pag. 211].

Capitolo 22 • Quali sono le funzioni da considerarsi fondamentali in Analisi Matematica?

201

Weber, successivamente diffusa dal fisico tedesco Gustav Fechner, divenne nota come la *legge di Weber-Fechner*.

La legge di Weber-Fechner, espressa dall'equazione 22.2 è una equazione differenziale. Integrando, si ha

$$p = k \ln S + C,$$

dove C è la costante di integrazione. Se indichiamo con S_0 il più basso livello di stimolo fisico che riesce a provocare una risposta (il livello di soglia), si ha $p = 0$ quando $S = S_0$, in modo che $C = -k \ln S_0$. Sostituendo nella formula precedente, abbiamo infine

$$p = k \ln \frac{S}{S_0}. \tag{22.3}$$

Questo mostra che la risposta segue una legge logaritmica. In altre termini: se si vuole che la risposta aumenti in modo uguale per intervalli uguali, lo stimolo corrispondente deve essere aumentato in un rapporto costante, cioè in progressione geometrica.

Tra i molti fenomeni che seguono una scala logaritmica, dobbiamo citare anche la scala di intensità sonora *decibel*, la scala di luminosità delle grandezze stellari (*magnitudine*), e la scala Richter che misura l'intensità o *magnitudo* dei terremoti.

22.3 Le funzioni goniometriche

Ugualmente importanti sono le principali funzioni *goniometriche* (o *trigonometriche*, o anche *circolari*) e le loro inverse: seno, coseno e tangente, arcoseno, arcocoseno e arcotangente. Le funzioni goniometriche sono le prime funzioni periodiche che si incontrano, e forniscono un modello per tutte le altre funzioni periodiche. Ecco alcuni aspetti da considerare.

- Si tratta di funzioni *non lineari*. Da parte degli studenti c'è una tendenza "naturale" a linearizzare tutto, ma le formule di addizione e sottrazione (le uniche veramente importanti) mostrano che così non è.
- Forniscono ottimi esempi di funzioni a cui applicare *opportune restrizioni* del dominio per garantirne l'invertibilità.
- Permettono di *parametrizzare* in modo naturale la circonferenza, e poi anche l'ellisse, con successiva generalizzazione alle curve di Lissajous.
- Consentono di descrivere matematicamente un'ampia classe di funzioni empiriche mediante le *serie di Fourier* (si veda il capitolo 21, paragrafo 21.4.1).

Una domanda frequente riguarda la preferenza della matematica ad usare per le funzioni goniometriche gli argomenti espressi in *radianti* piuttosto che in *gradi*. Come per il numero e, la risposta si trova nella teoria dei limiti e delle derivate: l'uso dei radianti permette di ottenere espressioni più semplici per il limite fondamentale:

$$\lim_{x \to 0} \frac{\sin(x)}{x} = 1 \tag{22.4}$$

e quindi per la derivata: $D(\sin(x)) = \cos(x)$ e la primitiva.

La semplificazione del limite fondamentale è dovuta al fatto che sulla circonferenza goniometrica poniamo a confronto la semicorda $\sin(x)$ con il semiarco x *espressi nella stessa unità di misura*, il radiante.

Questa semplificazione si riflette sul grafico della funzione: *nell'origine la retta tangente alla curva ha pendenza 1*. Naturalmente questa proprietà verrebbe a cadere se l'argomento fosse espresso in gradi.

Tuttavia in altri contesti può essere opportuno usare le misure in gradi; per evitare ambiguità, in questi casi è preferibile scrivere $\sin(x°)$, $\cos(x°)$, $\tan(x°)$.

Infine, si ponga attenzione alla calcolatrice in uso: frequentemente queste possono usare, oltre ai comuni *gradi sessagesimali* (o o *deg*, abbreviazione di *degree*) e ai radianti (*rad*), anche i *gradi centesimali*, il cui simbolo (*grad*) trae facilmente in inganno i principianti. L'inganno è ancora più facile nell'utilizzo delle funzioni inverse.

Osservazioni   **1** Un problema da affrontare preliminarmente allo studio delle funzioni goniometriche è relativo al concetto di *angolo*. È noto (si veda [Villani, 2006, pag. 133 ss]) che il termine "angolo" non individua un unico concetto, e che ogni definizione che si possa dare a scuola ad un certo punto del percorso scolastico è incompleta e spesso in contraddizione con le definizioni successive.

Tuttavia, è consuetudine definire inizialmente seno e coseno associati ad un triangolo rettangolo, e solo in un secondo momento generalizzare le funzioni con l'ausilio della circonferenza goniometrica. Questo è didatticamente sensato e sostanzialmente corretto, in una fase iniziale. Insegnante e studenti devono però essere consapevoli che le funzioni goniometriche spesso hanno argomenti che nulla hanno a che fare con gli angoli, neppure generalizzati. Un caso tipico si ha nello studio delle onde.

2 Le funzioni goniometriche, in quanto periodiche, non sono invertibili nel loro dominio naturale. Per giungere ad una funzione invertibile, si considerano opportune restrizioni del dominio e del codominio. Di norma, il dominio è ristretto ad un intervallo in cui la funzione è iniettiva, se possibile simmetrico rispetto all'origine delle ascisse, o positivo. Così, per le funzioni seno e tangente si scelgono rispettivamente gli intervalli $[-\pi/2, \pi/2]$ e $]-\pi/2, \pi/2[$, mentre per coseno si prende $[0, \pi]$. Il codominio è invece ridotto all'immagine: $[-1, 1]$ per seno e coseno, $\mathbb{R}$ per tangente, in modo che le funzioni siano suriettive.

In conclusione, le rispettive inverse risultano così definite:

$$\arcsin : [-1, 1] \to [-\pi/2, \pi/2],$$
$$\arccos : [-1, 1] \to [0, \pi],$$
$$\arctan : \mathbb{R} \to]-\pi/2, \pi/2[.$$

3 Spesso si tende a ignorare dominio e immagine delle *restrizioni* delle funzioni goniometriche e delle loro inverse, nelle funzioni composte. Ricordiamo ad esempio che:

- $\cos(\arccos(x)) = x$ solo se $x \in [-1, 1]$, poiché arccos è *definita* solo in tale intervallo;

Capitolo 22 • Quali sono le funzioni da considerarsi fondamentali in Analisi Matematica?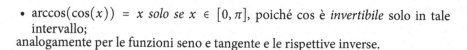

203

- $\arccos(\cos(x)) = x$ *solo se* $x \in [0, \pi]$, poiché cos è *invertibile* solo in tale intervallo;

analogamente per le funzioni seno e tangente e le rispettive inverse.

22.4 Altre funzioni importanti

Oltre alle funzioni polinomiali, esponenziali e trigonometriche esistono ulteriori classi di funzioni particolarmente importanti.

Tra queste, ricordiamo le funzioni *costanti a tratti*, già utilizzate per la definizione degli integrali, e le funzioni *lineari a tratti*. Esempi matematici notevoli sono la funzione segno, le funzioni parte intera e parte frazionaria. Queste funzioni hanno numerose applicazioni pratiche: dalla già citata funzione dell'aliquota IRPEF alla sua funzione integrale, dalle tariffe postali alle bollette telefoniche; in genere, tutti i servizi hanno un costo esprimibile con funzioni lineari a tratti.

Infine, sono da trattare con attenzione le funzioni che compaiono in probabilità e in statistica. In particolare ricordiamo le funzioni associate alle distribuzioni discrete: geometrica, binomiale, di Poisson, e alle distribuzioni continue: uniforme e gaussiana, e alle loro funzioni integrali (le *funzioni di ripartizione*).

Il buon insegnante proporrà preferibilmente esercizi su queste funzioni, lasciando in subordine le funzioni cervellotiche così diffuse in molti libri di testo.

22.5 Funzioni a più variabili

Le funzioni di una variabile giocano un ruolo fondamentale nei settori più vari, dalla fisica alla biologia, dall'informatica alla chimica e all'economia. Tuttavia, nella maggior parte dei casi si ha a che fare con funzioni a più variabili.

Ad esempio, si consideri la legge dei gas perfetti $PV = RT$. In questo caso possiamo dire che la pressione è funzione della sola temperatura, se si assume che il volume sia costante (nelle trasformazioni *isocore*). Analogamente, la pressione è funzione del solo volume se la temperatura è costante (nelle trasformazioni *isoterme*). Ma se si suppongono variabili sia la temperatura, sia il volume, la pressione risulta funzione di due variabili. Se poi si suppone variabile anche la quantità di gas (che implicitamente era stata considerata costante) la pressione viene ad essere funzione di tre variabili.

Oppure si consideri la stessa legge fondamentale della dinamica $F = ma$, che esprime la forza tramite due variabili: m, la massa dell'oggetto considerato, e a, la sua accelerazione. Solo nell'ipotesi che la massa sia costante possiamo avere la forza in funzione della sola variabile accelerazione. Ma nella fisica relativistica non è così, come non lo è nell'ipotesi che l'oggetto perda massa durante il moto, come capita nei razzi. In ogni caso, tutto ciò è corretto solo se si considerano i moduli di F e di a. Ma questi sono vettori, ed è quindi logico vedere $\mathbf{F} = m\mathbf{a}$ come una funzione che coinvolge scalari e vettori.

Le funzioni a più variabili presentano alcune difficoltà nella formalizzazione. Ad esempio, nel primo esempio la *pressione*, funzione di due variabili, è una funzione da $\mathbb{R}^2 \to \mathbb{R}$; si tratta di una *funzione a valori scalari*; nel secondo, il vettore *forza*, funzione della *massa* e del *vettore tridimensionale accelerazione*, è una *funzione vettoriale* da $\mathbb{R}^4 \rightarrow \mathbb{R}^3$. Entrambi sono casi particolari di funzioni da $\mathbb{R}^n \rightarrow \mathbb{R}^m$.

Ciononostante, la teoria può essere ridotta al minimo. Rimangono fondamentali i concetti di limite, di continuità, di differenziabilità e di integrabilità. Mentre limiti e continuità sono la logica estensione del caso di funzioni in una variabile, maggiori complicazioni si incontrano nella generalizzazione del concetto di derivata, e nella successiva definizione di funzione differenziabile. Anche l'integrazione si complica notevolmente, in particolare per la varietà degli insiemi su cui è possibile calcolare l'integrale: ci si troverà di fronte a integrali di linea, di superficie, di volume, ecc.

Derivate ed integrali in più variabili danno origine ad un insieme di teoremi molto utilizzati in fisica: i teoremi del gradiente, della circuitazione, del rotore, della divergenza. Infine, i teoremi di Green e di Stokes generalizzano il teorema fondamentale del calcolo integrale. Ma tutto questo esula dal nostro discorso.

Capitolo 23
Come fare, se non ci sono formule esatte per il calcolo?

Il problema posto è piuttosto ampio: può riguardare il calcolo di singoli valori numerici, come nel caso della ricerca delle soluzioni di una equazione, o del massimo di una funzione; il calcolo dell'equazione di una funzione, come nel caso della risoluzione di una equazione differenziale; o il calcolo di un intero insieme di funzioni, come nel caso della risoluzione di un sistema di equazioni differenziali.

La matematica che si occupa di rispondere alla domanda prende il nome di *calcolo numerico*, e copre praticamente ogni campo della matematica; il suo sviluppo ha ricevuto un impulso spettacolare con l'avvento dei calcolatori.

Presentiamo alcuni temi di calcolo numerico, senza pretendere di essere esaustivi, né di proporre i metodi più efficienti. Cercheremo invece di proporre i metodi più semplici e comprensibili. Tra questi temi va inclusa anche l'approssimazione di funzioni, cui è stato dedicato il capitolo 21.

Questo capitolo è alquanto tecnico, e può tranquillamente essere omesso se non si hanno interessi specifici: per fortuna, esistono numerosi software di calcolo numerico che eseguono i calcoli per noi! Il capitolo è dedicato piuttosto a chi voglia *capire* come quel calcolo numerico sia possibile[1].

23.1 Valutazione di una funzione in un punto

Si tratta di un passaggio obbligato: a parte le funzioni polinomiali, di cui è possibile calcolare i valori con le quattro operazioni aritmetiche, tutte le altre richiedono algoritmi di calcolo più o meno complessi.

È interessante vedere come si possano calcolare le funzioni di base mediante le operazioni elementari. Dal punto di vista didattico si ottiene anche l'effetto di ridurre un po' il mistero che avvolge il funzionamento degli strumenti informatici: ma come faranno questi ad eseguire calcoli così complicati? I metodi presentati servono ad illustrare i possibili algoritmi che operano all'interno degli elaboratori elettronici per restituirci i risultati in una frazione di secondo, quando il lavoro manuale sarebbe durato un'ora o più, a seconda del numero delle cifre decimali richieste.

Radici *n*-sime

Abbiamo già visto il metodo di Erone (14.1.1) per il calcolo della radice quadrata di un numero positivo.

---

[1]Al lettore interessato ad approfondire ulteriormente la tematica consigliamo la lettura di [Chabert, 1999] per gli aspetti storici, di [Quarteroni et al., 2008] per gli aspetti teorici e di [Quarteroni, 2008] per l'esposizione dei vari metodi e per le applicazioni.

Villani V., Bernardi C., Zoccante S., Porcaro R.: Non solo calcoli. Domande e risposte sui perché della matematica
DOI 10.1007/978-88-470-2610-0_23, © Springer-Verlag Italia 2012

Una generalizzazione derivata dal metodo delle tangenti di Newton (si veda più avanti) consente il calcolo della radice n-sima di un numero positivo a. Eccone la formula ricorsiva:

$$x_0 = \text{valore iniziale positivo (ad es. } a)$$

$$x_k = \frac{1}{n}\left[(n-1)x_{k-1} + \frac{a}{x_{k-1}^{n-1}}\right]. \tag{23.1}$$

Anche in questo caso sono utilizzate solo le quattro operazioni elementari. Si tratta di un metodo che converge rapidamente.

Logaritmi

Un semplice algoritmo per il calcolo del logaritmo di un numero in una base qualsiasi è stato esposto in 14.1.3. Si tratta di un metodo estremamente elementare, che usa esclusivamente la definizione di logaritmo e le sue proprietà caratteristiche, oltre che la monotonia e, implicitamente, la continuità.

Per il calcolo, oltre alle quattro operazioni, è richiesta anche la radice quadrata. La convergenza di questo metodo risulta abbastanza buona.

Seno e coseno

Si deve a Tolomeo un algoritmo analogo al precedente per il calcolo della corda di un determinato angolo, e quindi equivalente al calcolo del seno. L'idea guida consiste, anche qui, nell'approssimare per difetto e per eccesso il valore della corda sottesa ad un angolo, note le corde di due angoli che rispettivamente minorano e maggiorano l'angolo assegnato. Fondamentale in questo metodo è il ruolo delle formule di addizione e di bisezione. Chi sia interessato ad approfondire l'argomento può fare riferimento a [Zoccante, 2004].

Ecco in sintesi l'algoritmo, ricondotto alle nostre notazioni e alle nostre funzioni. Sia x un angolo compreso tra $0°$ e $90°$[2].

1 Il valore x è inizialmente compreso tra i valori $a = 0°$ e $b = 90°$, dei quali sono noti i valori dei seni e dei coseni.

2 Si calcola la media aritmetica $c = (a+b)/2$.

3 Mediante le formule di addizione e bisezione, si calcolano seno e coseno di c.

4 Ora, se $x = c$, il risultato è già raggiunto e risulta $\sin(x) = \sin(c)$ e $\cos(x) = \cos(c)$, altrimenti $x \in [a, c[$ o $x \in]c, b]$. In ognuno dei due casi, x si trova in un intervallo $[a_1, b_1]$ di *ampiezza metà* del precedente.

5 si ripetono quindi i passi 2, 3, 4 fino ad ottenere un intervallo $[a_n, b_n]$ di ampiezza tale che agli estremi i valori del seno (o del coseno) differiscano meno dell'errore richiesto.

Anche per questo metodo si possono ripetere le considerazioni fatte per il logaritmo.

---

[2] È del tutto indifferente, in questo caso, quale unità di misura si usi. Nell'esempio manteniamo i gradi, che ci sono stati tramandati proprio dalla matematica alessandrina.

Capitolo 23 • Come fare, se non ci sono formule esatte per il calcolo?

207

Osservazioni e commenti **1** Naturalmente, per il calcolo di uno o più valori numerici delle funzioni si possono sempre utilizzare gli sviluppi di Taylor. In [Barozzi, 1998, pag. 544 ss] sono bene esposti i relativi algoritmi ed altre più efficienti varianti.

2 Nel 1959, agli inizi della diffusione degli strumenti informatici, J. Volder propose una variante dell'algoritmo di Tolomeo per il calcolo delle funzioni trigonometriche [Chimetto, 2006]. L'algoritmo, chiamato CORDIC (acronimo di COordinate Rotations on a DIgital Computer), fu implementato (o addirittura cablato) negli strumenti di controllo della navigazione aerea, che fanno uso intensivo delle funzioni trigonometriche, e da allora è stato a lungo presente in molti linguaggi di programmazione. Il CORDIC esegue il calcolo esclusivamente con addizioni, sottrazioni e *shift*, che corrispondono, nell'aritmetica binaria, a moltiplicazioni o divisioni per potenze di 2, base della numerazione. Risulta quindi molto efficiente e facilmente eseguibile da ogni tipo di processore. Successivamente, furono sviluppate alcune estensioni del metodo che permisero di calcolare logaritmi, esponenziali e radici quadrate: praticamente tutte le funzioni usuali.

23.2 Zeri di una funzione

Il calcolo degli zeri di una funzione è un problema ricorrente in matematica. La risoluzione di un'equazione o di una disequazione, la determinazione di massimi, minimi e flessi di funzioni derivabili, l'individuazione dei punti di equilibrio di un sistema dinamico,... sono tutti riconducibili al calcolo degli zeri.

Però la teoria ci dice che non possiamo avere un algoritmo che ci consenta di determinare uno zero di una funzione *generica* in un numero *finito* di passi, neppure per le sole funzioni polinomiali (cfr. [Villani, 2003, pag. 153 ss]). Abbiamo infatti il seguente:

Teorema 21 (di Ruffini-Abel) *Per le equazioni polinomiali $P(x) = 0$ di grado $\geqslant 5$ non esiste alcuna formula generale atta ad esprimere le soluzioni in funzione dei coefficienti di $P(x)$ mediante le sole operazioni aritmetiche elementari ed estrazioni di radici (quadrate, cubiche, ...).*

Per risolvere il problema di norma si fa ricorso a metodi *iterativi*. Ciò significa che, a partire da uno o più valori iniziali x_0 opportunamente scelti, si costruisce una successione di valori x_k che converga allo zero $\bar{x}$ cercato.

23.2.1 Il metodo di bisezione

Il più semplice dei metodi per il calcolo degli zeri di una funzione f è il *metodo di bisezione*, descritto nel Teorema (2) degli zeri. In base alle ipotesi del teorema, il metodo si può applicare quando:

1 la funzione f è continua in un intervallo $[a, b]$;
2 ed è discorde agli estremi di tale intervallo: $f(a) \cdot f(b) < 0$.

L'idea guida consiste nel bisecare l'intervallo di partenza, scegliendo poi, tra i due sottointervalli così ottenuti, quello ai cui estremi la funzione è discorde. In tal modo ci si riconduce alle ipotesi del teorema, per cui siamo certi che il nuovo sottointervallo conterrà lo zero cercato. Si applica ripetutamente il procedimento fino ad ottenere un sottointervallo di ampiezza minore dell'errore massimo ammesso ε (in questo contesto, l'errore ammesso è chiamato *tolleranza*). $\bar{x}$, compreso nel sottointervallo, sarà così individuato con la precisione voluta.

Ecco l'algoritmo: si ponga $a_0 = a$, $b_0 = b$, $k = 0$ (k conta il numero di dimezzamenti) e sia ε l'errore richiesto.

1 Si calcola la media aritmetica $c = (a_k + b_k)/2$.

2 Ora, se $f(c) = 0$, il risultato è già raggiunto e l'algoritmo termina fornendo lo zero c, altrimenti se $f(a_k) \cdot f(c) < 0$, si pone $a_{k+1} = a_k$ e $b_{k+1} = c$, altrimenti si pone $a_{k+1} = c$ e $b_{k+1} = b_k$.
In ognuno dei due casi, lo zero si trova nell'intervallo $[a_{k+1}, b_{k+1}]$ di *ampiezza metà* del precedente.

3 Si incrementa di 1 il valore di k.

4 Si ripetono quindi i passi 1, 2, 3 fino ad ottenere un intervallo $[a_n, b_n]$ di ampiezza minore di ε.

5 Lo zero è allora approssimato da $(a_n + b_n)/2$, con un errore minore di $\varepsilon/2$.

Osservazioni e commenti   **1** Al termine dell'algoritmo, k contiene il numero di iterazioni, e quindi di bisezioni, eseguite. Pertanto lo zero è determinato con errore finale minore o uguale a $\frac{b-a}{2^{k+1}}$. Questa relazione consente di determinare il numero di iterazioni nota la tolleranza ε, o, all'inverso, determinare la tolleranza noto il numero di iterazioni.

2 Il teorema degli zeri garantisce l'*esistenza di almeno uno zero* nell'intervallo dato. Nel caso in cui la funzione abbia più zeri, ed interessi determinarli tutti, si individueranno dei sottointervalli che ne contengano uno solo. Questo problema tuttavia non è banale: si veda, ad esempio, [Villani, 2003, pagg. 163-169] in cui si espone un metodo per separare gli zeri di una *funzione polinomiale*.

3 Si è già osservato che l'algoritmo sfrutta la sola continuità della funzione. Ciò ha il vantaggio di una ampia applicabilità, e lo svantaggio di una rapidità di convergenza piuttosto modesta, anche nel caso di funzioni lineari.

23.2.2 Il metodo della tangente o di Newton

È un metodo che, a differenza del precedente, utilizza in modo più efficace la conoscenza della funzione di cui si cerca lo zero.

Sia f una funzione continua nell'intervallo $[a, b]$, che assuma segno discorde agli estremi dello stesso intervallo, e che abbia in esso derivata prima continua e non nulla. Come al solito, si indichi con $\bar{x}$ lo zero della funzione, che si assume unico nell'intervallo.

Per approssimare $\bar{x}$, si parte da un punto x_0 *sufficientemente vicino a* $\bar{x}$ e si considera la retta tangente alla curva nel punto $(x_0, f(x_0))$:

$$T_1(x) = f(x_0) + f'(x_0)(x - x_0).$$

Capitolo 23 • Come fare, se non ci sono formule esatte per il calcolo?

209

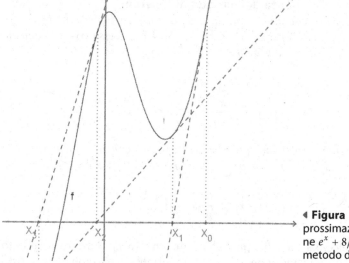

◄ **Figura 23.1** Prime approssimazioni per la funzione $e^x + 8/(1 + x^2) - 5$ con il metodo di Newton

Questa interseca l'asse delle ascisse nel punto

$$x_1 = x_0 - \frac{f(x_0)}{f'(x_0)}.$$

Questo equivale a calcolare lo zero di f sostituendo, localmente, la f con la sua tangente T_1. L'attesa è che il punto x_1 così ottenuto sia una approssimazione dello zero $\bar{x}$ migliore di x_0 (Fig. 23.1). A partire da x_1 si può poi iterare il procedimento ed ottenere così la successione (x_k), definita ricorsivamente a partire da x_0,

$$x_k = x_{k-1} - \frac{f(x_{k-1})}{f'(x_{k-1})}, \text{ per } k > 0 \tag{23.2}$$

che, sotto certe condizioni, avrà $\bar{x}$ come limite. Infatti, nell'ipotesi che la successione converga ad un numero x^* per $k \to \infty$, passando al limite in (23.2) si ha

$$x^* = x^* - \frac{f(x^*)}{f'(x^*)}, \text{ da cui discende } f(x^*) = 0$$

a causa della continuità di f, e quindi x^* coincide con $\bar{x}$, unico zero nell'intervallo.

Resta da chiarire quali siano le condizioni cui deve soddisfare f, almeno localmente. In effetti, la richiesta che il punto iniziale x_0 sia sufficientemente vicino a $\bar{x}$ può risultare bizzarra, non essendo conosciuto $\bar{x}$. Si noti però che il problema è superabile con qualche iterazione del metodo di bisezione, o con altre strategie. Senza scendere nel dettaglio di quali siano le condizioni più ampie per la convergenza dell'algoritmo, enunciamo un risultato che si applica alla maggior parte delle situazioni che interessano. Per una dimostrazione, si veda, ad esempio, [Barozzi, 1998, pagg. 426-427].

Teorema 22 (di convergenza del metodo di Newton)   *Sia f una funzione dotata di derivate prima e seconda continue nell'intervallo $[a, b]$, tale che $f(a) < 0$, $f(b) > 0$ e $f'(x) \geqslant m > 0$ per ogni $x \in [a, b]$. Se f è convessa (rispettivamente concava) su $[a, b]$, la successione definita ricorsivamente da*

$$x_0 = b, \ (rispettivamente \ x_0 = a),$$

$$x_k = x_{k-1} - \frac{f(x_{k-1})}{f'(x_{k-1})}, \ per \ k > 0$$

è monotona crescente (rispettivamente decrescente) e converge in modo quadratico allo zero $\bar{x}$ interno all'intervallo $[a, b]$. E precisamente, se $|f''(x)| \leqslant M$, si ha, per ogni $k \in \mathbb{N}$

$$|x_{k+1} - \bar{x}| \leqslant \frac{M}{2m}|x_k - \bar{x}|^2.$$

Esempio 1   Il calcolo della radice quadrata di un numero a può essere ricondotto al calcolo dello zero dell'equazione $x^2 - a = 0$. La formula di Newton (23.2), posto $x_0 = a$ e considerato che $f'(x) = 2x$, fornisce

$$x_k = x_{k-1} - \frac{x_{k-1}^2 - a}{2x_{k-1}} = \frac{1}{2}\left(x_{k-1} + \frac{a}{x_{k-1}}\right),$$

e quindi ritroviamo il metodo di Erone.

Esempio 2   Il calcolo della radice n-esima di un numero a può essere ricondotto al calcolo dello zero dell'equazione $x^n - a = 0$. La formula di Newton (23.2), posto $x_0 = a$ e considerato che $f'(x) = nx^{n-1}$, fornisce

$$x_k = x_{k-1} - \frac{x_{k-1}^n - a}{nx_{k-1}^{n-1}} = \frac{1}{n}\left[(n-1)x_{k-1} + \frac{a}{x_{k-1}^{n-1}}\right], \tag{23.3}$$

che coincide con la formula (23.1).

Osservazioni e commenti   **1** Precedentemente avevamo osservato che il metodo di Erone converge almeno come $1/2^k$. Ora possiamo stimare in modo più preciso la convergenza: l'errore al passo $(k + 1)$-esimo è il quadrato dell'errore al passo k-esimo, moltiplicato per una costante che non dipende da k. Ciò significa che, grosso modo, il numero di cifre decimali esatte raddoppia ad ogni iterazione.

2 A differenza del metodo di bisezione, il metodo di Newton non ha un controllo intrinseco dell'errore, in quanto genera una sola successione di approssimazioni. In casi come questo si ricorre ad una *stima dell'errore*.

Una possibilità consiste nel valutare la *differenza tra due approssimazioni successive*, ed arrestare l'iterazione non appena tale differenza risulta minore della tolleranza ε (per una giustificazione, si veda [Quarteroni, 2008, pag. 60]).

Capitolo 23 • Come fare, se non ci sono formule esatte per il calcolo?

211

Una seconda stima si basa sul *residuo* di f alla k-esima iterazione, ossia sul valore $r_k = f(x_k)$ (che è nullo se x_k è uno zero di f). In questo caso, si arresta il calcolo non appena $|r_k| = |f(x_k)| < \varepsilon$.

La stima funziona accuratamente solo quando $|f'(x)|$ è approssimativamente 1 in prossimità dello zero $\bar{x}$ di f. Infatti, l'errore alla k-esima iterazione è $e_k = |\bar{x} - x_k|$, e l'ipotesi $|f'(x)| \approx 1$ porta a

$$\frac{f(\bar{x}) - f(x_k)}{\bar{x} - x_k} \approx 1, \text{ da cui } |f(\bar{x}) - f(x_k)| \approx |\bar{x} - x_k| \text{ ossia } |f(x_k)| \approx e_k.$$

E perciò la condizione $|f(x_k)| < \varepsilon$ in questo caso controlla effettivamente l'errore.

3 Un'interessante estensione del metodo di Newton permette il calcolo delle soluzioni di un *sistema di equazioni non lineari*. Per i dettagli si rinvia a [Quarteroni, 2008, pagg. 52-54].

4 Il metodo di Newton può essere visto come caso particolare del *metodo del punto fisso*. Chi fosse interessato a questo, così come ai miglioramenti introdotti con la *tecnica di accelerazione* di A. Aitken (1926), veda sempre [Quarteroni, 2008, pagg. 55-64].

23.3 Integrale di una funzione

Il calcolo numerico di un integrale definito può risultare necessario per vari motivi. La funzione che si vuole integrare potrebbe essere nota solo per punti, come succede quando è ottenuta mediante un campionamento.

Oppure la funzione integrale potrebbe essere nota ma difficile da calcolare. Ad esempio [Quarteroni, 2008, pag. 107] per

$$f(x) = \cos(4x) \cos(3 \sin(x))$$

risulta

$$\int_0^\pi f(x) \mathrm{d}x = \pi \left(\frac{3}{2}\right)^4 \sum_{k=0}^\infty \frac{(-9/4)^k}{k!(k+4)!},$$

ed è evidente che il problema si è solo trasformato, ma non semplificato.

Oppure una formula per la primitiva potrebbe essere nota, ma potrebbe risultare difficile o impossibile esprimerla mediante funzioni elementari, come nel caso già visto della funzione $f(x) = e^{-x^2}$.

I metodi di integrazione numerica consistono generalmente in combinazioni lineari di un insieme di valori della funzione integranda:

$$I_{appr}(f) = \sum_{k=0}^n c_k f(x_k).$$

I numeri x_k sono detti *punti di integrazione* o *nodi di quadratura*, e i coefficienti c_k sono i *pesi* attribuiti alle singole valutazioni della funzione nei nodi. I nodi e i pesi dipendono dai vari metodi utilizzati nel calcolo, e dalla precisione richiesta all'approssimazione.

Come già visto, una delle tecniche per rendere più semplice il calcolo di una funzione, nota o ignota, consiste nell'approssimare la funzione con altra funzione *interpolante*, più facilmente computabile, generalmente un polinomio di grado basso. Questa tecnica consente di generare un'intera classe di formule di quadratura, che andiamo ad esporre.

23.3.1 Quadratura mediante interpolazione

Vogliamo calcolare l'integrale approssimato di f sull'intervallo $[a, b]$. Allo scopo, come già visto per l'integrale di Riemann (20.1.3), consideriamo una scomposizione dell'intervallo $[a, b]$ in n sottointervalli I_k, ognuno di ampiezza $h = (b - a)/n$. Allora sarà

$$\int_a^b f(x)\mathrm{d}x = \sum_{k=1}^n \int_{I_k} f(x)\mathrm{d}x.$$

Calcoleremo ora l'integrale approssimato $I_{appr}(f)$ sostituendo su ogni intervallo I_k la funzione f con una sua approssimazione polinomiale.

Quadratura con il metodo dei rettangoli

Come primo caso, per ogni intervallo I_k sostituiamo f con un polinomio di grado 0, ossia con una funzione costante. Se come costante prendiamo l'estremo inferiore $e_k := \inf\{ f(x) \mid x \in I_k \}$, otteniamo

$$I_{appr}(f) = \sum_{k=1}^n (e_k \cdot h) = h \cdot \sum_{k=1}^n e_k,$$

ossia la *somma inferiore* di f. Analogamente, se consideriamo l'estremo superiore $E_k := \sup\{ f(x) \mid x \in I_k \}$, avremo come approssimazione la *somma superiore*.

Le due formule su esposte sono casi particolari della *formula dei rettangoli*, in quanto le funzioni costanti individuano dei rettangoli. In generale, l'approssimazione è fatta utilizzando non l'estremo inferiore o superiore di I_k, spesso di difficile determinazione, ma il valore di f in un punto intermedio, usualmente il punto medio dell'intervallo (*formula del punto medio*) (Fig. 23.2a). In tal caso l'approssimazione è data da

$$I_{appr}(f) = h \cdot \sum_{k=1}^n f\left(\frac{x_{k-1} + x_k}{2}\right) = h \cdot \sum_{k=1}^n f(a - h/2 + k \cdot h). \tag{23.4}$$

Quadratura con il metodo dei trapezi

Se in ogni intervallo I_k sostituiamo la funzione con il suo polinomio interpolatore di primo grado per i nodi x_{k-1} e x_k, estremi dell'intervallo, otteniamo la *formula*

Capitolo 23 • Come fare, se non ci sono formule esatte per il calcolo?

213

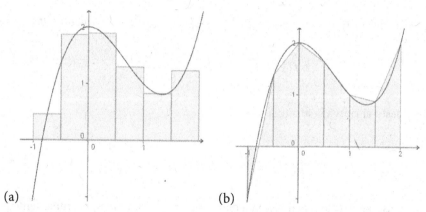

(a) (b)

▲ **Figura 23.2**   Approssimazioni mediante formula del punto medio (a) e formula dei trapezi (b)

dei trapezi (Fig. 23.2b). In questo caso l'approssimazione è data da

$$I_{appr}(f) = h \cdot \sum_{k=1}^{n} \frac{f(x_{k-1}) + f(x_k)}{2}) = \frac{h}{2}[f(a) + f(b)] + h \cdot \sum_{k=1}^{n-1} f(x_k). \quad (23.5)$$

Quadratura con il metodo di Simpson

Infine, se in ogni intervallo I_k sostituiamo la funzione con il suo polinomio interpolatore di secondo grado per i nodi x_{k-1}, $x_k^* = (x_{k-1} + x_k)/2$ e x_k, otteniamo la *formula di Cavalieri-Simpson o semplicemente di Simpson*. Geometricamente, ciò significa sostituire alla curva la parabola passante per i tre nodi; l'area sottesa, per la formula di Archimede, risulta pertanto

$$\frac{h}{6}[f(x_{k-1}) + 4 \cdot f(x_k^*) + f(x_k)].$$

L'approssimazione su tutto $[a, b]$ è data allora da

$$I_{appr}(f) = \frac{h}{6} \cdot \sum_{k=1}^{n}[f(x_{k-1}) + 4 \cdot f(x_k^*) + f(x_k)]. \quad (23.6)$$

Controllo dell'errore

Il controllo dell'errore è gestito utilizzando il seguente risultato generale [Barozzi, 1998, pag. 347 ss], la cui dimostrazione si ottiene applicando ripetutamente il teorema di Rolle.

Teorema 23   *Sia f una funzione definita sull'intervallo $I = [a, b]$, $n + 1$ volte derivabile con continuità su I e siano x_0, x_1, ... x_n $n + 1$ punti distinti di I. Sia P_n il polinomio di grado $\leqslant n$ che interpola f nei nodi indicati.*

Posto $\omega(x) = (x - x_0)(x - x_1)...(x - x_n)$, *per ogni* $x \in I$ *esiste un punto* $\xi \in I$ *tale che*

$$f(x) - P_n(x) = \omega(x)\frac{f^{(n+1)}(\xi)}{(n+1)!}.$$

Da questo si ricava la formula

$$err(f, P_n, I) = \int_I [f(x) - P_n(x)]dx = \int_I \omega(x)\frac{f^{(n+1)}(\xi)}{(n+1)!}dx, \qquad (23.7)$$

che consente di ottenere una stima dell'errore, maggiorando opportunamente l'espressione all'ultimo membro.

Vediamo ora le conseguenze di questa formula sui metodi presentati.

Metodo dei trapezi Su un generico intervallo I_k dobbiamo valutare

$$err(f, P_1, I_k) = \int_{I_k} [f(x) - P_1(x)]dx = \int_{I_k} \omega(x)\frac{f''(\xi)}{2!}dx =$$

$$= \int_{I_k} (x - x_{k-1})(x - x_k)\frac{f''(\xi)}{2}dx.$$

Poiché f è derivabile con continuità due volte, f'' è dotata di minimo e massimo in I_k: sia M_k tale che $|f''(x)| \leqslant M_k$ per $x \in I_k$. Possiamo quindi scrivere

$$err(f, P_1, I_k) \leqslant \int_{I_k} (x - x_{k-1})(x - x_k)\frac{M_k}{2}dx = \frac{M_k}{2} \int_{I_k} (x - x_{k-1})(x - x_k)dx.$$

Integrando poi il polinomio di secondo grado $\omega(x)$, e ricordando che l'ampiezza dell'intervallo I_k è pari a h, otteniamo

$$err(f, P_1, I_k) \leqslant M_k \frac{h^3}{12}.$$

Infine, indicato con M un numero che maggiori f'' su tutto I, e sommando gli errori di tutti gli intervalli I_k si ha

$$err(f, P_1, I) \leqslant \frac{M}{12}nh^3 = \frac{M}{12}(b - a)h^2 \qquad (23.8)$$

perché $nh = b - a$.

Capitolo 23 • Come fare, se non ci sono formule esatte per il calcolo?

215

23.3.2 Metodo di Cavalieri-Simpson

Per questo metodo, calcoli più complessi portano, nel caso in cui f sia quattro volte derivabile con continuità in I, all'errore

$$err(f, P_2, I) = \frac{(b-a)}{180} \frac{h^4}{16} f^{(4)}(\xi) \leqslant M_S \frac{(b-a)}{2880} h^4, \qquad (23.9)$$

dove M_S è un maggiorante della derivata quarta: $M_S \geqslant |f^{(4)}(x)|$ per $x \in I$.

Risulta subito evidente dal confronto di (23.9) con (23.8) la consistente riduzione dell'errore: a fronte dell'aumento di un grado del polinomio interpolatore, l'errore passa da una proporzionalità con h^2 ad una con h^4.

Inoltre, è da osservare che la formula di Simpson fornisce un *risultato esatto* per tutte le funzioni polinomiali di terzo grado, in quanto, per queste, il termine $f^{(4)}(\xi)$ sarà sempre nullo.

Osservazioni e commenti   **1** Le formule dei trapezi e di Simpson, valutate su una scomposizione di I tramite nodi equidistanti, fanno tutte parte della famiglia di formule di quadratura dette di *Newton-Cotes*, esposte da R. Cotes nel 1709; alcune di queste erano già state usate da altri matematici, quali Cavalieri, Gregory e Newton. Merito di Simpson fu di darne un'interpretazione geometrica, assente in Cotes.

2 Naturalmente, le formule (23.8) e (23.9) consentono di valutare l'errore della formula, noto il passo di integrazione h. Viceversa, dato un errore massimo consentito, permettono di determinare il passo di integrazione h necessario a ottenere quell'errore semplicemente invertendo le stesse.

3 Esistono versioni ottimizzate (dette *adattive*) del metodo di Simpson in cui il passo di integrazione h non è costante: è scelto in modo da garantire che in ogni sottointervallo l'errore sia minore della tolleranza ε stabilita. L'ottimizzazione si basa su un numero minore di valutazioni della funzione f nei tratti in cui l'approssimazione polinomiale è già buona, e opportunamente infittite solamente nei tratti in cui non lo è. Per maggiori informazioni si veda [Quarteroni, 2008, pagg. 121-125].

23.3.3 Quadratura con formula di Gauss

In realtà, si tratta ancora di una formula di integrazione per interpolazione, ma in questo caso i nodi non sono equidistanziati.

In una comunicazione del 1816 [Chabert, 1999, pagg. 363-366], Gauss ridimostra le formule di Newton-Cotes e calcola gli errori ad esse associati. Prova poi che, se n sono i nodi *equidistanziati*, tali formule sono esatte per polinomi di grado $\leqslant n - 1$, che coincidono con i loro polinomi interpolanti. Ma se si possono scegliere nodi non equidistanziati, Gauss mostra che, per un dato numero n, possiamo trovare n nodi x_k *indipendenti dalla funzione integranda*, che soddisfino a n condizioni ben poste, tali che la formula di quadratura che otteniamo risulta *esatta per tutti i polinomi di grado $\leqslant 2n - 1$*.

In sintesi: si tratta di scegliere, quali nodi, gli zeri α_k del polinomio di grado n che si ottiene derivando n volte il polinomio $x^n(x-1)^n$ se l'integrale è esteso all'intervallo $[0, 1]$, o in generale di $(x-a)^n(x-b)^n$ se esteso a $[a, b]$. Allora la formula di Gauss assume la forma

$$\int_a^b f(x)\mathrm{d}x \approx \sum_{k=1}^n c_k f(\alpha_k), \qquad (23.10)$$

dove i coefficienti c_k sono *indipendenti* da f.

Se infatti si considera il polinomio di Lagrange (21.1) della funzione f, interpolato sui nodi α_k

$$\sum_{k=1}^n L_k(x)f(\alpha_k),$$

dove gli L_k sono dati dalla formula (21.2), allora

$$\int_a^b f(x)\mathrm{d}x \approx \sum_{k=1}^n \left[f(\alpha_k) \int_a^b L_k(x)\mathrm{d}x \right];$$

basta porre

$$c_k = \int_a^b L_k(x)\mathrm{d}x$$

per ottenere la (23.10). Si può mostrare che, se f ha $2n$ derivate continue (ossia è di classe C^{2n}), l'errore deve essere di ordine $\geq 2n$: ciò significa che la formula dà risultati esatti per tutti i polinomi di grado $\leq 2n-1$.

23.4 Soluzioni di equazioni differenziali ordinarie

Le equazioni differenziali compaiono fin dalla nascita del calcolo infinitesimale. Nel '700 lo spettacolare sviluppo della fisica newtoniana porta ad un numero via via maggiore di equazioni differenziali sia ordinarie, sia alle derivate parziali.

Di contro, la possibilità di integrare in modo esatto mediante funzioni elementari tali equazioni risulta ridotta a pochi casi, anche quando le equazioni sono del primo ordine e della forma $y' = f(x, y)$. Di qui, la necessità di ricorrere a metodi di risoluzione approssimati. Newton e Leibniz, ad esempio, avevano trovato un metodo basato sullo sviluppo in serie della funzione soluzione, con successiva integrazione termine a termine.

"Tale metodo però", come disse Lagrange [Chabert, 1999], "ha lo svantaggio di generare successioni infinite, anche quando queste successioni possono essere rappresentate da espressioni razionali finite". Questa situazione, molto insoddisfacente data l'importanza del problema, spiega l'interesse per i metodi approssimati di risoluzione.

Data la complessità e la vastità del problema, non abbiamo assolutamente la possibilità di essere né approfonditi, né esaustivi. Il lettore interessato può fare riferimento ai testi già citati. Presentiamo qui solo alcuni cenni a due tecniche

Capitolo 23 • Come fare, se non ci sono formule esatte per il calcolo?

217

di calcolo per equazioni differenziali ordinarie. La prima, introdotta da Eulero a metà del '700 e che usa strumenti relativamente semplici per determinare un'approssimazione poligonale della funzione soluzione, fu poi perfezionata alla fine del '800, dando origine alla seconda.

23.4.1 Il metodo di Eulero

Nel suo lavoro *Institutionum calculi Integralis* del 1768 Eulero descrive il metodo che da allora prende il suo nome. Seguiamo la sua spiegazione.

Si consideri l'equazione

$$\frac{dy}{dx} = f(x, y). \tag{23.11}$$

Supponiamo che x parta dal valore a; in corrispondenza, y assume il valore b. Il problema consiste nel determinare y, quando x assume un valore *molto vicino* a a, poniamo $x = a + h$. Dato il piccolo valore di h, anche y non sarà molto diverso da b; di conseguenza la funzione f in prossimità di (a, b) può essere considerata costante, e possiamo porre

$$\frac{dy}{dx} = f(a, b), \text{ da cui, integrando } y = b + (x - a)f(a, b),$$

e in conclusione $x = a + h$, $y = b + h \cdot f(a, b)$.

"Quindi, così come dai valori dati all'inizio $x = a$, $y = b$ noi abbiamo trovato i successivi valori vicini $x = a + h$ e $y = b + hf(a, b)$, è poi possibile progredire con intervalli molto piccoli, finché si arriva a valori lontani quanto uno desidera dai valori iniziali"[3].

Il metodo, iterativo, si descrive quindi in pochi passaggi:

- si pone $k = 0$, $x_k = a$, $y_k = b$;
- si pone $x_{k+1} = x_k + h$;
- si calcola

$$y_{k+1} = y_k + h \cdot f(x_k, y_k); \tag{23.12}$$

- si incrementa di 1 il valore di k;
- si ripetono i passi 2, 3, 4 fino a raggiungere il valore di x desiderato.

In Fig. 23.3 sono rappresentate le soluzioni approssimate dell'equazione differenziale

$$\frac{dy}{dx} = \frac{y - x}{y + x}, \text{ con valore iniziale } x = 0 \text{ e } y = 1; \tag{23.13}$$

in tratto continuo, come riferimento, la soluzione "esatta" (in realtà calcolata con passo $h = 0.01$).

---

[3] Nell'originale, la funzione è denotata con V, il passo con ω, e il valore costante della derivata con A.

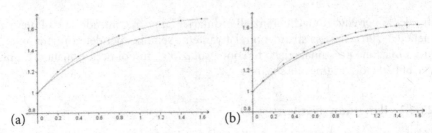

▲ **Figura 23.3** Integrazione con il metodo di Eulero con passo $h = 0.2$ (a) e $h = 0.1$ (b)

Osservazioni e commenti **1** Risulta evidente dalla figura come il metodo di Eulero possa dare un'idea della funzione soluzione, ma come gli errori, passo dopo passo, si vadano accumulando. La causa principale di tale errore è dovuta al fatto che, ad ogni intervallo di ampiezza h, la funzione è sostituita dal segmento di tangente passante per il punto iniziale dell'intervallo, senza tener conto delle possibili variazioni della funzione all'interno dell'intervallo stesso. Eulero stesso è esplicito al riguardo: "Inoltre, in questo calcolo gli errori derivano dal fatto che, negli intervalli presi uno alla volta, noi consideriamo le due quantità x e y, e così la funzione f, come costanti. Perciò, più il valore della variabile f cambia da un intervallo al successivo, più noi dobbiamo temere grandi errori." Per questo consiglia di prendere passi sufficientemente piccoli. Vedremo più avanti come è stato affrontato questo problema nei secoli successivi. Una valutazione dell'errore complessivo del metodo di Eulero si deve a Cauchy.

2 Nel calcolo effettivo, c'è una seconda causa d'errore: si tratta degli errori dovuti agli arrotondamenti e alle approssimazioni intrinseci dei calcoli, siano essi effettuati a mano o al computer. Anche questi si vanno accumulando, e portano, più o meno rapidamente, a risultati inattendibili. È da notare che questo tipo di errore cresce in funzione del numero di iterazioni, il cui numero aumenta quanto più h è vicino a 0. Questa osservazione suggerisce che esiste un valore minimo $\bar{h}$ sotto il quale h non deve scendere.

3 Ancora a Cauchy (1819) si deve una prima dimostrazione che l'equazione (23.11), di dato iniziale (x_0, y_0), ammette una ed una sola soluzione sotto ipotesi abbastanza generali, ad esempio che f e f_y' siano continue in un intorno di (x_0, y_0). Altre dimostrazioni, ed alcune generalizzazioni, si susseguono per tutto l'800, a riprova dell'interesse per il problema, in particolare come conseguenza dell'applicazione delle leggi della meccanica alla determinazione delle traiettorie dei corpi celesti.

23.4.2 Il metodo di Runge-Kutta

Negli anni che vanno dal 1895 al 1901, i tedeschi C. Runge, K. Heun e M.W Kutta perfezionarono il metodo di Eulero, in analogia, come ricorda Runge, al perfezionamento che il metodo di Simpson rappresenta rispetto a quello dei trapezi.

Capitolo 23 • Come fare, se non ci sono formule esatte per il calcolo?

219

L'idea guida è semplice: se il punto debole del metodo di Eulero è la valutazione della pendenza basata sul solo punto iniziale dell'intervallo, si può ovviare calcolando una pendenza *mediata* sull'intero intervallo.

Ha così origine un'intera serie di metodi di approssimazione, a seconda di quante valutazioni intermedie siano fatte della pendenza.

Da questo punto di vista, il metodo di Eulero (23.12) corrisponde al metodo di Runge-Kutta di ordine 1 - in sigla RK1 - in quanto esegue una sola valutazione della pendenza.

Il metodo RK2 prevede la stima della pendenza con due valutazioni. Ecco l'algoritmo:

- si pone $k = 0$, $x_k = a$, $y_k = b$;
- si pone $x_{k+1} = x_k + h$;
- si calcola

$$k_1 = f(x_k, y_k);$$
$$y_{k+1} = y_k + h \cdot f(x_k + h/2, y_k + h/2 \cdot k_1); \qquad (23.14)$$

- si incrementa di 1 il valore di k;
- si ripetono i passi 2, 3, 4 fino a raggiungere il valore di x desiderato.

E infine il metodo classico di ordine 4 (RK4):

- si pone $k = 0$, $x_k = a$, $y_k = b$;
- si pone $x_{k+1} = x_k + h$;
- si calcola

$$k_1 = f(x_k, y_k);$$
$$k_2 = f(x_k + h/2, y_k + h/2 \cdot k_1);$$
$$k_3 = f(x_k + h/2, y_k + h/2 \cdot k_2); \qquad (23.15)$$
$$k_4 = f(x_k + h, y_k + h \cdot k_3);$$
$$y_{k+1} = y_k + h/6(k_1 + 2k_2 + 2k_3 + k_4);$$

- si incrementa di 1 il valore di k;
- si ripetono i passi 2, 3, 4 fino a raggiungere il valore di x desiderato.

Osservazioni **1** Risulta evidente dalla Fig. 23.4, che rappresenta alcune soluzioni della solita equazione (23.11), il miglioramento ottenuto con il metodo RK2. Si noti anche la buona stabilità del metodo, come si evidenzia in Fig. 23.4b, per valori grandi del passo ($h = 0,3$). Non ci si deve però illudere: quando ci si allontana sufficientemente dal punto iniziale, anche con RK4 si notano deviazioni dovuti agli errori già discussi.

2 Per un'analisi della convergenza e della stabilità si rinvia al solito [Quarteroni, 2008, pagg. 208-226].

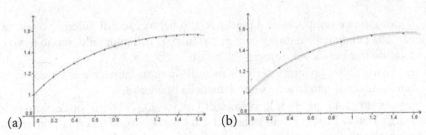

▲ **Figura 23.4**   Integrazione con il metodo RK2 con passo $h = 0.1$ (a) e $h = 0.3$ (b)

Un ultimo commento

Spesso il calcolo esatto viene associato ad una matematica teorica, e quello approssimato alle applicazioni. Questo è (parzialmente) giustificato dal fatto che, quando si deve risolvere un problema concreto, in mancanza di una soluzione esatta ci si accontenta necessariamente di una sua approssimazione. Parzialmente, perché, come questo capitolo evidenzia, gli algoritmi di calcolo numerico e la teoria sono strettamente intrecciati: da un lato il calcolo numerico origina importanti problemi teorici, dall'altro la teoria cerca di risolvere i problemi posti, e contemporaneamente i suoi risultati portano a nuovi, e spesso più efficienti, metodi di calcolo numerico.[4]

[4]L'autore ringrazia in particolare Maria Angela Chimetto, per il sostegno costante e le frequenti e acute osservazioni sui vari temi affrontati in questa Parte II, e gli amici Umberto Marconi e Alberto Zanardo dell'Università di Padova, per l'attenta revisione e gli approfondimenti forniti.

Parte III

Probabilità e Statistica

Capitolo 24
Perché in ambito probabilistico anche semplici problemi celano spesso difficoltà e sconcerto?

A testimonianza della profonda frattura esistente tra risultati teorici e opinioni largamente diffuse ecco due esempi semplicissimi ma al tempo stesso emblematici sui quali torneremo nel capitolo 29:

1 la credenza che lanciando due monete (non truccate) i tre esiti TT (testa/testa), TC (testa/croce), CC (croce/croce) siano equiprobabili (questa tesi era stata sostenuta anche dal matematico e filosofo Jean-Baptiste d'Alembert autorevole coautore della settecentesca monumentale "Encyclopédie" francese);
2 la credenza che nel gioco del lotto convenga puntare sui numeri ritardatari (tesi come vedremo assolutamente infondata, e principale causa della rovina di un gran numero di giocatori sprovveduti).

Questo scollamento tra i risultati dell'esame di una situazione aleatoria (ovvero legata al caso) ottenuti mediante il corretto ricorso agli strumenti forniti dalla teoria e le aspettative dettate da ciò che viene ritenuto il "buon senso comune" deriva da almeno tre fattori:

- la riluttanza ad accettare il fatto che la probabilità del verificarsi di un evento non dipende solo dall'evento stesso, ma anche dalle informazioni che si hanno sul contesto nel quale l'evento è inserito. Anche questa riluttanza deriva dall'atipicità del contesto probabilistico rispetto all'esperienza quotidiana in altri contesti. Per esempio, l'area di un cerchio è univocamente determinata dalla sola conoscenza del suo raggio, se invece si tratta di estrarre cinque palline da un'urna che ne contiene novanta, numerate da 1 a 90, la probabilità di estrarre la pallina numero 13 dopo avere già estratto le prime quattro dipende dalle informazioni in nostro possesso: se non conosciamo i numeri delle quattro palline già estratte la probabilità è di 1 su 90. Se invece conosciamo i numeri delle quattro palline già estratte in precedenza, e non reinserite nell'urna, la probabilità di estrarre la pallina numero 13 risulta essere nulla se tale pallina figurava già tra quelle estratte mentre risulta essere di 1 su 86 se non vi figurava;
- la difficoltà di modellizzare correttamente la situazione aleatoria in esame (si tratta di una difficoltà presente anche in altri settori della matematica, difficoltà che però viene accentuata in ambito probabilistico dalla molteplicità dei "modelli" tra i quali va effettuata la scelta);
- la convinzione che, anche se "la teoria" fornisce risposte "teoricamente corrette", "in pratica" le cose vanno diversamente (questa contrapposizione tra teoria e pratica è frutto di una indebita estensione all'ambito probabilistico di quanto avviene nell'utilizzo di modelli matematici in altre discipline: per esempio

Villani V., Bernardi C., Zoccante S., Porcaro R.: *Non solo calcoli. Domande e risposte sui perché della matematica*
DOI 10.1007/978-88-470-2610-0_24, © Springer-Verlag Italia 2012

in fisica quando si trascura la presenza dell'attrito, o quando si parla di "corpi puntiformi", di "gas perfetti", ecc.).

Proponiamo ora al lettore un ulteriore esempio invitandolo a cimentarsi personalmente nella ricerca della risposta corretta.

Si tratta di un gioco televisivo noto come "problema di Monty Hall" in quanto legato al gioco a premi americano "Let's Make a Deal" (Realizziamo un affare) il cui conduttore era noto appunto con tale pseudonimo.

A un giocatore vengono mostrate tre porte chiuse; dietro una c'è un'automobile e dietro ciascuna delle rimanenti ci sono solo premi privi di valore (nella versione originaria si trattava di due capre). Il giocatore può scegliere una porta e tenersi ciò che si trova dietro ad essa. Quando il giocatore ha effettuato la scelta della porta, ma non l'ha ancora aperta, il conduttore (che sa dietro a quale porta sta il premio) apre una delle porte rimanenti (dietro alla quale c'è un premio di nessun valore) e ne mostra il contenuto. Il conduttore offre a questo punto la possibilità al giocatore di cambiare la propria scelta iniziale, passando all'unica porta restante.

Prima di procedere ulteriormente nella lettura invitiamo nuovamente il lettore a immedesimarsi nel giocatore e a fissare (preferibilmente per iscritto) i passi salienti del suo ragionamento in risposta alla seguente domanda: **Cosa scegliereste di fare per migliorare le vostre possibilità di vincere l'automobile: accettereste l'offerta del conduttore o la rifiutereste?**

Ebbene, anche se può sembrare paradossale, cambiare la porta scelta in origine migliora le opportunità di vittoria! Giunti a questo punto presentiamo un semplice ragionamento che, ci auguriamo, convincerà anche coloro che fossero giunti ad una conclusione diversa: indicate con A , B , C le tre porte, supponiamo ad esempio che il giocatore abbia scelto inizialmente la porta A, avrebbe così una probabilità su tre di aver selezionato la porta con l'auto, e quindi rimarrebbero due probabilità su tre che l'auto si trovi dietro una delle due porte non scelte. Ora il conduttore apre una porta, supponiamo la C, che contiene un premio privo di valore. Questa informazione non altera la probabilità che l'auto si trovi dietro la porta selezionata originariamente dal giocatore, probabilità che resta dunque pari a 1/3. Ma se l'auto non è dietro la porta C, la probabilità 2/3 delle due porte non selezionate dal giocatore è ora assegnata alla sola porta rimasta, la B. Quindi accettando l'offerta del cambio della porta la probabilità di trovare l'automobile passa da 1/3 a 2/3, ovvero raddoppia!

A questo punto possono nascere ulteriori curiosità, per esempio:

Cosa cambierebbe qualora non solo il giocatore ma anche il conduttore fosse ignaro della porta che cela l'automobile? E cosa succederebbe se le porte fossero più di tre? Il lettore interessato può trovare la risposta a queste domande ad esempio in [Zorzi, 2003].

In conclusione, il problema di Monty Hall mostra come in condizioni di incertezza non sia sempre semplice mantenere un atteggiamento razionale. Ma non è il caso di scoraggiarsi: inizialmente anche matematici famosi, richiesti di risolvere questo stesso problema, hanno fornito soluzioni errate! (cfr. per esempio [Had-

Capitolo 24 • Perché semplici problemi celano spesso difficoltà e sconcerto?

225

don, 2005], pagg. 77-80).[1] Nei prossimi paragrafi vedremo come il calcolo delle probabilità, oltre ad essere una teoria matematica ben consolidata, possa essere anche un prezioso strumento per orientare razionalmente le nostre decisioni in situazioni in cui interviene il caso. L'aver preso le mosse da un gioco non solo non dovrebbe stupire, ma anzi dovrebbe far riflettere sull'origine del calcolo delle probabilità che appunto nei giochi (quelli di azzardo) trova il suo inizio (vedi capitolo 27).

---

[1]Per onestà intellettuale anche chi sta scrivendo queste righe deve confessare di non avere azzeccato di primo acchito la modellizzazione corretta.

Capitolo 25
Esistono diverse impostazioni della probabilità. Qual è quella preferibile dal punto di vista teorico? E dal punto di vista didattico?

Il calcolo delle probabilità trae le sue origini remote dai giochi d'azzardo (cfr. per esempio [Bottazzini et al., 1992] pagg. 341-392), ma trova la sua collocazione in tutte quelle situazioni in cui, a causa di una carenza di informazioni, non si è in grado di predire in modo univoco l'esito di un esperimento o il verificarsi di un evento futuro, o anche di un evento che si è già verificato ma sul cui esito non si hanno informazioni precise. A ben vedere quasi tutte le situazioni del mondo reale rientrano in una di queste categorie.

Il cercare di fornire una misura quantitativa dell'aleatorietà di siffatte situazioni costituisce l'oggetto del calcolo delle probabilità.

Trattandosi di una teoria matematica, ci si aspetterebbe di trovare nei manuali scolastici un'esposizione sequenziale e sostanzialmente standardizzata analoga a quella tradizionale della geometria euclidea o dell'aritmetica.

Basta invece sfogliare qualche libro di testo per constatare che uno stesso autore introduce e utilizza in vari punti della sua esposizione ben tre (o addirittura quattro) diverse nozioni di probabilità. Le richiameremo brevemente qui di seguito, dopo avere precisato il significato di un certo numero di termini ricorrenti in questo contesto.

25.1 Terminologia di base

Iniziamo col dire che in ambito probabilistico la nozione di **evento** viene assunta come termine primitivo, ossia gioca lo stesso ruolo che in ambito geometrico viene attribuito alle nozioni di punto, retta e piano. Non è quindi possibile darne una definizione formale senza cadere in circoli viziosi. Per ovviare a questo inconveniente si usa ricorrere ad una strategia già ben collaudata in ambito geometrico: in una prima fase (cfr. paragrafo 25.2) ci si limita a illustrare il significato intuitivo del termine in questione esibendo un certo numero di esempi. Solo successivamente in una seconda fase (cfr. paragrafo 25.3) si elabora un'impostazione assiomatica della teoria, dove le proprietà dei termini primitivi vengono indirettamente codificate mediante opportuni assiomi (o postulati che dir si voglia).

Ecco un esempio classico, ricorrente nei testi scolastici e finalizzato ad introdurre una terminologia di base.

Consideriamo l'**esperimento** che consiste nel lancio di un dado (con le facce numerate da 1 a 6). Ogni lancio va considerato come una **prova** e ad ogni prova

Villani V., Bernardi C., Zoccante S., Porcaro R.: Non solo calcoli. Domande e risposte sui perché della matematica
DOI 10.1007/978-88-470-2610-0_25, © Springer-Verlag Italia 2012

corrisponde un unico **esito**, detto appunto **evento**. Ma prove diverse possono dare luogo a esiti diversi.

L'insieme di tutti gli eventi possibili di un dato esperimento (a giudizio di uno sperimentatore) viene detto **spazio degli eventi**. Tradizionalmente lo si denota con Ω.

Nel caso specifico del lancio di un dado lo spazio degli eventi è formato quindi dai sei eventi: esce la faccia contrassegnata con 1, o con 2, ... , o con 6. Brevemente si usa scrivere: $\Omega = \{\,1, 2, 3, 4, 5, 6\,\}$.

Commento Nella letteratura talvolta si usano anche altri termini per designare lo spazio Ω. Per esempio **spazio campionario** (traduzione dell'inglese "sample space"). Ad aumentare la confusione interviene anche il fatto che la dizione "spazio degli eventi" può dare luogo a fraintendimenti se non si specifica che in questo contesto si considerano solo gli eventi **elementari**, mentre nel seguito della trattazione la stessa parola **eventi** assume un significato più ampio che include, oltre agli **eventi elementari**, anche tutti gli **eventi composti**, ottenibili combinando variamente tra loro due o più eventi elementari.

Ecco alcuni esempi di eventi (elementari e composti) associati al lancio di un dado:

- l'uscita del numero 4;
- l'uscita di un numero pari;
- l'uscita di una numero maggiore di 3;
- l'uscita di un numero maggiore di 0;
- l'uscita di un numero minore di 1;
- l'uscita di un numero diverso da 4;
- l'uscita di un numero pari e maggiore di 3;
- l'uscita di un numero pari o minore di 4.

Useremo i termini "vero" e "falso" (in simboli V ed F) per indicare rispettivamente che un dato evento si è verificato o non verificato, come esito di una prova. Se per esempio in un lancio del dado è uscito il numero 3, gli esiti degli otto eventi or ora elencati vengono ad essere, nell'ordine: F, F, F, V, F, V, F, V. Se invece in un altro lancio del dado è uscito il numero 4 gli esiti degli stessi otto eventi vengono ad essere nell'ordine: V, V, V, V, F, F, V, V.

Detto per inciso, l'evento "esce un numero maggiore di 0" si verifica sempre, per cui si dice che si tratta di un evento **certo** (o sempre vero); invece l'evento "esce un numero minore di 1" non si verifica mai, per cui si dice che si tratta di un evento **impossibile** (o sempre falso).

Si noti che ogni evento (elementare o composto) può essere caratterizzato sia in termini di proposizioni logiche sia in termini insiemistici (cfr. paragrafo 6.7). Quindi, prendendo spunto dagli esempi precedenti, e estendendo le nostre considerazioni al caso generale, è naturale introdurre la seguente terminologia, nonché le corrispondenti notazioni:

- L'evento A "esce il numero 4" si verifica se e solo se non si verifica l'evento B "esce un numero diverso da 4". Si dice che ciascuno dei due eventi è il *contrario*, o il **complementare**, dell'altro. Con le notazioni logiche $B = \neg A$. Con le notazioni insiemistiche $B = A^c$ (o talvolta $B = \overline{A}$).

- L'evento H "esce un numero pari e maggiore di 3" si verifica se e solo se si verificano simultaneamente i due eventi A "esce un numero pari" e B "esce un numero maggiore di 3". Si dice che H è la congiunzione o l'**intersezione** di A e B. Con le notazioni logiche $H = A \wedge B$. Con le notazioni insiemistiche $H = A \cap B$.

- L'evento K "esce un numero pari o minore di 4" si verifica se e solo se si verifica almeno uno degli eventi A "esce un numero pari", B "esce un numero minore di 4". Si dice che K è la disgiunzione o l'**unione** di A e B. Con le notazioni logiche $K = A \vee B$. Con le notazioni insiemistiche $K = A \cup B$.

- L'evento "esce un numero pari e minore di 2" è un evento impossibile. In casi di questo genere si usa dire che i due eventi A "esce un numero pari" e B "esce un numero minore di 2" sono **incompatibili**.

Commento   Nella maggior parte dei testi attualmente in uso si privilegia la terminologia e l'uso delle notazioni insiemistiche. Di conseguenza anche noi ci atterremo a tale scelta, ferma restando la possibilità di passare dall'impostazione insiemistica a quella logica e viceversa.

Si noti infine che, utilizzando la terminologia e le notazioni insiemistiche, gli eventi associati ad un dato esperimento possono essere descritti mediante elencazione degli elementi che li costituiscono. Si viene così a stabilire una corrispondenza biunivoca tra eventi e sottoinsiemi di Ω: per esempio all'evento certo corrisponderà l'intero insieme Ω, all'evento impossibile corrisponderà l'insieme $\varnothing$ (insieme vuoto)[1], ecc.

25.2 Tre diverse impostazioni della probabilità

In quanto precede ci siamo limitati ad introdurre, sulla base di esempi particolarmente semplici, un certo numero di vocaboli tecnici ricorrenti nello studio della probabilità: *Esperimento, Prova, Esito di una prova, Evento, Evento certo, Evento impossibile, Eventi elementari, Eventi composti, Eventi contrari, Eventi disgiunti, congiunzione (o intersezione) e disgiunzione (o unione) di eventi*, ... Ma finora non abbiamo affrontato la domanda cruciale di questo paragrafo: come si definisce la probabilità di un evento?

Presentiamo ora tre diverse impostazioni, racchiuse in altrettante definizioni, che consentono di associare ad ogni evento E di uno spazio degli eventi Ω una misura del suo grado di aleatorietà, detta appunto probabilità di E, e indicata nel seguito con $P(E)$. In questo capitolo e nei due successivi ci limitiamo a consi-

---

[1] Nel capitolo 29 vedremo che sarà opportuno introdurre anche gli eventi quasi-certi e quasi-impossibili.

derare spazi degli eventi *finiti*, mentre nel successivo capitolo 28 estenderemo le considerazioni al caso di spazi (infiniti) con *potenza del numerabile*, e infine, nel capitolo 30 accenneremo al caso di spazi (infiniti) con *potenza del continuo*.

(DC) *Definizione classica.* Se Ω è uno spazio costituito da n eventi elementari (brevemente: *casi possibili*), considerati tutti equipossibili tra loro, e se un sottoinsieme E di Ω è costituito da k eventi elementari (brevemente: *casi favorevoli*) si definisce probabilità di E il rapporto tra il numero dei casi favorevoli ed il numero dei casi possibili, ovvero $P(E) = k/n$.

Commento È facile verificare che dalla definizione classica (che richiede implicitamente che lo spazio degli eventi sia finito) discendono le seguenti tre proprietà:

1 $0 \leq P(E) \leq 1$ (qualunque sia l'evento E);
2 $P(\varnothing) = 0, P(\Omega) = 1$;
3 Se A, B sono due eventi incompatibili risulta $P(A \cup B) = P(A) + P(B)$.

La terza proprietà è nota anche con il nome di *legge delle probabilità totali per eventi incompatibili*.

(DF) *Definizione frequentista.* Se le prove relative ad un dato esperimento sono ripetibili nelle medesime condizioni quante volte si vuole, si effettua un certo numero N di prove, e si calcola per ogni possibile esito la frequenza relativa $F_{rel}(N)$ come il rapporto tra il numero $S(N)$ delle prove nella quali l'evento E si è verificato e il numero complessivo N delle prove effettuate: $F_{rel}(E) = S(N)/N$. Si ripete poi la medesima procedura per valori crescenti di N e si definisce probabilità di E il limite delle frequenze relative al tendere all'infinito del numero delle prove. In formule è abitudine usare la seguente notazione: $P(E) = \lim_{N \to +\infty} F_{rel}(N)$. Non è difficile rendersi conto che anche nel caso della definizione frequentista sussistono le medesime tre proprietà già evidenziate nel caso della definizione classica.

(DS) *Definizione soggettiva.* La probabilità di un evento E viene introdotta sotto forma di una scommessa tra uno "scommettitore d'azzardo" e il "banco" (inteso come controparte dello scommettitore): $P(E)$ è il prezzo (massimo) che lo scommettitore è disposto a pagare per ricevere l'importo 1 in caso di vincita della scommessa. Ovviamente esiste un vincolo: la scommessa deve essere equa, nel senso che lo scommettitore deve essere disposto a scambiare il suo ruolo con quello del banco. Anche nel caso della definizione soggettiva sussistono le medesime tre proprietà già evidenziate nei due casi precedenti.

Facciamo ora alcune considerazioni in merito alle definizioni sopra citate.

La *definizione classica* si applica solo a quelle situazioni nelle quali lo spazio degli eventi è costituito da un numero finito di eventi elementari tutti tra loro ugualmente possibili, nel senso che non sussistono motivi per assegnare a ciascuno di essi probabilità diverse. Per esempio nel lancio di un dado non truccato è naturale non privilegiare alcuna faccia e quindi attribuire a ciascuna la probabilità 1/6. Analogamente, nel lancio di una moneta non truccata è naturale attribuire a ciascuna delle due facce la probabilità 1/2. Sarebbe invece inopportuno ricorrere a questa definizione per quantificare la probabilità degli esiti possibili di una partita di calcio o del successo di un'operazione chirurgica. Un ulteriore inconveniente della definizione classica sta nel fatto che da un punto di vista logico è quantomeno improprio parlare di eventi equiprobabili (o come affermato da taluni equipossibili) poiché così facendo si genererebbe un circolo vizioso visto l'uso di un termine che si riferisce già di per sé stesso al concetto di probabilità quando è proprio tale concetto che stiamo cercando di definire. D'altro canto un innegabile pregio della definizione classica sta nella relativa facilità dei calcoli: si tratta solo di "contare" i casi favorevoli e quelli possibili. In sostanza si presuppone l'uso di procedimenti di conteggio che afferiscono al calcolo combinatorio.

La *definizione frequentista* si applica evidentemente solo a quelle situazioni in cui le prove relative ad un dato esperimento si possano ripetere nelle medesime condizioni e quante volte si vuole. Può essere quindi applicata per esempio ai lanci di un dado (anche se truccato). Il ricorso alla definizione frequentista nel caso di un dado ritenuto a priori immune da imperfezioni, porterà alla constatazione che l'uscita di una qualsiasi delle sue facce tende a convergere al valore 1/6.

In realtà l'ipotesi di ripetibilità è molto più stringente di quanto non sembri: per esempio lanciando ripetutamente un dado possiamo affermare che ogni prova si ripete nelle medesime condizioni di tutte le altre? Se vogliamo essere proprio scrupolosi dobbiamo mettere in dubbio la validità di questa ipotesi in quanto ad ogni prova intervengono variazioni casuali sia pur piccole nelle modalità del lancio, impercettibili deformazioni del dado a seguito degli urti col piano d'appoggio, ecc.

Ovviamente tali obiezioni, che afferiscono più ad un ambito sperimentale che matematico, nascono dal fatto che la definizione frequentista implica una rilevazione di dati (le frequenze relative) di carattere sperimentale. Si pone poi un ulteriore problema: in che senso va inteso il limite (concetto tratto da una ben precisa teoria matematica, cfr. capitolo 15), visto che le frequenze di cui si parla nella definizione sono ricavate in via del tutto sperimentale (ovvero in un ambito certamente non derivante da una teoria matematica)? E cosa significa che il numero delle prove va fatto tendere all'infinito, visto che nella pratica è possibile effettuarne solo un numero finito (anche se eventualmente molto grande)? La risposta coinvolge questioni che richiedono l'introduzione e l'uso della *Legge empirica del caso* (cfr. per esempio [Dall'Aglio, 2003] pag. 170) e del *Teorema del limite centrale* (cui accenneremo al capitolo 31).

Una prima definizione di *definizione soggettiva* risale al 1926 ad opera di F.P. Ramsey, le cui intenzioni furono successivamente rielaborate e ampiamente diffuse ad opera del grande matematico italiano Bruno de Finetti.

Ovviamente il fatto che l'importo della vincita sia supposto unitario è solo una limitazione apparente visto che è possibile stabilire di ricevere un qualsivoglia importo n a patto di pagare un prezzo $n \cdot P(E)$.

Il nodo cruciale è la valutazione soggettiva (spesso interpretata in modo assolutamente scorretto come arbitraria) che ciascuno può dare nel fissare il prezzo della scommessa. La probabilità perde, per così dire, la "caratteristica assoluta" di numero intrinsecamente legato all'evento, per dipendere dalla valutazione personale di chi valuta il verificarsi dell'evento. Ribadiamo però che la valutazione soggettiva deve essere accompagnata dal "principio di coerenza": *bisogna essere disposti a scambiare il proprio ruolo con quello del banco.* Questo garantisce che la valutazione soggettiva sia sì aleatoria, ma non arbitraria.

In altre parole la probabilità di un evento diventa la quantificazione del grado di fiducia che si ripone nel verificarsi dell'evento in questione.

Questa definizione, dopo vari decenni di dispute accanite, è quella che sta avendo un consenso convinto. Essa è stata introdotta dal matematico Bruno de Finetti: "La probabilità è il grado di fiducia oppure la misura delle aspettative nel verificarsi di un evento".

È evidente che in molte situazioni tale definizione è l'unica praticabile. Si pensi per esempio agli esiti possibili di una partita di calcio o al successo di un'operazione chirurgica. Le possibilità di vittoria di una squadra non necessariamente si possono ridurre al confronto con quanto accaduto alla squadra nelle partite precedentemente giocate (definizione frequentista) e ancora, il fatto che un intervento chirurgico abbia fino ad ora avuto il 95% di risultati positivi potrebbe fornire solo indicazioni alquanto generiche se applicata, in assenza di ulteriori accertamenti clinici, al singolo caso di chi dovesse sottoporsi a tale intervento.

La critica più diffusa a questa definizione è quella di fondare la probabilità su opinioni variabili da persona a persona e in relazione alle circostanze in cui ci si trova.

Da un punto di vista matematico le tre definizioni date sono pressoché equivalenti, dato che per ciascuna di esse sussistono le medesime proprietà.

Ci sembra tuttavia che in ambito scolastico le prime due definizioni siano quelle che mostrano in maniera esplicita un carattere operativo e che quindi tendono ad essere privilegiate nella didattica.

Osservazione Naturalmente in ambito scolastico una presentazione così concisa dei tre approcci al calcolo delle probabilità andrebbe opportunamente diluita nel tempo e arricchita con ulteriori esempi di esperimenti. Oltre al lancio di un dado si può per esempio prendere in considerazione (in ciascuna delle tre impostazioni) il lancio di una moneta ($\Omega = \{ T, C \}$) o quello di due monete distinguibili tra loro per colore o per dimensione ($\Omega = \{ T_1T_2, T_1C_2, C_1T_2, C_1C_2 \}$). Segnaliamo in proposito l'opportunità di coinvolgere attivamente gli allievi facendo effettuare materialmente ad essi un adeguato numero di lanci dei dadi o delle monete. In una classe di 20-24 studenti i compiti possono essere suddivisi per esempio formando una decina di coppie di allievi, uno dei quali nella veste di sperimentatore e l'altro in quella di notaio incaricato di annotare scrupolosamente gli esiti dei lanci. Se ogni coppia effettua una trentina di lanci, tali prove (considerate globalmente) equivalgono ad una serie di 300 lanci, che dovrebbero essere sufficienti per constatare l'avvicinamento della frequenza relativa al valore teorico atteso. A livello di scuola media l'interesse per l'argomento può essere ulteriormente accresciuto se per esempio l'insegnante mette a disposizione degli

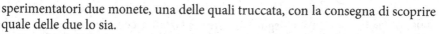
sperimentatori due monete, una delle quali truccata, con la consegna di scoprire quale delle due lo sia.

Se qualche lettore dovesse ritenere superflua l'effettuazione di questo tipo di attività sperimentali, lo invitiamo a riflettere sulle cause dell'errore di D'Alembert segnalato nel capitolo 24: se egli avesse fatto ricorso al metodo sperimentale oltre che alla sola speculazione teorica, non avrebbe certo commesso quell'errore!

Ma torniamo agli aspetti matematici dell'esperimento del lancio di due monete supponendo ora che esse siano indistinguibili (o che, pur essendo distinguibili, non si tenga conto della loro distinguibilità). Ci si imbatte allora in una situazione nuova: lo spazio Ω è pur sempre formato dai quattro eventi elementari sopra specificati, ma gli eventi che ci interessano (o che siamo in grado di distinguere tra loro) sono solo tre: uscita di due T, uscita di due C, uscita di una T e di una C. E quest'ultimo caso non rientra più tra gli eventi elementari dell'esperimento che stiamo effettuando. Ma non c'è di che preoccuparsi: basta ragionare in termini di eventi (non tutti elementari) che nella fattispecie saranno: $A_1 = T_1 T_2$, $A_2 = C_1 C_2$, $A_3 = C_1 T_2 \cup T_1 C_2$.

Questi tre eventi, con l'aggiunta dell'evento $\varnothing$, dell'evento Ω e degli eventi che si possono da essi generare mediante operazioni di unione, intersezione e passaggio al complementare formano a loro volta un "insieme di insiemi" che tradizionalmente si denota col simbolo $\mathcal{A} = \{ A_i \}$ $i = 1, 2, \dots$ e che in gergo tecnico viene detto una "algebra". A prescindere dall' astrusità dei termini usati si tratta semplicemente di dare un nome alla famiglia degli eventi che potranno esserci utili nell'associare ai tre eventi A_1, A_2, A_3 le rispettive probabilità. Ma di ciò riparleremo nella prossima sezione.

25.3 L'assiomatizzazione della probabilità

Prima di affrontare l'argomento specifico, ci sembra opportuno premettere una riflessione di carattere generale. In ambito probabilistico, come in altri campi della matematica, quando si passa da considerazioni più o meno intuitive alla formalizzazione di una teoria in veste assiomatica si compie un salto di qualità che richiede un'adeguata maturità e capacità di astrazione da parte dei discenti. Pertanto sconsigliamo una trasposizione didattica prematura dei contenuti che esporremo in questo paragrafo, contenuti il cui studio potrà essere diluito nel tempo, man mano che se ne presenterà l'occasione.

Del resto, le difficoltà incontrate dai matematici nel tentativo di dare un fondamento rigoroso al calcolo delle probabilità sono evidenti se solo si pensa alla evoluzione storica del concetto di probabilità. L'elaborazione di un sistema assiomatico è stata una conquista solo recente (A. Kolmogorov, 1933) a fronte dell'uso informale dell'impostazione classica (P.S. Laplace 1749-1827) e frequentista che risalgono al XVII e XVIII secolo (mentre l'impostazione soggettivista risale a circa cinque o sei anni prima di quella assiomatica).

Per evitare eccessive lungaggini, riportiamo subito la definizione assiomatica dovuta al matematico russo Kolmogorov, limitatamente al caso degli **spazi di probabilità finiti**, in una versione che ormai si trova, salvo piccole variazioni linguistiche, nella maggior parte dei testi di livello universitario (cfr. per esempio [Baldi, 1998] o [Dall'Aglio, 2003]). Seguiranno delucidazioni e commenti.

Definizione 25 (Assiomatica della probabilità)   *Sia Ω un insieme finito. Sia poi $\mathcal{A} = \{ A_i \}$ con $i = 1, 2, \dots, n$ una famiglia di sottoinsiemi di Ω tale che:*

A1: *$\varnothing$ e Ω siano elementi di $\mathcal{A}$;*

A2: *Se A è un elemento di $\mathcal{A}$ anche A^c lo è;*

A3: *Se $A_1, A_2, \dots A_n$ sono elementi di $\mathcal{A}$, allora anche $A_1 \cup A_2 \cup \cdots \cup A_n$ e $A_1 \cap A_2 \cap \cdots \cap A_n$ lo sono*

Sia infine $P: \mathcal{A} \to [0, 1]$ una funzione a valori nell'intervallo reale chiuso e limitato di estremi 0 e 1 tale che:

P1: *$P(\varnothing) = 0$, $P(\Omega) = 1$;*

P2: *se $A_1, A_2, \dots, A_n$ sono elementi di $\mathcal{A}$ a due a due incompatibili sussista l'uguaglianza: $P(A_1 \cup A_2 \cup \cdots \cup A_n) = P(A_1) + P(A_2) + \cdots + P(A_n)$.*

*La terna $(\Omega, \mathcal{A}, P)$ viene detta uno **spazio di probabilità** (o anche **spazio probabilizzato**) e per ogni $A \in \mathcal{A}$ il numero $P(A)$ viene assunto, per definizione, come misura della probabilità di A.*

Commento   La proprietà P2 non è nient'altro che un'estensione al caso di n eventi mutuamente disgiunti della legge delle probabilità totali per eventi incompatibili.

Commento

1 Per ragioni di chiarezza espositiva alcune delle ipotesi sulle quali poggia la definizione data sono state formulate in modo ridondante. Per esempio la condizione che $\varnothing \in \mathcal{A}$ può essere dedotta dalle due condizioni che

- Ω deve appartenere ad $\mathcal{A}$;
- se un insieme, nel caso specifico Ω, appartiene ad $\mathcal{A}$ anche il suo complementare, nel caso specifico Ω^c ossia $\varnothing$, vi appartiene.

2 È evidente che la sola conoscenza mnemonica e formale della definizione assiomatica non è affatto sufficiente per comprenderne il significato.

Cerchiamo quindi di stabilire dei collegamenti fra le tre parti costitutive della definizione e le altre nozioni già introdotte in precedenza. L'uso della lettera Ω utilizzata in questa definizione suggerisce di assimilare tale insieme alla nozione di spazio degli eventi, già introdotta nell'osservazione finale del paragrafo 25.2. Di conseguenza appare altrettanto naturale assimilare gli elementi di Ω con i singoli eventi elementari.

L'uso della lettera $\mathcal{A}$ con la specificazione delle sue proprietà richiama la nozione di algebra, anch'essa già introdotta nel paragrafo 25.1. E di conseguenza i singoli insiemi A_i elementi di $\mathcal{A}$ sono assimilabili agli eventi (non necessariamente elementari) dei quali ci interessa conoscere la probabilità. Infine la funzione $P: \mathcal{A} \to [0, 1]$ rappresenta la risposta alla nostra ricerca di una legge che ad ogni $A \in \mathcal{A}$ associ il corrispondente valore numerico della probabilità che gli compete.

Vogliamo tuttavia sottolineare che la definizione assiomatica non fornisce alcuna informazione su come debba essere operativamente scelta la funzione P.

Dunque attenzione! Nella definizione assiomatica tutte queste nozioni compaiono in forma decontestualizzata rispetto a ciò che avevamo detto nei paragrafi 25.1 e 25.2. Sono scomparsi i riferimenti agli "esperimenti", alle "prove" e ai loro "esiti"; non si fa alcun cenno alle possibili strategie operative che nei casi concreti consentono di determinare i valori numerici di tali probabilità, ecc.

Ciò può essere visto come un impoverimento dell'impostazione assiomatica rispetto alle definizioni date nel paragrafo 25.2. Ma si tratta del prezzo inevitabile da pagare in qualunque settore della matematica ogni qual volta si intenda passare da una trattazione informale ad una sua assiomatizzazione.

Forse può essere illuminante stabilire un confronto fra il processo di assiomatizzazione della probabilità e quello (certamente più familiare) della geometria euclidea.

In entrambi i casi i termini matematici usati nell'impostazione assiomatica sono gli stessi già noti da precedenti trattazioni informali. Ma i loro significati sono diversi!

Per esempio: a livello di scuola elementare e media nello studio della geometria intuitiva il "piano" viene concretizzato ricorrendo ad un foglio da disegno, i punti vengono assimilati ai minuscoli segni lasciati sul piano dalla punta di una matita, i segmenti (e le rette) sono identificati con le linee tracciate con l'uso di un righello, le circonferenze sono identificate con le linee tracciate con un compasso, la lunghezza di un segmento viene misurata ricorrendo ad un righello o ad un metro da sarto, da falegname, ecc.

Quando poi, a livello di scuola secondaria superiore si passa ad una trattazione assiomatica della geometria questi riferimenti ad oggetti concreti sono banditi e si trasformano in semplici nomi di enti primitivi, le cui proprietà vengono specificate appunto dagli assiomi.

Ma la scelta degli assiomi non deve essere arbitraria! Va invece fatta oculatamente in modo tale da recuperare, sotto forma di assiomi o di teoremi deducibili dagli assiomi, le principali proprietà precedentemente osservate o intuite a livello informale (per esempio l'esistenza e unicità della parallela ad una retta data e passante per un punto dato, la nozione di lunghezza di un segmento o di una circonferenza inquadrata nella teoria della misura, ecc.).

Come insegna la bimillenaria storia dell'evoluzione della geometria, il pregio di una trattazione assiomatica sta, oltre che nella chiara individuazione dei fondamenti, anche nella possibilità di modificare consapevolmente qualche assioma in modo tale da generare nuove strutture matematiche (basti pensare alle geometrie non-euclidee o agli spazi di dimensioni arbitrariamente elevate).

Orbene, ciò che abbiamo detto a proposito della geometria si applica tale e quale all'ambito probabilistico: le nozioni di evento, di spazio Ω, e di algebra che nelle esemplificazioni informali avevano assunto significati "concreti", diventano nell'impostazione assiomatica semplici nomi, le cui proprietà sono specificate appunto dagli assiomi o dai teoremi deducibili dagli assiomi.

E, come vedremo nel seguito, l'impostazione assiomatica consentirà importanti estensioni, allargando gli spazi di probabilità Ω finiti a spazi di probabilità infiniti di cardinalità numerabile o addirittura di cardinalità del continuo, a prezzo ovviamente del ricorso a strumenti matematici vieppiù complessi. Questi spazi di probabilità più ampi saranno utili per affrontare e risolvere questioni interessanti e importanti anche in vista delle loro molteplici ricadute applicative.

A titolo di esempio, nel capitolo 29 affronteremo, nell'ambito degli spazi di probabilità di cardinalità numerabile, il problema della probabilità di uscita dei numeri ritardatari nel gioco del lotto. Nel capitolo 30 accenneremo poi, con riferimento agli spazi di probabilità di cardinalità del continuo, alle soluzioni di due classici rompicapi: il problema dell'ago di Buffon e il paradosso di Bertrand.

3 Per concludere questo paragrafo osserviamo che le proprietà godute dalle tre nozioni di probabilità presentate nel paragrafo 25.2 coincidono con quelle richieste nell'impostazione assiomatica. Questa constatazione ci assicura che quale che sia il modo scelto di introdurre la nozione di probabilità, non sorgano contraddizioni.

25.4 Prime conseguenze degli assiomi

Riteniamo opportuno, poiché ci saranno utili nel seguito, citare alcune conseguenze derivanti direttamente dagli assiomi. Per seguire meglio il filo delle dimostrazioni che seguono, può essere utile visualizzare i vari passaggi con opportuni diagrammi di Eulero-Venn.

Teorema 24 (Probabilità dell'evento complementare) *Dato un evento A, si ha:* $P(A^c) = 1 - P(A)$.

Dimostrazione. Poiché $A \cup A^c = \Omega$ e $A \cap A^c = \emptyset$ dalla proprietà P1 segue che $P(\Omega) = P(A \cup A^c) = 1$, e dalla proprietà P2 segue che $P(A \cup A^c) = P(A) + P(A^c)$ da cui segue $P(A) + P(A^c) = 1$, ovvero $P(A^c) = 1 - P(A)$. $\quad\square$

Teorema 25 (Probabilità totali) *Dati due eventi A e B, si ha:* $P(A \cup B) = P(A) + P(B) - P(A \cap B)$.

Dimostrazione. Possiamo scrivere $A \cup B = A \cup (A^c \cap B)$ dove A e $A^c \cap B$ sono disgiunti. Utilizzando P2 si ha $P(A \cup B) = P(A) + P(A^c \cap B)$(*). Osserviamo ora che anche B si può scrivere come somma di insiemi disgiunti nel seguente modo: $B = B \cap (A \cup A^c) = (B \cap A) \cup (B \cap A^c)$, da cui, sempre per P2, $P(B) = P(B \cap A) + P(B \cap A^c)$, ovvero $P(B \cap A^c) = P(B) - P(B \cap A)$. Ora sostituendo in (*) si ha $P(A \cup B) = P(A) + P(B) - P(B \cap A)$, ovvero la tesi. $\quad\square$

Attenzione. Mettiamo in guardia il lettore da una troppo semplicistica generalizzazione del teorema 25 al caso di più di due insiemi. Per esempio nel caso di tre insiemi A, B, C la probabilità $P(A \cup B \cup C)$ non è $P(A) + P(B) + P(C) - P(A \cap B \cap C)$, come si potrebbe ingenuamente pensare, bensì $P(A) + P(B) + P(C) - P(A \cap B) - P(A \cap C) - P(B \cap C) + P(A \cap B \cap C)$.

Capitolo 26
Perché in ambito probabilistico, quando si parla di eventi indipendenti, si avverte l'esigenza di specificare che si tratta di indipendenza "stocastica"?

Nel capitolo precedente abbiamo focalizzato la nostra attenzione sulla probabilità dell'**unione** di due (o più) eventi, esaminando dapprima il caso delle coppie di eventi **incompatibili** e successivamente il caso generale (cfr. teorema 25).

In questo capitolo procederemo in modo analogo, focalizzando l'attenzione sulla probabilità dell'**intersezione** di due (o più) eventi, dapprima nel caso delle coppie di eventi **indipendenti**, e successivamente nel caso generale.

26.1 Indipendenza tra coppie di eventi

Poiché anche nel linguaggio corrente si usano locuzioni che fanno riferimento all'indipendenza di due o più eventi, riteniamo opportuno riflettere sulle sfumature di significato che, a seconda del contesto, possono essere attribuite a locuzioni di questo tipo.

A tal fine presentiamo:

- tre diverse definizioni di "indipendenza", tratte da libri di testo di scuola secondaria superiore;
- quattro coppie di eventi, ciascuna relativa al lancio di un dado;

invitando il lettore a pronunciarsi in merito al seguente quesito: *Quali tra queste coppie di eventi sono da considerarsi "indipendenti" secondo l'una o l'altra delle definizioni proposte?*

Definizione 26 *Due eventi A, B si dicono indipendenti se $P(A \cap B) = P(A) \cdot P(B)$.*

Definizione 27 *Due eventi A, B si dicono indipendenti se la conoscenza del fatto che A si è verificato non modifica la probabilità del verificarsi di B, e simmetricamente la conoscenza del fatto che B si è verificato non modifica la probabilità del verificarsi di A.*

Definizione 28 *Due eventi A, B si dicono indipendenti se il verificarsi di A non implica né il verificarsi di B né il verificarsi di B^c, e simmetricamente se il verificarsi di B non implica né il verificarsi di A né il verificarsi di A^c.*

- Situazione 1:
    A_1: "esce un numero pari";
    B_1: "esce un numero maggiore o uguale di quattro".

Villani V., Bernardi C., Zoccante S., Porcaro R.: Non solo calcoli. Domande e risposte sui perché della matematica
DOI 10.1007/978-88-470-2610-0_26, © Springer-Verlag Italia 2012

- Situazione 2:

  A_2: "esce un numero maggiore o uguale di uno e minore o uguale di sei";

  B_2: "esce il numero quattro".

- Situazione 3:

  A_3: "esce o il numero uno o il numero due";

  B_3: "esce un numero pari".

- Situazione 4:

  A_4: "esce un numero pari";

  B_4: "esce un numero dispari".

Per il lettore che avesse incontrato difficoltà a rispondere alla domanda iniziale, accenniamo alle risposte relative alla definizione 26 e alla definizione 28, riservandoci di tornare sulla definizione 27 in un momento successivo.

- Situazione 1:

  non indipendenti secondo la definizione 26;

  indipendenti secondo la definizione 28.

- Situazione 2:

  indipendenti secondo la definizione 26;

  non indipendenti secondo la definizione 28.

- Situazione 3:

  indipendenti secondo la definizione 26;

  indipendenti secondo la definizione 28.

- Situazione 4:

  non indipendenti secondo la definizione 26;

  non indipendenti secondo la definizione 28.

Risulta pertanto che le definizioni 26 e 28 non sono equivalenti. Per distinguerle ci si riferisce alla definizione 26 come *indipendenza stocastica* e alla definizione 28 come *indipendenza logica*. L'aggettivo *stocastico* va inteso come sinonimo di probabilistico in quanto la definizione 26 è appunto caratterizzata dal ricorso al concetto di probabilità. L'aggettivo *logico* viene invece mutuato dalla logica matematica (cfr. paragrafo 6.3) dove, per esempio, dire che due postulati di una teoria sono indipendenti significa che ciascuno dei due non è conseguenza dell'altro, e nemmeno della sua negazione.

Per sottolineare il fatto che l'indipendenza stocastica è strettamente collegata alle probabilità degli eventi in gioco presentiamo un ulteriore esempio:

Da una indagine statistica (cfr. capitolo 31) *effettuata su un campione di* 1000 *individui di una certa fascia di età risulta che* 70 *sono fumatori e che* 300 *sono mancini. Risulta inoltre che* 21 *sono contemporaneamente fumatori e mancini. Detto* E_1 *l'evento: "un individuo è fumatore" e* E_2 *l'evento: "un individuo è mancino", stabilire se* E_1 *e* E_2 *sono indipendenti rispetto alle definizioni date.*

I due eventi risultano indipendenti secondo la definizione 26 (indipendenza stocastica): infatti $\frac{21}{1000} = \frac{300}{1000} \cdot \frac{70}{1000}$.

I due eventi sono indipendenti anche secondo la definizione 28 (indipendenza logica): infatti la sola informazione che un individuo è fumatore non dà alcuna indicazione circa il fatto che tale individuo appartenga alla categoria dei 300 soggetti che sono mancini, né che appartenga alla categoria dei 700 soggetti che non sono mancini. Simmetricamente la sola informazione che un individuo è mancino non ci dà alcuna indicazione circa il fatto che tale individuo appartenga alla categoria dei 70 soggetti che sono fumatori né che appartenga alla categoria dei 930 soggetti che non sono fumatori.

Basta però modificare di pochissimo anche uno solo dei valori numerici risultanti dall'indagine, e di conseguenza le probabilità degli eventi considerati, per rendersi conto che la situazione può cambiare radicalmente. Se ad esempio ci si accorgesse che uno degli individui era stato erroneamente catalogato tra i fumatori (non mancini) anziché tra i mancini (non fumatori), si avrebbe a che fare in realtà con 69 fumatori e con 301 mancini, fermo restando il numero 21 degli individui che sono contemporaneamente fumatori e mancini. In tal caso i due eventi non risulterebbero più stocasticamente indipendenti secondo la definizione 26 in quanto $\frac{21}{1000} > \frac{301}{1000} \cdot \frac{69}{1000}$.

Lo stesso accadrebbe se si dovesse modificare l'esempio iniziale passando a 71 fumatori (non mancini) e a 299 mancini (non fumatori), fermo restando il numero dei 21 individui che sono contemporaneamente fumatori e mancini, in quanto $\frac{21}{1000} < \frac{299}{1000} \cdot \frac{71}{1000}$.

In entrambi gli esempi così modificati i due eventi E_1 e E_2 continuerebbero invece a risultare logicamente indipendenti secondo la definizione 28.

Commento L'esempio iniziale e i due esempi modificati sono ineccepibili dal punto di vista matematico, ma meritano un'attenta riflessione da un altro punto di vista. Mettiamo a confronto la quaterna iniziale di numeri (1000, 70, 300, 21) con l'una o l'altra delle quaterne modificate, ovvero (1000, 69, 301, 21) oppure (1000, 71, 299, 21). Ogni quaterna rappresenta rispettivamente la numerosità del campione, la numerosità dei fumatori, la numerosità dei mancini e la numerosità dei fumatori-mancini. Le tre quaterne sono matematicamente diverse ma praticamente equivalenti dato il margine di incertezza inevitabilmente connaturato con ogni indagine statistica (cfr. capitolo 31). Sarebbe quindi avventato estrapolare dalle varianti dell'esempio iniziale uno "scoop giornalistico" del tipo: "un'indagine statistica rivela che il vizio del fumo è più diffuso tra i mancini che nel resto della popolazione in esame" (se ci si basa sulla prima variante) o "un'indagine statistica rivela che il vizio del fumo è meno diffuso tra i mancini che nel resto della popolazione in esame" (se ci si basa sulla seconda variante).

Riprendiamo ora il filo del discorso sul ruolo delle diverse definizioni di *indipendenza* in ambito probabilistico.

Come si può ben immaginare, **nell'ambito del calcolo delle probabilità si è interessati solo all'indipendenza stocastica.** Quindi nel seguito, ove non vi sia pericolo di equivoci, parleremo semplicemente di *indipendenza*, sottintendendo la specificazione che si tratta di "indipendenza stocastica".

Finora è rimasta ancora in sospeso la collocazione della definizione 27 rispetto alle altre due. Dal punto di vista linguistico la definizione 27 può sembrare più affine alla definizione 28 che non alla definizione 26. Ma in questo caso l'apparenza inganna! Faremo infatti vedere che la 27 è equivalente alla 26 e nel contempo stabiliremo un'importante formula generale, nota come *formula delle probabilità composte*, atta a determinare la probabilità dell'intersezione di due eventi qualsiasi (non necessariamente indipendenti).

26.2 Probabilità condizionata

Ricordiamo ancora una volta che la nozione di probabilità è strettamente legata a situazioni di incertezza, ossia alla incompletezza di informazioni relative al fenomeno che si intende analizzare. Pertanto non deve stupire che al variare delle informazioni in nostro possesso possa variare la valutazione della probabilità di uno stesso evento.

Consideriamo il seguente semplice esempio. Supponiamo di lanciare un dado non truccato e scommettiamo sull'evento A "esce la faccia due". Prima del lancio, in assenza di ulteriori informazioni, la probabilità dell'evento è $P(A) = 1/6$ e tale rimane anche a lancio effettuato, fino a quando non avremo avuto la possibilità di vedere o comunque di conoscere in qualche modo l'esito del lancio. Se però un amico fidato e ben informato ci dice, *prima o dopo il lancio (ma comunque prima di conoscerne l'esito!)*, che il dado è stato truccato in modo da far uscire sempre una faccia pari, tale informazione ci induce a modificare la nostra precedente valutazione e ad attribuire al verificarsi del medesimo evento A, sulla base dell'informazione B "esce un numero pari", probabilità pari a 1/3.

Per formalizzare questa situazione, si introduce la seguente:

Definizione 29 (Probabilità condizionata) *Dati due eventi A e B di uno spazio probabilizzato* Ω*, con* $P(B) \neq 0$*, si dice probabilità condizionata (o condizionale) di A dato B, e si indica con* $P(A|B)$*, e si legge P di A dato B, il numero*

$$P(A|B) = \frac{P(A \cap B)}{P(B)}. \tag{26.1}$$

Esempio Con riferimento al precedente esempio del dado truccato, se volessimo ricorrere alla formula (26.1) dovremmo ragionare come segue: nello spazio compionario Ω, che in assenza di informazioni consta dei sei esiti possibili del lancio del dado, l'informazione B ci dice che in realtà gli esiti possibili sono solo tre, per cui $P(B) = 3/6$. Quanto agli esiti favorevoli dobbiamo considerare solo quelli che soddisfano ad entrambe le condizioni A e B: nel caso specifico vi è un solo caso favorevole per cui $P(A \cap B) = 1/6$. In definitiva $P(A|B) = \frac{1/6}{3/6} = 1/3$, in perfetto accordo con la conclusione alla quale eravamo giunti precedentemente con un ragionamento meno formalizzato.

Commento
1 Nella maggior parte dei testi scolastici la nozione di *probabilità condizionata* viene presentata nella forma data nella definizione 29, seguita da un commento esplicativo del tipo: *Intuitivamente la probabilità condizionata è la probabilità*

che si verifichi l'evento A qualora si sappia che l'evento B si è verificato (o debba verificarsi). Da un punto di vista didattico può essere invece preferibile invertire questo ordine espositivo riformulando la definizione 29 e il relativo commento esplicativo, come segue:

Definizione 30 (Probabilità condizionata)   *Dati due eventi A e B di uno spazio probabilizzato Ω, con $P(B) \neq 0$, si dice probabilità condizionata (o condizionale) di A dato B, e si indica con $P(A|B)$, e si legge P di A dato B, la probabilità del verificarsi dell'evento A qualora si sappia che l'evento B si è verificato o debba verificarsi.*

Commento   *La probabilità condizionata $P(A|B)$ può essere espressa in termini delle probabilità di $A \cap B$ e di B, mediante la formula:*

$$P(A|B) = \frac{P(A \cap B)}{P(B)}. \qquad (26.1)$$

Aggiungiamo qualche ulteriore riflessione riservata ai lettori desiderosi di approfondire l'argomento. In entrambe le formulazioni il ricorso ad esempi o a commenti esplicativi cerca di camuffare la riluttanza dei matematici ad affermare a chiare lettere che le due definizioni 29 e 30 sono equivalenti. Nasce quindi un interrogativo: l'equivalenza tra le definizioni 29 e 30 è un teorema (che andrebbe quindi dimostrato) o è un assioma (che andrebbe allora incluso tra quelli del calcolo delle probabilità)? O la formula (26.1) va vista semplicemente come una definizione? In effetti la risposta è piuttosto articolata. Se ci si pone nell'ambito della probabilità classica, o frequentista o soggettiva, l'equivalenza tra le due definizioni può essere dimostrata e quindi si tratta di un teorema (vedi per es. [Dall'Aglio, 2003], pag. 48-49).[1]

Se invece si ragiona in termini di probabilità assiomatica, la situazione si complica. Infatti in tale impostazione si considerano come "eventi" solo i sottoinsiemi dello spazio probabilizzato Ω, mentre non avrebbe senso leggere la scrittura $P(A|B)$ come la probabilità dell'evento $A|B$ (in quanto $A|B$ non è un "evento", non essendo un sottoinsieme di Ω). La formula (26.1) va vista invece come una definizione del numero $P(A|B)$ espresso sotto forma di quoziente di altri due numeri i quali (questi sì) sono le probabilità dei due eventi $A \cap B$ e B. Dunque in questo contesto il riferimento alla probabilità di un evento qualora si sappia che un altro evento si è verificato (o deve verificarsi) va quindi inteso semplicemente come un utile aiuto per la nostra intuizione, alla stessa stregua delle pseudo-definizioni euclidee di punto e retta nel contesto di un'impostazione assiomatica rigorosa della geometria.

---

[1]Per esempio, nel caso della probabilità classica possiamo ragionare così: indichiamo con k, b, c, rispettivamente le cardinalità degli insiemi (finiti) Ω, B, $A \cap B$. Sostituendo questi numeri nella formula (26.1) e semplificando, otteniamo: $P(A|B) = P(A \cap B)/P(B) = \frac{c/k}{b/k} = c/b$ ovvero il numero degli eventi elementari di B che appartengono anche ad A fratto il numero degli eventi elementari di B. E quest'ultima definizione traduce fedelmente il significato della definizione 30.

2 Moltiplicando per $P(B)$ ambo i membri della formula (26.1) si perviene ad una nuova uguaglianza, detta (come già anticipato in precedenza) *formula delle probabilità composte*: $P(A \cap B) = P(A|B) \cdot P(B)$. Osserviamo che tale formula (al contrario della 26.1) vale anche se $P(B) = 0$.

3 A partire dalla formula precedente (delle probabilità composte) si dimostra, per induzione, il seguente risultato, utile per calcolare la probabilità dell'intersezione di un numero finito di eventi, detto *regola della moltiplicazione delle probabilità*:

$$P\left(\cap_{i=1}^{n} E_i\right) = P(E_1) \cdot P(E_2|E_1) \cdot P(E_3|E_1 \cap E_2) \cdots P\left(E_n \mid \cap_{i=1}^{n-1} E_i\right).$$

4 Come è ben noto l'intersezione tra due insiemi A e B gode della proprietà commutativa. Ciò consente di scrivere la seguente catena di uguaglianze: $P(A|B) \cdot P(B) = P(A \cap B) = P(B \cap A) = P(B|A) \cdot P(A)$. Tralasciando i due passaggi intermedi, si ottiene una importante formula detta *formula di Bayes* (da Thomas Bayes, 1702-1761):

$$P(A|B) \cdot P(B) = P(B|A) \cdot P(A).$$

5 La nozione di probabilità condizionata consente di riformulare la definizione 27 come segue: "Due eventi A e B si dicono indipendenti se $P(A) = P(A|B)$ e se simmetricamente $P(B) = P(B|A)$".

6 Nell'eventualità, abbastanza frequente, che due eventi A e B non risultino indipendenti, può essere utile distinguere due casi: $P(A|B) > P(A)$ o $P(A|B) < P(A)$. Nel primo caso si dice che i due eventi sono *correlati positivamente* (in quanto il verificarsi dell'evento B aumenta la probabilità del verificarsi dell'evento A), nel secondo caso che gli eventi sono *correlati negativamente* (in quanto il verificarsi dell'evento B diminuisce la probabilità del verificarsi dell'evento A).

7 Se gli eventi A e B sono indipendenti secondo la definizione 27, e quindi (vedi osservazione 5) $P(A) = P(A|B)$, possiamo operare una sostituzione nella formula delle probabilità composte (vedi osservazione 2) $P(A \cap B) = P(A|B) \cdot P(B)$, ottenendo $P(A \cap B) = P(A) \cdot P(B)$. Poiché tutti i passaggi sono invertibili, ciò prova l'equivalenza tra le definizioni di indipendenza 26 e 27.

Esempi Con riferimento alle situazioni già, considerate all'inizio del paragrafo, nel caso della situazione 1 si ha: $P(A_1) = 3/6$, $P(B_1) = 3/6$ e $P(A_1 \cap B_1) = 2/6$, da cui si ricava $P(A_1|B_1) = \frac{P(A_1 \cap B_1)}{P(B_1)} = 2/3$.

Allo stesso risultato si poteva pervenire anche direttamente, osservando che l'informazione B_1 ("esce un numero maggiore o uguale di quattro") esclude la possibilità che escano i numeri 1, 2, 3 ossia riduce l'originario spazio campionario $\Omega = \{1, 2, 3, 4, 5, 6\}$ ad $\Omega' = \{4, 5, 6\}$. Di conseguenza, nel computo degli esiti che corrispondono all'evento A_1 ("esce un numero pari") occorre escludere quei numeri che non appartengono a Ω' (nel caso specifico il 2) e accettare solo quelli che vi appartengono (nel caso specifico il 4 e il 6). Ne segue che $P(A_1|B_1)$ è il rapporto tra i casi favorevoli di A_1 in Ω' e i casi possibili in Ω', ovvero 2/3.

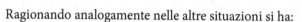
Ragionando analogamente nelle altre situazioni si ha:
- Situazione 2: $P(A_2 \cap B_2) = 1/6$, $P(B_2) = 1/6$ e quindi $P(A_2|B_2) = 1$;
- Situazione 3: $P(A_3 \cap B_3) = 1/6$, $P(B_3) = 1/2$ e quindi $P(A_3|B_3) = 1/3$;
- Situazione 4: $P(A_4 \cap B_4) = 0$, $P(B_4) = 3/6$ e quindi $P(A_4|B_4) = 0$.

26.3 Indipendenza tra tre o più eventi

Domandiamoci ora se sia possibile riformulare la definizione di indipendenza in modo da estenderla al caso di più di due eventi indipendenti. In analogia a quanto già visto nel caso di più di due eventi incompatibili, sembrerebbe naturale operare una semplice estensione algebrica della formula che compare nella definizione 26. Ma anche questa volta avremo delle sorprese! Trascriviamo qui di seguito quanto, in accordo con tale estensione, compare nella maggior parte dei manuali scolastici:

Il concetto di indipendenza può essere esteso al caso di un numero qualsiasi di eventi. Nel caso di tre eventi si ha:

Definizione 31 *Tre eventi E_1, E_2, E_3 sono indipendenti se $P(E_1 \cap E_2 \cap E_3) = P(E_1) \cdot P(E_2) \cdot P(E_3)$.*

Sembra tutto molto naturale, ma ... consideriamo il seguente esempio:

Si lanciano in sequenza tre monete regolari. Gli esiti possibili sono TTT, TTC, TCT, TCC, CTT, TCC, CTC, CCC. Trattandosi di otto casi equiprobabili, la probabilità di uscita di ciascuno di essi è 1/8. Consideriamo ora i seguenti eventi: E_1: "la terna presenta almeno due teste"; quindi i casi favorevoli sono quattro: TTT, TTC, TCT, CTT, e dunque $P(E_1) = 1/2$.

E_2: "la terna presenta un numero pari di teste"; quindi i casi favorevoli sono quattro: TTC, TCT, CTT, CCC, e dunque $P(E_2) = 1/2$.

E_3: "la prima moneta della terna presenta la faccia croce"; quindi i casi favorevoli sono quattro CTT, CCT, CTC, CCC, e dunque $P(E_3) = 1/2$.

Quanto all'intersezione dei tre eventi si ha $E_1 \cap E_2 \cap E_3 = \{ CTT \}$ e dunque $P(E_1 \cap E_2 \cap E_3) = 1/8$.

Pertanto, in accordo con la definizione 31:
$$P(E_1 \cap E_2 \cap E_3) = 1/8 = (1/2)^3 = P(E_1) \cdot P(E_2) \cdot P(E_3).$$

Ma vediamo cosa succede nel caso dell'intersezione di due dei tre eventi del nostro esempio. Siano essi E_1, E_2. Poiché i casi favorevoli di $E_1 \cap E_2$ sono tre: CTT, TCT, TTC si ha: $P(E_1 \cap E_2) = 3/8 \neq 1/4 = P(E_1) \cdot P(E_2)$.

Abbiamo quindi scoperto un fatto piuttosto sconcertante: se utilizziamo la definizione data rischiamo di imbatterci in terne di eventi tra loro indipendenti, che però presi a due a due non sono necessariamente indipendenti.

Per completare il quadro della situazione presentiamo un ulteriore esempio, in certo senso inverso del precedente. Si tratta di tre eventi che non sono indipendenti tra loro nel senso della definizione 31 pur essendo indipendenti se presi a due a due (in tutti e tre gli accoppiamenti possibili).

Consideriamo l'insieme $\Omega = \{ 1, 2, 3, 4 \}$ dove supponiamo che ogni evento elementare abbia la medesima probabilità, ovvero 1/4. Consideriamo gli eventi

$E_1 = \{1,4\}$, $E_2 = \{2,4\}$ e $E_3 = \{3,4\}$. È facile verificare che gli eventi dati sono a due a due indipendenti ma $P(E_1 \cap E_2 \cap E_3) = P(\{4\}) = 1/4 \neq P(E_1) \cdot P(E_2) \cdot P(E_3) = 1/2 \cdot 1/2 \cdot 1/2 = 1/8$.

Che fare per ovviare agli inconvenienti evidenziati da questi due esempi?

È risaputo (vedi per esempio capitolo 11 di logica) che una definizione, di per sé, è sempre corretta. Dunque preferire una definizione piuttosto che un'altra dipende solo dalla sua maggiore o minore appropriatezza a caratterizzare tutti e soli gli enti matematici che godono di una determinata proprietà (escludendo quindi tutti gli altri). Nel caso specifico, avevamo constatato che la definizione 26 di *indipendenza* tra due eventi era appropriata ai fini per i quali l'avevamo introdotta. Successivamente, nel tentativo di estendere tale definizione al caso di tre o più eventi, abbiamo preso in considerazione la formulazione 31, citata in vari testi scolastici. Ma con i due esempi sopra riportati ne abbiamo evidenziato un serio inconveniente. E infatti i matematici, consapevoli di ciò, hanno ripudiato la definizione 31 sostituendola con la seguente, dalla formulazione un po' più complessa ma immune da tali inconvenienti:

Definizione 32 (famiglia di eventi indipendenti)   *n eventi $E_1, \ldots, E_n$ (con $n \geqslant 2$) si dicono indipendenti se $\forall k \leqslant n$ e per ogni scelta di indici $i_1, \ldots, i_k$ distinti e compresi tra 1 e n si ha $P(E_{i_1} \cap \cdots \cap E_{i_k}) = P(E_{i_1}) \cdots P(E_{i_k})$.*

È evidente che in base a quest'ultima definizione se n eventi sono indipendenti allora anche k qualsiasi tra essi continuano ad esserlo e dunque le situazioni precedenti non possono più presentarsi. Il livello di generalizzazione e formalizzazione richiesto è stato tuttavia più complesso di quello che ci si poteva aspettare.

26.4   Qualche ulteriore esempio

I concetti finora esposti sono di uso comune nella maggior parte delle applicazioni del calcolo delle probabilità. Nei paragrafi che seguono anche noi ne faremo ampio uso. Nei manuali scolastici prevalgono esempi ed esercizi del tipo:

Problemi

26.1   Un commerciante pone in vendita una partita di 1000 fustini di detersivo. 25 tra questi fustini contengono al loro interno un premio. Si calcoli la probabilità che:

- Acquistando il primo fustino della partita vi si trovi un premio.
- Acquistando il 751-esimo fustino vi si trovi un premio (in assenza di informazioni sugli esiti degli acquisti dei precedenti 750 fustini).
- Acquistando il 751-esimo fustino vi si trovi un premio, sapendo che tra i precedenti 750 fustini sono stati trovati 17 premi.

26.2   Un'urna contiene 12 palline indistinguibili al tatto. Di queste, 5 sono bianche e 7 sono nere. Si calcoli la probabilità che, estraendo successivamente due palline (senza reimmettere la prima pallina estratta nell'urna):

- Entrambe siano bianche.
- Entrambe siano nere.
- Una sia bianca e l'altra sia nera.

Traccia di soluzione

26.1

- Calcolando il rapporto tra casi favorevoli e casi possibili si ottiene $25/1000 = 0,025$.
- Non essendovi informazioni sugli esiti degli acquisti, la probabilità richiesta non varia rispetto a quella precedente, ovvero è $0,025$.
- Si tratta di una probabilità condizionata. Poiché rimangono 250 fustini da acquistare e fra questi solo 8 contengono premi, si ottiene $8/250 = 0,032$.

26.2 Denotato con B_i l'evento "si estrae una pallina bianca alla i-esima estrazione", e con N_i l'evento "si estrae una pallina nera alla i-esima estrazione", facendo il rapporto tra casi favorevoli e casi possibili si ha $P(B_1) = 5/12$ e $P(N_1) = 7/12$. Ovviamente la prima estrazione condiziona la seconda, per cui:

- si tratta di calcolare $P(B_1 \cap B_2) = P(B_1) \cdot P(B_2|B_1) = 5/12 \cdot 4/11 = 20/132$;
- si tratta di calcolare $P(N_1 \cap N_2) = P(N_1) \cdot P(N_2|N_1) = 7/12 \cdot 6/11 = 42/132$;
- si tratta di calcolare $P\big((B_1 \cap N_2) \cup (N_1 \cap B_2)\big)$. Essendo gli eventi $B_1 \cap N_2$ e $N_1 \cap B_2$ disgiunti, tale probabilità è pari a $P(B_1 \cap N_2) + P(N_1 \cap B_2) = P(B_1) \cdot P(N_2|B_1) + P(N_1) \cdot P(B_2|N_1) = 7/12 \cdot 5/11 + 5/12 \cdot 7/11 = 70/132$.

Esercizi siffatti possono essere utili per consolidare l'apprendimento dei concetti e l'applicazione di regole e nozioni teoriche, ma sarebbe riduttivo limitarsi ad essi, trascurando gli aspetti di modellizzazione che rappresentano il vero fulcro del calcolo delle probabilità.

In questo ordine di idee ci sembra appropriato proporre, come conclusione del capitolo, un classico e istruttivo problema, che però si colloca ad un livello un po' più elevato degli altri problemi fin qui affrontati, e che è quindi pensato per mettere alla prova le capacità critiche dei nostri lettori e dei loro allievi (come del resto è successo a noi stessi) nel rispondere alle domande formulate qui di seguito nei punti (I) e (II)).

Il problema dei compleanni

> Qual è la probabilità $P(n)$ che in una classe di n allievi almeno due festeggino il loro compleanno in uno stesso giorno?

Osservazioni e pianificazione del lavoro.

(I) Per semplicità supponiamo che tutti gli anni siano di 365 giorni, ossia escludiamo la presenza del 29 febbraio negli anni bisestili, e che le date di nascita siano indipendenti.

Precisiamo inoltre che, quando parliamo di "compleanni che si verificano in uno stesso giorno", ci riferiamo alla coincidenza del giorno e del mese, trascurando l'anno di nascita.

Supponiamo infine che le date di nascita siano equidistribuite nell'arco di tutti i 365 giorni.

Attenzione. Non è detto che quest'ultima ipotesi sia così innocua come potrebbe sembrare a prima vista. Basti pensare ad un'ipotetica suddivisione degli allievi in classi formate dai nati nei primi sei mesi (o rispettivamente negli ultimi sei mesi) dell'anno di riferimento.

(II) Ancor prima di affrontare il problema in termini matematici rigorosi, chiediamo ai nostri lettori e ai loro allievi di stimare empiricamente l'ordine di gradezza di $P(n)$ in corrispondenza ad alcuni valori di n. Per esempio $n = 10, 20, 30, 40, 50$.

(III) Nel passo successivo si tratta di elaborare finalmente una soluzione matematicamente corretta del problema per n generico, e di determinare i valori numerici di $P(n)$ in corrispondenza ai valori di n prescelti nel punto (II).

(IV) Infine, si chiede di confrontare le stime di cui al punto (II) con i valori calcolati al punto (III) e si cerca di trovare una spiegazione plausibile per le discordanze riscontrate.

Passiamo ora a proporre uno schema di soluzione per il problema dei compleanni. Numeriamo da 1 ad n gli studenti citati nell'enunciato del problema (il criterio di numerazione non è importante). Osserviamo poi che la probabilità cercata $P(n)$ può essere riscritta nella forma $P(n) = 1 - P(E_n)$ dove E_n sta ad indicare l'evento:

$$E_n = \text{"Tutti i compleanni cadono in giorni differenti".}$$

Il nostro problema è quindi ricondotto al calcolo di $P(E_n)$. Orbene, l'evento E_n può essere riscritto nella forma

$E_n = \{ \bigcap_{i=1}^{n} A_i \}$, dove A_i sta a denotare l'evento $A_i = $ "il giorno del compleanno dell' i-esimo studente è diverso dai giorni di compleanno di tutti gli studenti che lo precedono nella numerazione".

Passando alle probabilità, e tenendo conto dell'indipendenza degli eventi considerati, possiamo usare la regola della moltiplicazione delle probabilità. Si ha quindi:

$$P(E_n) = 365/365 \times 364/365 \times \cdots \times (365 - n)/365.$$

Per concludere possiamo ora calcolare facilmente le probabilità di cui alle precedenti osservazioni (II) e (III), ottenendo:

$$P(10) \simeq 0,12; \ P(20) \simeq 0,41; \ P(30) \simeq 0,71; \ P(40) \simeq 0,90; \ P(50) \simeq 0,97.$$

Lasciamo ai lettori che non conoscevano questo problema i raffronti tra le loro congetture e i valori qui calcolati.

Capitolo 27
Perché, contrariamente ad altri settori della matematica, nel calcolo delle probabilità si privilegiano situazioni ludiche?

27.1 Alcuni esempi "classici"

Già nei tre capitoli precedenti, per illustrare alcune basilari caratteristiche del calcolo delle probabilità, abbiamo fatto ricorso a varie situazioni ludiche (lancio di dadi e di monete regolari e truccate, problema di Monty Hall, ecc.). Curiosando tra i libri di testo che trattano il calcolo delle probabilità, dalla scuola primaria all'università, si ha la conferma che gli esempi proposti sono quasi sempre di questo tipo, con variazioni sul tema (lotto, roulette, poker, ecc.).

Trascriviamo qui di seguito alcune delle situazioni incontrate:

Situazione 1 Una sfida tra due giocatori d'azzardo prevede una serie di partite con l'intesa che il vincitore della sfida sarà colui che arriverà per primo a vincere tre partite. Si suppone che entrambi i giocatori mantengano la stessa abilità (ovvero che in ogni partita entrambi abbiano sempre la stessa probabilità di vincere o perdere) e che in ogni partita vi sia sempre un vincitore. Ma talvolta può capitare che il gioco debba essere interrotto anzitempo, quando ancora nessun giocatore ha vinto tre partite. Si pone allora un problema non banale: quello di ripartire equamente la posta in palio in base al numero di partite vinte fino a quel momento da ciascuno dei due.

Situazione 2 Si possiede una moneta perfettamente equilibrata. Lanciando la moneta quattro volte, qual è la probabilità che escano almeno due teste?

Situazione 2 bis Si possiedono quattro monete perfettamente equilibrate ed indistinguibili. Qual è la probabilità che escano almeno due teste in un lancio simultaneo delle quattro monete?

Situazione 3 Si possiede una moneta truccata con probabilità $p = 7/10$ che esca testa e probabilità $q = 3/10$ che esca croce. Lanciando la moneta quattro volte, qual è la probabilità che escano almeno due teste?

Situazione 3 bis Si possiedono quattro monete indistinguibili, tutte truccate con probabilità $p = 7/10$ che esca testa e probabilità $q = 3/10$ che esca croce. Qual è la probabilità di avere almeno due teste in un lancio simultaneo delle quattro monete?

Commento La situazione 1 è particolarmente interessante per il suo valore storico. Infatti il problema della ripartizione della posta fu sollevato nell'anno 1654 da un accanito giocatore d'azzardo (il Cavalier De Mérè) che lo sottopose all'attenzione di due illustri matematici francesi: Blaise Pascal e Pierre Fermat. Ne seguì tra i due matematici un carteggio, che viene considerato come l'inizio dello studio

Villani V., Bernardi C., Zoccante S., Porcaro R.: Non solo calcoli. Domande e risposte sui perché della matematica
DOI 10.1007/978-88-470-2610-0_27, © Springer-Verlag Italia 2012

matematico della probabilità. Per completezza di informazione aggiungiamo che prima di allora solo pochi matematici (tra i quali Girolamo Cardano e Galileo Galilei) si erano interessati dell'argomento e comunque solo in modo occasionale. A partire dalla seconda metà del Seicento, invece, numerosi matematici (tra i quali Christian Huygens e Jakob Bernoulli) indirizzarono le loro ricerche verso uno studio dei fondamenti del Calcolo delle Probabilità e verso le sue possibili applicazioni a questioni sociali, demografiche, assicurative, ecc. Il lettore interessato potrà trovare maggiori informazioni in [Bottazzini et al., 1992], pagg. 341-392.

Presentiamo ora, in linguaggio moderno, le soluzioni ai quattro quesiti sopra elencati.

Quanto al problema della ripartizione della posta (situazione 1), dobbiamo preliminarmente tradurre la condizione di "equità della ripartizione" in termini matematici precisi. E l'unica traduzione ragionevole, che mette sullo stesso piano entrambi i giocatori, è la seguente: le due parti della posta devono essere proporzionali alle rispettive probabilità di vittoria, qualora il gioco non fosse stato interrotto anzitempo. Supponiamo dunque, tanto per fare un esempio, che il primo giocatore (nel seguito lo chiameremo Tizio) abbia già vinto una partita mentre il secondo giocatore (lo chiameremo Caio) non ne abbia vinto nemmeno una. Dunque per vincere la sfida mancano rispettivamente due vittorie a Tizio e tre a Caio. È facile convincersi che il gioco, se non fosse interrotto, si concluderebbe con la vittoria di uno dei due giocatori entro un massimo di altre quattro partite, che chiameremo "virtuali" per non confonderle con quelle già giocate in precedenza. Ora ogni partita ha solo due esiti possibili: o vince Tizio (e quindi perde Caio) o viceversa vince Caio (e quindi perde Tizio). Si possono dunque presentare esattamente $2^4 = 16$ diverse sequenze degli esiti delle quattro partite virtuali. Per esempio, se usiamo le lettere T e C per indicare rispettivamente le partite vinte da Tizio e quelle vinte da Caio, la sequenza TCTT starà a significare che Tizio ha vinto la prima partita virtuale, Caio ha vinto la seconda e infine Tizio ha vinto la terza e la quarta.

In tale modo di ragionare si suppone che vengano giocate tutte e quattro le partite virtuali anche se l'esito della sfida viene deciso prima; infatti ciò non altera il risultato finale, e ha il vantaggio di considerare equiprobabili gli esiti di tutte le partite virtuali, consentendo l'applicazione della definizione classica della probabilità. Ciò premesso, è facile verificare che le sequenze che portano alla vittoria di Tizio sono undici: TTTT, TTTC, TTCT, TCTT, CTTT, TTCC, TCTC, CTCT, TCCT, CTTC, CCTT. In base alla definizione classica si deduce che a Tizio spettano 11/16 della posta e di conseguenza a Caio spettano 5/16 della posta.

Commento   Allo stesso risultato si perviene facendo uso di una rappresentazione grafica, detta *grafo ad albero* (vedi Fig. 27.1), che si rivela didatticamente efficace in questo come in altri contesti.

Normalmente l'albero viene rappresentato in posizione "verticale" rispetto al foglio, ma talvolta (come nel caso specifico) ragioni tipografiche consigliano una rappresentazione "orizzontale".

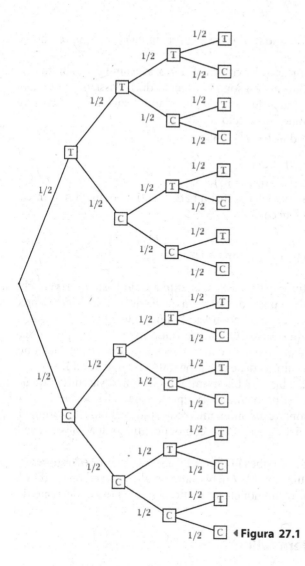

◄ **Figura 27.1**

Il grafo va "letto" da sinistra a destra. I rami dell'albero uscenti dal punto iniziale schematizzano i due possibili esiti della prima partita virtuale. Ciascun ramo si biforca a sua volta per schematizzare i due possibili esiti di ogni successiva partita virtuale. Il numero 1/2 (ovvero 0, 5) che compare accanto a ciascun ramo quantifica la probabilità del verificarsi dei rispettivi eventi[1].

Pertanto, applicando a ciascuno dei 16 percorsi lungo i rami del nostro grafo il teorema della probabilità degli eventi indipendenti (vedi capitolo 26) possiamo

---

[1]Si noti che nella situazione presa qui in esame tale specificazione può sembrare superflua in quanto la probabilità è la stessa in corrispondenza ad ogni ramo del grafo. Ma sia ben chiaro che in altri casi che incontreremo nel seguito, come per esempio nelle situazioni 2 bis, 3, 3 bis e 4, le probabilità possono essere diverse per i diversi rami del grafo.

concludere che tali percorsi hanno tutti la stessa probabilità $(0,5)^4$ di presentarsi come esiti di una partita.

Quanto ai percorsi che portano alla vittoria di Tizio, avevamo già stabilito mediante enumerazione esplicita che essi sono in numero di 11. Possiamo riottenere lo stesso risultato in modo più sistematico e più adatto a successive estensioni utilizzando le seguenti formule del calcolo combinatorio:

- percorsi con esattamente due T = $\binom{4}{2}$ = 6;

- percorsi con esattamente tre T = $\binom{4}{3}$ = 4;

- percorsi con esattamente quattro T = $\binom{4}{4}$ = 1.

Applicando infine il teorema della probabilità di eventi incompatibili (cfr. capitolo 26) possiamo concludere che:

$$\text{percentuale della posta spettante a Tizio} = \frac{\binom{4}{2}}{2^4} + \frac{\binom{4}{3}}{2^4} + \frac{\binom{4}{4}}{2^4}.$$

Per il calcolo della percentuale della posta spettante a Caio basta osservare che sommando la percentuale della posta di Tizio con quella di Caio si ottiene la probabilità dell'evento certo, ossia 1. In alternativa, si può ripetere per Caio la stessa procedura sopra delineata per Tizio. Questo secondo metodo è un po' più laborioso ma può essere utile per rendersi conto di eventuali errori commessi nei calcoli, controllando che la somma delle due probabilità sia uguale ad 1.

Quanto alle situazioni 2, 2 bis, 3, 3 bis si tratta di (semplici) varianti di quanto visto sopra a proposito del problema della ripartizione della posta. Invitiamo quindi il lettore ad affrontare autonomamente lo studio di tali situazioni, visualizzando i singoli passi dei ragionamenti con opportuni grafi ad albero (vedi Fig. 27.2).

Il lettore constaterà, tra l'altro, che i grafi relativi alle situazioni 2 e 3 rappresentano fedelmente anche le situazioni 2 bis e 3 bis, fatto peraltro prevedibile perché la simultaneità dei lanci di due o più monete non inficia l'indipendenza dei rispettivi esiti.

27.2 Il processo di Bernoulli

Accenniamo ora ad una variante che generalizza e unifica le quattro situazioni 2, 2 bis, 3, 3 bis:

Situazione 4 Si possiede una moneta che ad ogni lancio ha probabilità p che esca testa (T) e probabilità $q = 1 - p$ che esca croce (C). Lanciando la moneta quattro volte, qual è la probabilità di avere testa almeno due volte?

Anche in questo caso è opportuno cominciare con la costruzione del corrispondente grafo ad albero (vedi Fig. 27.2).

Ed ecco la formula che nella nuova situazione quantifica la probabilità di avere almeno due teste su quattro lanci della moneta:

$$\binom{4}{2}p^2 q^2 + \binom{4}{3}p^3 q + \binom{4}{4}p^4. \tag{*}$$

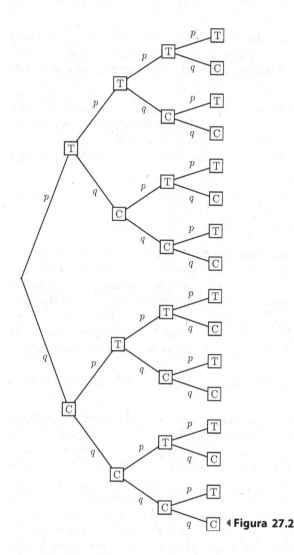

◄ **Figura 27.2**

Commento **1** Ad una lettura superficiale il quesito posto nella situazione 1 poteva sembrare piuttosto lontano dal quesito posto nella situazione 2 e nelle situazioni successive. A maggior ragione riteniamo quindi degna di nota la constatazione che le soluzioni dei due tipi di problemi (quello della ripartizione della posta e quello dei lanci ripetuti di una moneta) si basano su una stessa strategia risolutiva.

2 La situazione 2 rientra come caso particolare nella situazione 4 ponendo $p = 1/2$ e quindi $q = 1 - 1/2 = 1/2$.

3 Analogamente la situazione 3 rientra nella situazione 4 ponendo $p = 7/10$ e quindi $q = 1 - p = 3/10$. Come già osservato in precedenza, in questa e in analoghe situazioni le probabilità associate ai rami del grafico non sono tutte uguali tra loro.

4 In ambito probabilistico lo schema di calcolo utilizzato negli esempi precedenti è un caso particolare di un risultato più generale, noto come *Processo di Bernoulli*[2] *o delle prove ripetute*. Data la sua importanza, lo presentiamo qui di seguito, pur consapevoli della complessità della sua formulazione:

Teorema 26 (Processo di Bernoulli) *Sia E un evento suscettibile di verificarsi in una prova secondo due sole modalità, che chiameremo convenzionalmente "successo" (con probabilità p) e "insuccesso" (con probabilità q = 1 − p).*

Se si effettuano n prove indipendenti, la probabilità P(k) di ottenere almeno k successi, è data dalla formula:

$$P(k) = \sum_{i=k}^{n} \binom{n}{i} p^i q^{n-i}.$$

Con l'andare del tempo i matematici hanno scoperto che l'ambito di applicazione del processo di Bernoulli va ben oltre i giochi. Più in generale, si sono resi conto che trarre spunto da situazioni ludiche per poi generalizzarle e adattarle a problematiche anche molto diverse presenta innegabili vantaggi. Infatti la formulazione delle regole dei giochi risulta generalmente semplice perché non vi intervengono elementi estranei che potrebbero fuorviare l'attenzione dei partecipanti. Costituisce dunque una buona "palestra" prima di affrontare una modellizzazione di situazioni più complesse.

Ecco un esempio di applicazione del processo di Bernoulli ad una interessante situazione del nostro tempo.

Situazione 5 Le compagnie aeree sanno per esperienza che non tutti quelli che hanno prenotato un volo si presentano poi all'imbarco a causa di mancate coincidenze, malattie improvvise o altri contrattempi. Una compagnia aerea ha stimato che su una certa rotta la probabilità che un passeggero non si presenti all'imbarco è mediamente del $K\%$. Per massimizzare i propri profitti la compagnia accetta quindi un numero N di prenotazioni superiore al numero D dei posti disponibili (tale strategia commerciale è conosciuta come *overbooking*). D'altra parte la differenza $N - D$ non deve essere eccessiva perché se qualche passeggero munito di regolare biglietto restasse a terra per mancanza di posti, la compagnia è tenuta a pagare una penale pari al costo del doppio del biglietto. Da qui l'interesse della compagnia a valutare la probabilità che questo inconveniente non si verifichi, in corrispondenza ai valori prescelti per il numero N. Come può la compagnia valutare tale probabilità?

È evidente che per rispondere alle aspettative della compagnia occorre matematizzare opportunamente il problema. Per maggiore concretezza ci riferiremo ai seguenti dati numerici, lasciando al lettore il compito (e il piacere) di sviluppare calcoli analoghi a partire da dati numerici di sua scelta, o (meglio ancora) elaborare un programma per fare eseguire i calcoli ad un computer:

---

[2]Per la precisione si dovrebbe specificare che ci si riferisce a Jakob Bernoulli, da non confonderlo con altri illustri matematici della sua famiglia.

- *Posti disponibili:* $D = 20$;
- *Probabilità individuale di rinuncia al volo:* $K\% = 10\%$;
- *Scelte di N:* $N = 21, 22, 23$;
- Soglia di accettabilità di N: la probabilità di lasciare a terra almeno un passeggero non deve essere superiore al 33%.

Per quanto possa sembrare poco intuitivo, si può modellizzare la situazione 5 tramite un processo di Bernoulli: basta tradurre "successo" come "una persona si presenta all'imbarco", e "insuccesso" come "una persona non si presenta all'imbarco".

Nel caso $N = 21$ avremo che la probabilità di lasciare a terra almeno un passeggero è: $\binom{21}{21} \cdot (9/10)^{21} \cdot (1/10)^0$ ovvero circa 11%.

Nel caso $N = 22$ invece avremo che la probabilità di lasciare a terra almeno un passeggero è: $\binom{22}{21} \cdot (9/10)^{21} \cdot (1/10)^1 + \binom{22}{22} \cdot (9/10)^{22} \cdot (1/10)^0$ ovvero circa 34%.

Nel caso $N = 23$ invece avremo che la probabilità di lasciare a terra almeno un passeggero è: $\binom{23}{21} \cdot (9/10)^{21} \cdot (1/10)^2 + \binom{23}{22} \cdot (9/10)^{22} \cdot (1/10)^1 + \binom{23}{23} \cdot (9/10)^{23} \cdot (1/10)^0$ ovvero circa 59%.

Dunque per contenere il rischio della penalità la compagnia non dovrà accettare più di 21 prenotazioni.

Dobbiamo però tener ben presente che la modellizzazione di situazioni reali risulta generalmente molto più complessa di quella con cui si ha a che fare nei casi ludici. Infatti i modelli per loro natura non possono tenere conto di tutte le variabili in gioco e quindi risultano non del tutto precisi. Nella situazione 5 ad esempio l'aver supposto i comportamenti dei passeggeri indipendenti tra loro può non sempre essere un'ipotesi ragionevole: si pensi per esempio a cosa accade quando a viaggiare sono intere famiglie, o squadre sportive. Tutto ciò non vanifica l'utilità dei modelli, che pur limitati nella loro adeguatezza, forniscono (come visto sopra) comunque utili informazioni.

In particolare la semplicità delle situazioni ludiche consente di avere modelli particolarmente semplici e che ben si prestano ad essere analizzati a fondo.

Quanto finora detto dovrebbe costituire materiale sufficiente per concludere che non solo l'applicazione del calcolo delle probabilità a situazioni ludiche si basa sulla sua genesi storica, ma consente l'elaborazione di modelli che risultano utili per prevedere e quindi dominare svariate problematiche legate alla complessità del mondo reale.

Capitolo 28
In quali contesti, oltre a quello ludico, il calcolo delle probabilità svolge ruoli importanti?

28.1 Il modello dell'urna

La risposta all'interrogativo del titolo è fin troppo banale: il calcolo delle probabilità, pur essendo un settore relativamente recente della matematica, svolge al giorno d'oggi un ruolo di primaria importanza in tutti gli ambiti delle attività umane.

Tanto per fare qualche esempio:

- in ambito economico: assicurazione di trasporti marittimi (una delle prime utilizzazioni del calcolo delle probabilità, secolo XVII);
- in ambito biologico: genetica (le leggi di Mendel (1866), e la legge di Hardy-Weinberg, cfr. [Villani, 2007]);
- in ambito fisico: meccanica statistica (statistiche di Maxwell-Boltzman, di Bose-Einstein, di Fermi-Dirac (cfr. [Comincioli, 1993]);
- in ambito medico: diffusione di un'epidemia, diagnostica, valutazione dei rischi collegati ad interventi chirurgici, ecc. (cfr. [Villani, 2007])
- in ambito tecnologico: per esempio previsioni meteorologiche;
- in ambito informatico: ricerca automatica di informazioni a partire da dati incompleti (basti pensare all'indicizzazione delle pagine Web effettuata dai motori di ricerca quali Google, ecc.);
- in ambito giuridico: per esempio valutazione dell'attendibilità di una testimonianza in base alle prove disponibili (cfr. [Dall'Aglio, 2003]);
- in ambito linguistico-letterario: per esempio attribuzione del frammento di uno scritto antico all'autore di un altro scritto, mediante confronto degli stili dei due documenti.

Sfogliando un qualunque manuale che tratti una qualsiasi delle situazioni presentate, ci si accorge che nell'applicare i risultati del calcolo delle probabilità si fa riferimento una stessa schematizzazione: *il modello dell'urna*. A riprova della sua importanza segnaliamo che anche i libri di testo di scuola superiore fanno intervenire tale modello sia negli esempi proposti nella parte teorica sia negli esercizi.

Per capire di cosa si tratti occorre fare alcune precisazioni. Il modello consiste nel pensare ad un'urna (spazio degli eventi) contenente delle palline, ciascuna delle quali corrispondente ad un elemento dello spazio degli eventi, distinguibili le une dalle altre tramite una proprietà (per esempio il colore) o un numero.

Si suppone poi di effettuare delle estrazioni casuali dall'urna di una o più palline alla volta. Per garantire il meccanismo della casualità si suppone che le palline siano indistinguibili al tatto e che l'estrazione sia fatta senza avere la possibilità di

Villani V., Bernardi C., Zoccante S., Porcaro R.: Non solo calcoli. Domande e risposte sui perché della matematica
DOI 10.1007/978-88-470-2610-0_28, © Springer-Verlag Italia 2012

privilegiare una pallina rispetto ad un'altra (per esempio l'estrazione viene effettuata da una persona bendata o da un qualche meccanismo automatico che ne garantisca la casualità) ed inoltre le palline nell'urna vengono mescolate prima e dopo ogni estrazione.

Partiamo allora dal caso più semplice: si effettua una sequenza di estrazioni dall'urna di una unica pallina alla volta. Evidentemente ciò può essere realizzato in due modi:

- estrazione con reimbussolamento (ovvero dopo ogni estrazione la pallina estratta viene reintrodotta nell'urna);
- estrazione senza reimbussolamento (ovvero ogni pallina estratta non viene più reintrodotta nell'urna).

La differenza sostanziale tra i due casi è l'indipendenza o meno degli eventi: questo comporta una differenza sul numero di estrazioni che si possono effettuare. Nel primo caso è possibile effettuare un qualsivoglia numero di estrazioni; nel secondo caso il numero massimo di estrazioni effettuabili coincide con il numero di palline presenti nell'urna. Dunque usando l'estrazione con reimbussolamento è possibile modellizzare situazioni in cui gli esiti sono finiti o numerabili, mentre usando l'estrazione senza reimbussolamento questi ultimi sono necessariamente finiti.

Notiamo che in ciascuno dei due modi si può tenere conto dell'ordine in cui le palline vengono estratte (per esempio annotando ad ogni estrazione il numero della pallina estratta). In tal caso l'estrazione di un numero di palline fissato, può essere pensato come una sequenza di ordinata di numeri che a seconda dei casi risulta finita o numerabile.

È possibile non tenere conto dell'ordine di estrazione?

Certamente anche questo può succedere non appena si cambi la procedura di estrazione: supponiamo di effettuare una estrazione di un numero n di palline fissato a priori, ovvero prelevando in blocco le n palline dall'urna.

In tal caso non è più possibile tenere conto dell'ordine di estrazione di ogni singola pallina e di conseguenza viene a cadere la distinzione basata sull'ordinamento.

È come se una volta estratte una alla volta le n palline dall'urna senza reimbussolamento, queste ultime venissero mescolate tra loro in modo casuale. Questo spiega perché in tal caso si parla sempre e solo di *estrazione in blocco* senza fare effettuare altre specificazioni. Vi sono certamente situazioni in cui non occorre tenere conto dell'ordine di estrazione: tipicamente tutte quelle in cui occorra effettuare un "controllo di qualità". Un esempio chiarificatore può essere quest'ultimo:

In un lotto di N prodotti, ve ne sono k "difettosi". Se si estrae un campione costituito da n pezzi, qual è la probabilità P(h) che nel campione estratto vi siano esattamente h pezzi difettosi? In questo caso il problema equivale all'estrazione in blocco di n palline da un'urna che ne contiene N, in cui le palline sono divise in due categorie corrispondenti (per esempio tramite un colore) ai pezzi difettosi e a quelli non difettosi. Una situazione di questo tipo è nota in probabilità come

Capitolo 28 • In quali contesti il calcolo delle probabilità svolge ruoli importanti?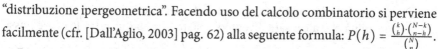

257

"distribuzione ipergeometrica". Facendo uso del calcolo combinatorio si perviene facilmente (cfr. [Dall'Aglio, 2003] pag. 62) alla seguente formula: $P(h) = \frac{\binom{k}{h} \cdot \binom{N-k}{n-h}}{\binom{N}{n}}$.

Per quanto riguarda invece le situazioni in cui si tiene conto dell'ordine di estrazione, l'esempio principe di estrazione con reimbussolamento ci è già noto. Osserviamo infatti che il processo di Bernoulli (presentato nel capitolo 27) rientra in questa categoria: basta identificare le prove come estrazioni con reimbussolamento di una pallina da un'urna contenente palline bianche (successo) e nere (insuccesso) in proporzioni rispettivamente p e q. Per ciò che concerne invece le estrazioni senza reimbussolamento, l'esempio più eclatante è quello del gioco del lotto. Ma di quest'ultimo parleremo diffusamente nel prossimo capitolo.

28.2 Il teorema di Bayes

Siamo ora in grado di tornare alle situazioni elencate all'inizio. A titolo di esempio vediamo come si possa trovare una "naturale" applicazione di quanto detto in ambito medico. Ipotizziamo che ciascuno di noi sia assimilabile a una pallina che possa venire estratta con reimbussolamento per questioni inerenti la salute.

Esemplificando in termini più familiari: "un paziente deve sottoporsi ad un test diagnostico finalizzato all'individuazione di una certa malattia. Se il test dà risultato positivo quanto deve preoccuparsi il paziente?"

Per capire come sia possibile rispondere introduciamo due ulteriori importanti risultati nell'ambito del calcolo delle probabilità. Il primo è noto come *legge di disintegrazione*:

Teorema 27 (di disintegrazione) *Data una partizione* $\{ A_1, A_2, \ldots, A_n \}$ *dello spazio campionario* Ω *(ovvero supposto che gli eventi* A_i *siano tutti disgiunti, non vuoti e che la loro unione sia proprio* Ω*), e dato un evento E si ha:* $P(E) = P(E|A_1) \cdot P(A_1) + P(E|A_2) \cdot P(A_2) + \cdots + P(E|A_n) \cdot P(A_n)$

Il secondo è una generalizzazione della legge di Bayes, noto come *teorema di Bayes*, che abbiamo già incontrato (cfr. capitolo 26), e che per comodità del lettore riportiamo per esteso qui di seguito:

Teorema 28 (di Bayes) *Dato un evento E (con* $P(E) \neq 0$*) e una partizione* $\{ A_1, A_2, \ldots, A_n \}$ *dello spazio campionario* Ω *si ha:* $P(A_i|E) = \frac{P(E|A_i) \cdot P(A_i)}{P(E)}$.

Alla luce della legge di disintegrazione, applicabile al denominatore $P(E)$ del teorema di Bayes, tale teorema viene riformulato in una forma che spesso risulta utile nelle applicazioni:

Teorema 29 (di Bayes) *Dato un evento E (con* $P(E) \neq 0$*) e una partizione* $\{ A_1, A_2, \ldots, A_n \}$ *dello spazio campionario* Ω *si ha:*

$$P(A_i|E) = \frac{P(E|A_i) \cdot P(A_i)}{P(E|A_1) \cdot P(A_1) + P(E|A_2) \cdot P(A_2) + \cdots + P(E|A_n) \cdot P(A_n)}.$$

È facile convincersi che una possibile interpretazione del teorema 29 in ambito medico diagnostico è la seguente: sapendo che un certo evento clinico è dovuto a un certo numero di cause tutte distinte ed esaustive è possibile valutare quale sia la probabilità che a causare l'evento sia stata una specifica tra le cause possibili.

Torniamo ora al nostro "ipotetico paziente". Egli apparterrà ad una certa popolazione, ovvero potremo supporre che sia estratto in maniera casuale dalla popolazione stessa. Ciò ci permette di costruire un modello matematico della situazione basato sullo schema dell'urna. Indichiamo con M^- l'evento "un individuo generico della popolazione non è affetto da malattia", con M^+ l'evento "un individuo generico della popolazione è affetto da malattia", con T^- l'evento "il test ha dato esito negativo" e con T^+ l'evento "il test ha dato esito positivo". Essendo i test per loro natura non deterministici, non esiste la certezza assoluta che l'esito positivo di un test identifichi un soggetto malato e viceversa che l'esito negativo di un test identifichi un soggetto sano. Nella pratica medica è consuetudine indicare con "falsi positivi" i pazienti che risultano sani in presenza di un test positivo e "falsi negativi" i pazienti che risultano malati in presenza di un test negativo. Ne segue che dal punto di vista del paziente e del medico che esamina l'esito di un test, occorre dare una valutazione probabilistica circa l'attendibilità del test stesso. In altre parole occorre valutare quello che si chiama "l'esito predittivo di un test positivo", ovvero la probabilità di presenza della malattia in un soggetto con test positivo: $P(M^+|T^+)$. Per esemplificare supponiamo che il test effettuato sia efficace al 99%, ovvero $P(T^+|M^+) = 99\%$ e che si possano avere dei "falsi positivi" con probabilità data da $P(T^+|M^-) = 1\%$. Supponiamo anche di sapere che la malattia si presenta nella popolazione cui appartiene il paziente esaminato con una probabilità data da $P(M^+) = 0,5\%$. Il teorema di Bayes ci consente di determinare l'esito predittivo di tale test per il paziente in questione:

$$P(M^+|T^+) = \frac{P(T^+|M^+)\cdot P(M^+)}{P(T^+|M^+)\cdot P(M^+)+P(T^+|M^-)\cdot P(M^-)} = \frac{0,99\cdot 0,005}{0,99\cdot 0,005+0,01\cdot 0,995} \simeq 0,3322.$$ Ovvero circa il 33% (il paziente potrà tirare un sospiro di sollievo vedendo scendere la probabilità dal 50% al 33%).

Pensiamo che molti rimarranno stupiti del risultato. Visto le caratteristiche del test l'intuizione porterebbe ad aspettarsi un valore predittivo più elevato. Come già detto occorre non fidarsi troppo dell'intuizione. Dobbiamo allora presumere che quando ci sottoponiamo a test medici questi siano poco affidabili? Niente affatto. Abbiamo solo voluto sottolineare che un "test certo" non esiste: sarà l'esperienza del medico unitamente a valutazioni cliniche-strumentali (che terranno conto anche del valore predittivo del test) sul paziente e a informazioni sulla popolazione cui il paziente appartiene che porteranno il medico ad effettuare una diagnosi corretta. A riprova di questo si pensi ad esempio al caso di un medico che tramite l'uso di un test riscontri in un paziente una sintomatologia sempre presente nel colera ma che accompagni anche, con probabilità molto bassa il tifo. Di primo acchito verrebbe da dire che il paziente sia quasi certamente affetto da colera, ma il medico tenendo conto anche di altre informazioni in suo possesso, tra cui per esempio le circostanze ambientali (c'è forse un'epidemia di colera in corso?), propenderà per l'una o l'altra delle cause possibili.

Capitolo 28 • In quali contesti il calcolo delle probabilità svolge ruoli importanti?

259

28.3 Il modello di Hardy-Weinberg

Ancora una volta vogliamo "solleticare" il lettore con un esempio di carattere non elementare ma che ha forti implicazioni in un campo affascinante: la genetica. Riteniamo superfluo soffermarci in questa sede sulle leggi di Mendel che dovrebbero essere ben note o facilmente reperibili sui libri scolastici di biologia (vedi anche [Villani, 2007] paragrafo 11.4). Ci limitiamo quindi a richiamare qui alcune nozioni elementari di genetica.

I caratteri ereditari degli esseri viventi vengono trasmessi dai genitori ai figli tramite i cromosomi. Questi sono a loro volta suddivisi in particelle più piccole dette geni, ognuno dei quali determina uno specifico carattere dell'organismo. I geni (come i cromosomi) sono sempre presenti a coppie nelle cellule di ogni organismo, e ciascuna delle due parti di uno stesso gene viene detta allele. I due alleli di una stessa coppia possono essere biologicamente identici o distinguibili (nel primo caso si dice che rispetto a quel gene l'organismo è omozigote, mentre nel secondo caso si dice che è eterozigote).

È consuetudine designare le coppie di alleli di un dato gene con coppie di una stessa lettera, usando per esempio AA e aa per il caso omozigote e Aa, aA per il caso eterozigote.

Nella trasmissione del patrimonio genetico da una coppia di genitori ad un figlio, ognuno dei genitori trasmette uno solo dei due alleli, in modo casuale. Quindi, se per esempio rispetto ad un determinato carattere tanto il padre quanto la madre sono di tipo aA, i loro figli possono ereditare con la medesima probabilità quel carattere in una qualunque delle quattro forme AA, aa, Aa, aA.

Da notare infine che i due genotipi aA, Aa sono biologicamente indistinguibili, per cui le quattro alternative si riducono a tre: AA (con probabilità 1/4), aa (con probabilità 1/4), Aa (con probabilità 1/2).

Ed eccoci finalmente al preannunciato esempio.

In una data popolazione un certo carattere è presente nelle tre alternative AA, Aa, aa con rispettive probabilità p, q, r (con p + q + r = 1). Supponendo che gli accoppiamenti avvengano in modo casuale, quali saranno per la prima generazione successiva le probabilità p_1, q_1, r_1 delle tre alternative AA, Aa, aa dello stesso carattere? E per la seconda generazione?

La legge di disintegrazione ci consente di dare risposta al quesito a patto di usare la seguente modellizzazione: indichiamo con E_A l'evento "il genitore fornisce un allele di tipo A", E_a l'evento "il genitore fornisce un allele di tipo a" e con E_1, E_2, E_3 rispettivamente l'evento "il primo genitore è di tipo AA, Aa, aa". Dai dati del problema si desume $P(E_A|E_1) = 1$, $P(E_A|E_2) = 1/2$, $P(E_A|E_3) = 0$. Osservando che $\{E_1, E_2, E_3\}$ formano una partizione dello spazio campionario si avrà $P(E_A) = P(E_A|E_1) \cdot P(E_1) + P(E_A|E_2) \cdot P(E_2) + P(E_A|E_3) \cdot P(E_3) = p + \frac{1}{2}q$. Poiché i genitori trasmettono i geni in modo indipendente, usando l'indipendenza stocastica e detto E_{AA} l'evento "entrambi i genitori forniscono un allele di tipo A" si avrà $P(E_{AA}) = P(E_A) \cdot P(E_A) = \left(p + \frac{1}{2}q\right)^2$. Invitiamo il lettore a ricavare, con calcoli analoghi, che $P(E_{aa}) = \left(r + \frac{1}{2}q\right)^2$ e $P(E_{Aa}) = 2\left(p + \frac{1}{2}q\right) \cdot \left(r + \frac{1}{2}q\right)$.

Ed ora viene la parte più interessante. Per rispondere al secondo quesito è sufficiente riutilizzare la medesima modellizzazione come se si risolvesse ex novo lo stesso problema cambiando solo le proporzioni iniziali dei tre tipi genetici rispettivamente in p_1, q_1, r_1 con $p_1 = P(E_{AA})$, $q_1 = P(E_{Aa})$ e $r_1 = P(E_{aa})$. Si ottiene allora

$$p_2 = \left(p_1 + \frac{1}{2}q_1\right)^2 = \left(\left(p + \frac{1}{2}q\right)^2 + \left(p + \frac{1}{2}q\right) \cdot \left(r + \frac{1}{2}q\right)\right)^2 =$$

$$= \left(\left(p + \frac{1}{2}q\right) \cdot \underbrace{\left(p + \frac{1}{2}q + r + \frac{1}{2}q\right)}_{=1}\right)^2 = \left(p + \frac{1}{2}q\right)^2 = p_1.$$

Con calcoli simili il lettore può facilmente verificare che $q_2 = q_1$ e che $r_2 = r_1$.

Possiamo allora generalizzare il risultato ottenuto osservando che la popolazione raggiunge l'equilibrio genetico subito dopo la prima generazione. Come mai nella realtà tale equilibrio genetico non si osserva? I motivi sono di ordine evolutivo e non probabilistico: infatti il modello non ha tenuto conto del ben noto fenomeno della selezione naturale. Il risultato ottenuto è molto importante in genetica ed è conosciuto come *modello di Hardy-Weinberg*.

Per comprendere la portata del modello di Hardy-Weinberg si pensi a due popolazioni dapprima rigidamente separate, che ad un certo momento vengono a contatto tra loro. Per esempio l'ibridazione tra la coltivazione di un certo tipo di vegetali non geneticamente modificati e la coltivazione dello stesso tipo di vegetali che erano stati sottoposti ad una modifica genetica. Il modello di Hardy-Weinberg ci dice che il cammino dalla "separatezza" alla "promiscuità" è agevole, mentre il cammino inverso è arduo per non dire impossibile.

Capitolo 29
Qual è il significato matematico della frase spesso citata "il caso non ha memoria"?

29.1 Il gioco del lotto

Per rispondere all'interrogativo del titolo partiamo da un esempio ben noto che tuttavia è interessante in quanto cela qualche sorpresa inaspettata: si tratta del gioco del lotto. Cominciamo dunque col richiamare le principali norme che regolano tale gioco. Attualmente il gioco del lotto è articolato in tre estrazioni settimanali (martedì, giovedì e sabato) che vengono effettuate a partire dalle ore 20:00 contemporaneamente in dieci città italiane: Bari, Cagliari, Firenze, Genova, Milano, Napoli, Palermo, Roma, Torino, Venezia. A ciascuna delle città corrisponde simbolicamente una ruota che prende il nome della città stessa, tranne Roma che ha due ruote, la ruota di Roma e la ruota Nazionale. Per ogni ruota vengono estratti 5 numeri tra l'1 e il 90 da un'urna senza reimmissione, nel senso che un numero una volta estratto non viene reimmesso nell'urna. L'estrazione è effettuata su tutte le ruote attraverso un'urna meccanica che mischia le palline con un getto di aria compressa e le cattura con una nicchia rotante ai bordi dell'urna.

Il gioco consiste nel cercare di indovinare quali numeri verranno estratti sulle varie ruote.

Si può scommettere di indovinare, su una ruota, su più ruote o su tutte le ruote. A seconda dei tipi di scommesse si parla di *ambata* o *estratto semplice* (si punta su un solo numero e l'ordine di estrazione non conta), *estratto determinato* (si scommette su un solo numero e sulla posizione in cui il numero compare nella cinquina), *ambo* (si punta su due numeri), *terno* (si punta su tre numeri), *quaterna* (si punta su quattro numeri), *cinquina* (si punta su cinque numeri).

Per avere un'idea della diffusione di tale gioco nella popolazione italiana si rifletta sui dati seguenti: nel gennaio 2004 sono stati giocati circa 652 milioni di euro (più di 10 euro per italiano o, se si preferisce, più di 30 euro per famiglia italiana), mentre la somma complessiva delle vincite ammontava a circa 303 milioni di euro (un po' meno della metà della somma giocata). Nel gennaio 2005 sono stati giocati circa 1 201 milioni di euro, il doppio dello stesso mese dell'anno precedente, mentre la somma complessiva delle vincite ammontava a circa 300 milioni di euro, un po' meno dell'anno precedente, e addirittura meno di un quarto della somma complessivamente giocata.

A questo punto sorge spontanea una domanda: *Come si spiega il forte divario tra i dati del 2004 e quelli del 2005?* Particolarmente stupefacente è il confronto tra le due annate in termini di rapporti tra somme vinte e somme giocate (nel 2004 circa 1/2 , nel 2005 circa 1/4).

La risposta a tale domanda è semplice ma forse sorprendente per qualche giocatore che ritiene di essere un "esperto": nel 2005 giornali e televisioni catalizzarono l'attenzione dell'opinione pubblica sul numero 53 che non usciva da ben 182

Villani V., Bernardi C., Zoccante S., Porcaro R.: Non solo calcoli. Domande e risposte sui perché della matematica
DOI 10.1007/978-88-470-2610-0_29, © Springer-Verlag Italia 2012

estrazioni sulla ruota di Venezia. Si trattava di un fatto di cronaca tutt'altro che eccezionale: nella lunga storia del lotto vi sono stati e continueranno ad esserci casi analoghi[1].

Purtroppo però molti scommettitori ingenui e mal consigliati da sedicenti "esperti" (giornalisti incauti, ciarlatani, maghi, cartomanti e simili) interpretarono la notizia del ritardo del 53 come un'occasione per arricchirsi, puntando somme anche cospicue su tale numero, nell'illusoria speranza che nelle successive estrazioni la probabilità di uscita del numero in questione dovesse aumentare vieppiù, dovendo per così dire "recuperare il ritardo precedentemente accumulato". E così nel corso del 2005 il gran numero di giocate sul 53 finì con l'incrementare l'importo complessivo delle giocate, senza peraltro contribuire ad aumentare l'importo delle vincite. Ossia l'esatto contrario delle aspettative.

Noi matematici e insegnanti di matematica non siamo psicologi, né tanto meno psicanalisti in grado di interpretare o addirittura di modificare i comportamenti irrazionali degli esseri umani. Quindi non spetta a noi affrontare interrogativi del tipo: vive più felice chi coltiva illusioni basate sulle vacue promesse di ciarlatani, maghi, cartomanti, interpreti dei sogni, ... o vive più sereno (se non più felice) chi si tiene alla larga da tali illusorie promesse, rendendosi razionalmente conto che si tratta sempre e solo di volgari truffe?

Quello che invece riteniamo rientri nella sfera delle nostre competenze di matematici e nelle nostre responsabilità di educatori è, fin dalle scuole medie, un'accurata e convincente analisi dei tranelli che si nascondono sotto ragionamenti logici apparentemente corretti ma in realtà errati (e ovviamente sfruttati a danno di chi si lascia abbindolare).

Ecco quindi una risposta matematicamente corretta e basata su semplici (e speriamo convincenti) ragionamenti probabilistici, atti a confutare le illusorie speranze dei giocatori che ritenevano l'uscita del 53 sulla ruota di Venezia tanto più probabile quanto maggiore era il ritardo accumulato da tale numero nelle estrazioni precedenti.

Matematizziamo il gioco del lotto ricorrendo al modello dell'urna (cfr. capitolo 28) e usiamo per semplicità di scrittura le notazioni del calcolo combinatorio. Poiché i possibili esiti di un'estrazione del lotto su una ruota prefissata (casi possibili) sono tutte le possibili cinquine, ovvero $\binom{90}{5}$ e poiché le estrazioni che danno luogo alla vincita (casi favorevoli) sono tutte le cinquine costituite dal numero prescelto e da altri quattro numeri scelti a caso tra quelli rimasti, ovvero $\binom{89}{4}$, la probabilità p che il numero prescelto (nel nostro caso il 53) esca in una fissata estrazione su una fissata ruota (nel nostro caso quella di Venezia) è

$$p = \frac{\binom{89}{4}}{\binom{90}{5}} = 1/18 \simeq 0,055.$$

Ciò vale per ogni estrazione, sia essa la prima, o la seconda, ... o la 182-esima, o la 183-esima , ...

---

[1]Per esempio, nel momento in cui scriviamo questo libro, il numero 32 ha un ritardo sulla ruota di Roma di 121 settimane, mentre il numero 89 ha sulla ruota di Firenze un ritardo di 109 settimane.

Capitolo 29 • Qual è il significato matematico di "il caso non ha memoria"?

263

Di conseguenza, la probabilità che il numero in questione non esca in una fissata estrazione sulla ruota di Venezia è $1 - p = 17/18 \simeq 0{,}944$.

Applicando la regola del prodotto (cfr. capitolo 26) al caso di due distinte estrazioni sulla stessa ruota possiamo trarne la seguente conseguenza: la probabilità che il numero prescelto (nel nostro caso sempre il 53) non esca in nessuna delle due estrazioni è $(1 - p)^2 = (17/18)^2 = 289/324 \simeq 0{,}892$.

Più in generale, applicando iteratamente la regola del prodotto al caso di n distinte estrazioni sulla stessa ruota, possiamo concludere che la probabilità che il numero prescelto non esca in nessuna di tali n estrazioni è: $(1 - p)^n = (17/18)^n$.

Per esempio la probabilità di non-uscita di un numero (nel nostro caso il solito 53) nel corso di $n = 182$ estrazioni consecutive, è $(1 - p)^{182} = (17/18)^{182} \simeq 0{,}000\,030$. E analogamente, la probabilità di non-uscita del medesimo numero nel corso di $n = 183$ estrazioni consecutive è: $(1 - p)^{183} = (17/18)^{183} \simeq 0{,}000\,029$.

Tutto chiaro e semplice fino a questo punto? Speriamo di sì. Ma come si collegano i calcoli precedenti col nostro obiettivo di smitizzare la diffusa credenza popolare secondo la quale "se su una ruota un numero è in ritardo, conviene puntare su quel numero in quanto destinato ad uscire in tempi brevi, dovendo recuperare il ritardo accumulato?"

Anche la risposta a questa domanda è chiara e semplice: detto E_n l'evento "il numero fissato (nel nostro caso sempre il solito 53) esce nell'n-esima (nel nostro caso la 183-esima) estrazione", si tratta di calcolare $(E_n^c | E_1^c \cap E_2^c \cap \cdots \cap E_{n-1}^c)$. Svolgendo il calcolo ci si imbatte in un fatto inaspettato: $P(E_n^c | E_1^c \cap E_2^c \cap \cdots \cap E_{n-1}^c) =$
$$\frac{P(E_n^c \cap E_1^c \cap E_2^c \cap \cdots \cap E_{n-1}^c)}{P(E_1^c \cap E_2^c \cap \cdots \cap E_{n-1}^c)} = \frac{(1 - p)^n}{(1 - p)^{n-1}} = 1 - p.$$

La probabilità di non-uscita del solito numero 53 alla 183-esima estrazione può essere espressa dunque come $1 - p = 17/18 \simeq 0{,}944$.

Questo risultato, che risulta sorprendente a prima vista perché si è indotti a pensare che l'attesa già sperimentata dovrebbe ridurre in qualche modo l'attesa successiva, diventa comprensibile (e anzi scontato) se si riflette sul fatto che l'indipendenza degli eventi fa sì che il ritardo nelle prime $n - 1$ estrazioni non possa influenzare in alcun modo il tempo ancora da attendere perché il numero venga estratto.

La "febbre del gioco" per il numero 53 è terminata con l'uscita di quest'ultimo sulla ruota di Venezia il 9 febbraio 2005. Nel frattempo però molte persone si sono rovinate, pare ci siano stati addirittura dei suicidi.

La bassa probabilità di tale tempo di attesa ha portato i più ad essere convinti che anche il calcolo delle probabilità giustificasse l'opportunità di scommettere sull'uscita di tale numero.

I risultati di questi calcoli ci dicono sostanzialmente che l'avere tenuto conto degli esiti delle estrazioni precedenti, è stato ininfluente per il risultato finale, ossia detto in parole più semplici, abbiamo dato un significato matematico preciso alla frase citata nel titolo del paragrafo: il caso non ha memoria.

Quanto detto a proposito del lotto si può estendere al superenalotto, al lancio di dadi o di monete, alle roulettes o altri giochi d'azzardo. Non si estendono invece ad altri aspetti dove gli eventi in esame non sono indipendenti, come puntate su corse di cavalli, esiti di partite di calcio, ecc.

La situazione descritta è suscettibile di altre interpretazioni significative: ad esempio il tempo di attesa si può interpretare come la durata di vita (espressa in unità di tempo) di uno strumento soggetto a guastarsi. Convenendo che "successo" significhi che lo strumento "è operativo all'istante n" (ovvero c'è ancora "vita residua dello strumento"), e che le varie parti dello strumento lavorino in modo indipendenti le une dalle altre, otteniamo l'interessante ed inaspettato risultato che le cause aleatorie che possono provocare il guasto dello strumento non hanno alcun rapporto con l'età dello stesso, ovvero che lo strumento lavora per così dire in "assenza di usura".

Tuttavia di fronte a questo rigoroso ragionamento ci si sente spesso apostrofare con frasi del tipo "in teoria, possono avere ragione i matematici, ma in pratica le cose vanno diversamente".

Non possiamo che rispondere che il calcolo delle probabilità porta alla smitizzazione di queste truffe o false promesse, lasciando poi ai singoli individui la libertà di scelta tra l'inseguimento di questi vacui miraggi, e la voce della ragione basata su una riflessione personale su ciò che noi matematici (o anche statistici, economisti, psicologi,...) possiamo documentare razionalmente. Il nostro compito in questo caso somiglia a ciò che fanno i genitori nello svelare ai propri figli ormai grandicelli la non-esistenza di Babbo Natale, della Befana, ecc.

Le problematiche sul gioco dei numeri ritardatari al Lotto si prestano particolarmente bene per costruire un percorso didattico inteso a coinvolgere attivamente gli allievi, anche sulla scia di quella che viene detta "la matematica del cittadino". In classe si potrebbe prima dare vita a una discussione, poi organizzare un monitoraggio del tipo: senza mai giocare effettivamente, ogni studente sceglie un suo numero "preferito" nel modo che crede (l'età della nonna, il giorno del compleanno, i consigli dei maghi in TV...). Mentre ogni studente punta sul proprio numero preferito, l'insegnante "punta" sui corrispondenti numeri non-graditi.

Ad ogni estrazione si tiene nota delle vincite degli allievi e di quelle del docente. Il gioco va svolto assieme a tutti gli studenti, con un numero diverso per ciascuno studente (compreso l'insegnante), perché altrimenti i tempi di confronto si allungano eccessivamente. Dopo qualche mese si confronta la quantità dei numeri "preferiti" che sono stati estratti con la quantità dei numeri "non-graditi" che sono stati estratti nello stesso lasso di tempo. A prescindere da possibili piccole oscillazioni, si scoprirà che c'è sostanziale parità tra i due esiti.

Ancora un'altra obiezione: "ma sulle riviste specialistiche si pubblicano ogni settimana elenchi di vincitori!" La risposta è facile anzi banale una volta svelata la truffa sulla quale maghi, sensitivi e pseudo-esperti basano le loro fortune: questi ciarlatani forniscono (a pagamento) uno o più numeri o combinazioni di numeri (spacciati per "fortunati") a coloro che si rivolgono fiduciosi ad essi; la truffa sta nel suggerire numeri o combinazioni di numeri diversi ad ogni giocatore che si rivolge ad essi. Così facendo, qualcuno dei giocatori azzeccherà per caso qualche vincita (e magari esprimerà gratitudine al ciarlatano) mentre la maggior parte dei giocatori caduti inconsapevolmente nel tranello avrà puntato su numeri o combinazioni di numeri suggeriti dal ciarlatano ma non estratti (e si limiteran-

Capitolo 29 • Qual è il significato matematico di "il caso non ha memoria"?

265

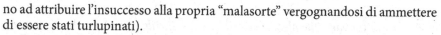

no ad attribuire l'insuccesso alla propria "malasorte" vergognandosi di ammettere di essere stati turlupinati).

Veniamo ora ad una obiezione a nostro avviso più sensata: "se tutti perdono, chi ci guadagna?" La risposta è ovvia: il fisco e l'ente che gestisce il gioco, ma anche ... chi non gioca e usa i soldi risparmiati per spese più ragionevoli.

Eppure qualcuno vince...

Sì, è vero che prima o poi il numero in questione "si deciderà ad uscire", ma non esiste alcuna possibilità di determinare in termini matematici dopo quanti tentativi falliti ciò si verificherà (addirittura si può valutare che è molto più probabile che capiti un incidente stradale piuttosto che una vincita cospicua).

29.2 Variabili aleatorie e speranza matematica

Vediamo ora come un giocatore attento agli esiti delle sue giocate potrebbe organizzare un semplice bilancio tra l'ammontare delle vincite e quello delle perdite di ogni sua giocata[2].

I dati occorrenti sono solo due, entrambi espressi in termini di una medesima unità monetaria (per noi in Euro):

- l'ammontare p (in Euro) della posta che lo scommettitore deve sborsare per giocare (su un dato numero di una data ruota);
- l'ammontare b (in Euro) che in caso di vincita il banco deve pagare per ogni Euro della posta giocata dallo scommettitore[3].

Ciò premesso, riassumiamo la situazione con la seguente tabella:

Evento	Probabilità	Guadagno
vincita	1/18	$(b-1) \cdot p$
perdita	17/18	$-p$

Si osservi che il guadagno con segno negativo va interpretato come una perdita di denaro da parte del giocatore.

Tenuto conto della tabella di cui sopra, il bilancio del giocatore sarà dato dalla somma algebrica $\frac{1}{18}(b-1)p - \frac{17}{18}p$.

È evidente che il gioco sarà a favore del giocatore se tale somma algebrica è positiva, sarà a favore di chi gestisce il gioco se è negativa, non favorirà né il giocatore né chi gestisce il gioco nel caso in cui tale somma sia nulla. In questo ultimo caso si dice che *il gioco è equo*.

Ora, con facili calcoli, si trova che $\frac{1}{18}(b-1)p - \frac{17}{18}p > 0$ se $b > 18$.

Vogliamo sottolineare il fatto che essendo il guadagno un "numero variabile", si è interpretato matematicamente tale guadagno (detto in gergo anche *valore atteso*) come una variabile, legata evidentemente alla aleatorietà del presentarsi della

---

[2]Nonostante l'apparenza l'argomento non è affatto futile; ne riparleremo nel seguito del paragrafo.

[3]Attualmente (anno 2012) chi gestisce il gioco del lotto ha fissato il valore di b in poco più di € 11 per ogni Euro della posta giocata dallo scommettitore.

sequenza prescelta. Per questo nel contesto del calcolo delle probabilità tale variabile viene detta *variabile aleatoria* (od anche *variabile casuale* o talvolta *numero aleatorio*), abbreviata per convenzione in *v.a.* (o *v.c.*).

Ciò che abbiamo detto a proposito delle estrazioni di un singolo numero del lotto lo possiamo ripetere per molti altri tipi di scommesse, per esempio, rimanendo nell'ambito del lotto, per le giocate su ambi, terni, quaterne e cinquine, oppure, passando ad altri ambiti, per il gioco alla roulette, per il lancio di uno o più dadi, o per il lancio di una o più monete.

Come ulteriore esempio, riprendiamo in esame il problema di D'Alembert, del quale abbiamo già parlato nei capitoli 24 e 25. Egli riteneva che lanciando due monete (non truccate) i tre esiti testa/testa, testa/croce, croce/croce fossero equiprobabili, pertanto ciascuno di essi doveva avere probabilità 1/3. In realtà, facendo uso delle notazioni già introdotte nei capitoli succitati, è facile convincersi che i casi che si possono presentare non sono tre, come pensava D'Alambert, bensì quattro: T_1T_2, T_1C_2, C_1T_2, C_1C_2. Ne consegue che l'evento "escono una testa e una croce" (che comprende le due possibilità testa/croce e croce/testa), ha probabilità doppia rispetto agli altri, ovvero: 1/2. Partendo dalla situazione sopra descritta, pensiamo di partecipare ad un gioco che consiste nello scommettere sul risultato del lancio delle due monete (così come nel gioco del lotto si scommette sull'uscita di un certo numero su una ruota prefissata). Supponiamo inoltre che per partecipare al gioco occorra pagare una posta di € 2. La regola del gioco è la seguente: in caso di sconfitta perdiamo la posta, in caso di vittoria la raddoppiamo. La domanda che ci poniamo è: "Quale guadagno si può realizzare partecipando a tale gioco?" Volendo esemplificare, e supponendo di scommettere sull'uscita della sequenza T_1T_2, possiamo nuovamente riassumere quello che accade tramite la seguente tabella:

Evento	Probabilità	Guadagno
T_1T_2	1/4	€ 2
C_1C_2	1/4	€ -2
T_1C_2	1/4	€ -2
C_1T_2	1/4	€ -2

Anche in questo caso il bilancio del giocatore sarà dato dalla somma $\frac{1}{4} \cdot 2 + 3 \cdot \frac{1}{4} \cdot (-2) = -1$ Nuovamente il fatto che il bilancio sia negativo significa che il giocatore deve aspettarsi una perdita di denaro.

Il calcolo delle probabilità ha cercato di descrivere in termini più generali quello che gli esempi sopra riportati hanno messo in luce.

Nel fare ciò ci si è presto resi conto che il significato attribuito alla parola "variabile" in questo contesto non coincide con quello usualmente attribuitole in matematica (cfr. paragrafo 6.5), dove si denota come variabile una quantità (indicata generalmente tramite una lettera) capace di assumere valori scelti arbitrariamente in un dominio fissato. Nel nostro caso invece non sussiste la possibilità di effettuare una scelta arbitraria dei valori da attribuire alla variabile aleatoria in quanto il suo valore è *funzione* dell'esito della prova.

Capitolo 29 • Qual è il significato matematico di "il caso non ha memoria"?

267

Riflettendo su ciò i matematici sono stati indotti a riformulare il concetto di "variabile aleatoria" in termini di funzione, lasciando (per motivi legati alla genesi storica del concetto) inalterata la nomenclatura.

Nel caso del lancio della moneta, detto $\Omega = \{ T_1T_2, C_1C_2, T_1C_2, C_1T_2 \}$ lo spazio campionario che descrive gli eventi che si possono presentare, e detta X la variabile aleatoria guadagno, si interpreta X come una funzione $X: \Omega \to \mathbb{R}$, definita da:

$$X(\omega) = \begin{cases} 2 & \text{se } \omega = T_1T_2 \\ -2 & \text{altrimenti.} \end{cases}$$

Ma dove interviene in questa formalizzazione il riferimento alla probabilità? È sufficiente riflettere sul fatto che la controimmagine di ogni singolo elemento del codominio è un evento, e dunque è possibile fare riferimento alla sua probabilità. In pratica, denotando come si fa usualmente con $X^{-1}(\{ \omega \})$ la controimmagine di ω, o, con una notazione meno precisa ma diffusa nell'ambito del calcolo delle probabilità, $\{ X = \omega \}$ (e più in generale denotando $X^{-1}(\{ A \})$ con $\{ X \in A \}$, dove $A \subseteq \mathbb{R}$ è un qualsiasi sottoinsieme del codominio) si ottiene:

Controimmagine	Probabilità
$\{ X = 2 \}$	1/4
$\{ X = -2 \}$	3/4
$\{ X = \omega \}$ con $\omega \notin \{ -2, 2 \}$	0

Generalizzando si ottiene la definizione di v.a. usualmente esposta nei testi di calcolo delle probabilità del tipo:

Definizione 33 (variabile aleatoria) *Dato uno spazio degli eventi Ω e una tribù[4] $\mathcal{E}$ definita su di esso, si dice variabile aleatoria (o casuale) X una funzione $X: \Omega \to \mathbb{R}$ tale che $\forall A \subseteq \mathbb{R}$ si abbia che $X^{-1}(\{ A \})$ (abbreviato in $\{ X \in A \}$) sia un elemento di $\mathcal{E}$, per cui sia quindi possibile calcolarne la probabilità.*

La definizione appena data ha bisogno di ulteriori precisazioni tecniche atte ad individuare la tipologia degli insiemi A cui si fa riferimento, che quindi non sono tutti i possibili sottoinsiemi dei numeri reali (cfr. per esempio [Dall'Aglio, 2003]). Nei casi più comuni si è interessati a quegli insiemi A costituiti solo da immagini di elementi dello spazio campionario. In tal caso, qualora la v.a. X assume al più un'infinità numerabile di valori, si avrà che ogni insieme A è riconducibile ad una unione al più numerabile di singoletti, e dunque $\{ X \in A \}$ è unione al più numerabile di elementi del tipo $\{ X = \omega \}$. In tal caso si dice che X è una variabile aleatoria discreta. In caso contrario la trattazione matematica si fa più complessa e la v.a. si dice continua (cfr. [Dall'Aglio, 2003], pag. 85). Ne riparleremo nei capitoli seguenti.

In particolare, ricordando che la *funzione caratteristica* $\mathbf{1}_E$ di un insieme E è la funzione che vale 1 su E e zero altrimenti (in gergo probabilistico si preferisce

---

[4] Si tratta di un temine tecnico (detto anche σ-algebra) che estende la proprietà P2 della definizione 25 al caso numerabile, per esempio cfr. [Baldi, 1998] pag. 3.

chiamarla *funzione indicatrice*) si ha che la probabilità di un dato evento E può essere calcolata come $P(E) = P(\{\mathbf{1}_E = 1\})$. Questo fa sì che la teoria matematica del calcolo delle probabilità possa essere sviluppata parlando solo di variabili aleatorie, ciò giustifica la tendenza dei testi universitari a introdurle il prima possibile. D'altro canto a livello di scuola secondaria si preferisce posticiparne l'introduzione (che saggiamente viene effettuata non ricorrendo alla mera definizione formale bensì a schematizzazioni che fanno uso di tabelle simili a quelle da noi precedentemente usate) a causa della sua oggettiva complessità, privilegiando invece come concetto centrale la probabilità degli eventi.

Nel caso del numero ritardatario la trattazione dei testi universitari viene presentata in termini di v.a.: per esempio si chiama X la v.a.: "tempo di attesa (quantificato in numero di estrazioni) per l'uscita del numero 53". Dunque il calcolo dell'evento E_n "il numero fissato (per esempio il 53) esce nell'n-esima estrazione" viene tradotto in $\{X = n\}$. Tenendo poi conto che se il tempo di attesa è uguale a n estrazioni il numero 53 non può essere uscito in alcuna delle estrazioni precedenti, si ha $P(\{X = n\}) = P(E_1^c \cap E_2^c \cap \cdots \cap E_{n-1}^c \cap E_n)$, giungendo alle stesse conclusioni precedenti.

E le informazioni precedentemente ricavate in termini di bilancio?

In effetti per un giocatore è auspicabile poter decidere se il gioco è equo. A tal fine si introduce il concetto di *speranza matematica*. Anche quest'ultimo richiede precisazioni piuttosto tecniche.

Per i nostri scopi possiamo dire che per speranza matematica (o media, o valor medio, o valore atteso) di una v.a. X, che denoteremo con $E[X]$ (dall'inglese "Expectation"), intendiamo la somma dei prodotti di ciascun valore della variabile aleatoria per la probabilità delle corrispondenti controimmagini. In formule: $E[X] = x_1 P(\{X = x_1\}) + x_2 P(\{X = x_2\}) + \cdots + x_n P(\{X = x_n\})$. Ovviamente la formula scritta ha senso solo per v.a. discrete che assumano solo un numero finito di valori, altrimenti occorrerà generalizzare la definizione facendo uso di serie (per v.a. che siano discrete e numerabili) o di integrali (per v.a. non discrete). Ritorneremo sull'argomento nei prossimi capitoli.

Diamo ora la seguente definizione:

Definizione 34 (v.a. equa)   *Una v.a. X si dice equa se $E[X] = 0$.*

Da cui si ricava immediatamente la seguente:

Definizione 35 (gioco equo)   *Un gioco si dice equo se la v.a. guadagno G è equa.*

In altri termini, supposto di avere un gioco in cui ci sia una sola combinazione vincente, detta p la posta pagata per partecipare al gioco e v la somma percepita in caso di vittoria, denotata con G la v.a. guadagno, si avrà: $E[G] = (v - p)P(\{G = v - p\}) + (-p)P(\{G = -p\})$. Tenendo conto che $P(\{G = -p\}) = 1 - P(\{G = v - p\})$ avremo che un gioco è equo se $vP(\{G = v - p\}) = p$. In altri termini per partecipare ad un gioco equo occorrerebbe che la posta p, che si paga per parteciparvi, sia uguale al prodotto della vincita v per la probabilità $P(\{G = v - p\})$ di realizzare tale vincita.

Capitolo 29 • Qual è il significato matematico di "il caso non ha memoria"?
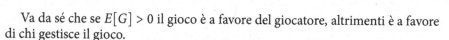

269

Va da sé che se $E[G] > 0$ il gioco è a favore del giocatore, altrimenti è a favore di chi gestisce il gioco.

Ed ecco l'applicazione al caso del gioco del Lotto (ci riferiamo all'ambata, ma le altre combinazioni risultano ancora più sfavorevoli al giocatore): $E[G] = (11 \cdot p - p) \cdot 1/18 - p \cdot 17/18$ ovvero $E[G] = -7/18 \cdot p$ per cui il gioco del Lotto risulta non favorevole al giocatore qualunque sia la somma puntata. Lo stesso accade nel caso del gioco delle monete. Semplici calcoli mostrano che affinché quest'ultimo gioco diventi equo occorre che $v = 4p$.

La generalizzazione sopra presentata, oltre a rendere più elegante la trattazione matematica, consente di affrontare anche casi più complessi rispetto a quelli finora presentati.

Basta infatti passare dal caso in cui si considera un numero finito di eventi al caso numerabile che ci si imbatte subito in situazioni interessanti. Qualora si approfondisse l'argomento si giungerebbe a conclusioni corrette ma sorprendenti (si veda per esempio [Dall'Aglio, 2003] capitolo 5).

Vogliamo terminare questo capitolo accennando solo ad una di queste: *una scimmia, battendo a caso sui tasti di una macchina da scrivere, comporrà prima o poi l'intera "Divina Commedia"*. Tale situazione paradossale (nota appunto come "paradosso della scimmia") può essere descritta in termini matematici tramite un processo di Bernoulli in cui si ha a disposizione un numero illimitato di prove tra loro indipendenti (il numero di volte che la scimmia, supposta immortale, digita i tasti) dove in ogni prova si ha o successo (la battuta genera il carattere giusto) o insuccesso (la battuta genera il carattere sbagliato).

Osserviamo per inciso che siamo di fronte ad una situazione nuova anche da un punto di vista teorico: abbiamo infatti identificato un evento (ottenere il poema la "Divina Commedia") che pur non essendo l'evento certo, ha comunque probabilità uguale a 1. Eventi di questo tipo (in cui ci si può imbattere solo se la cardinalità dello spazio degli eventi non è finita) vengono detti *quasi-certi*. Ovviamente i loro contrari (che avranno probabilità uguale a zero, pur non coincidendo con l'evento impossibile) verranno per analogia detti *quasi-impossibili*. Dunque non è necessariamente vero che se la probabilità di un evento è 1 (rispettivamente 0) questo sia l'evento certo (rispettivamente l'evento impossibile).

Un'avvertenza per il lettore (atta a non sminuire la grandezza del sommo poeta): il modo di procedere della scimmia non è un buon metodo per comporre poemi. Supponendo per semplicità che le "scimmie dattilografe" abbiano a disposizione una tastiera semplificata con soli 30 tasti (lettere minuscole dell'alfabeto italiano e segni di punteggiatura), e che eseguano 240 battute al minuto, il tempo medio di attesa per ottenere, senza spaziature, solo il titolo del poema (ovvero la stringa *la divina commedia*) è di circa 10^{15} anni! Dunque per portare a termine l'opera occorrerebbe avere a disposizione un tempo pressoché infinito.

Capitolo 30
Probabilità nel continuo: cosa cambia rispetto alla probabilità nel discreto?

30.1 Alcuni celebri paradossi

Nei capitoli precedenti abbiamo sempre usato il calcolo delle probabilità in situazioni in cui si aveva a che fare con un numero finito di casi possibili. Abbiamo poi osservato che passando al caso numerabile le cose si complicavano a causa della necessità di usare strumenti matematici più complessi quali le serie. Risulta spontaneo pensare di poter affrontare il passo successivo, ovvero il passaggio al caso continuo, facendo uso del calcolo integrale che generalizza il concetto di serie. Dato inoltre che il concetto di integrale è strettamente collegato a quello di misura (teoria dell'integrazione e teoria della misura sono due facce della stessa medaglia) si è portati a ipotizzare che la stessa cosa valga anche nell'ambito del calcolo delle probabilità, e che quindi si possa impostare la probabilità nel continuo in termini geometrici.

Supponiamo di porci il seguente problema:

Marco e Giovanni devono incontrarsi in un posto convenuto tra le 10 e le 11. Giovanni, arrivato per primo, può attendere Marco solo per 20 minuti e poi è costretto ad andarsene. Che probabilità c'è che Marco e Giovanni si incontrino?

Il problema è evidentemente relativo al caso continuo visto che il tempo è una grandezza continua. Possiamo provare a dare una risposta presupponendo che i tempi di arrivo di Marco e di Giovanni siano tra loro indipendenti. Detto T_M il tempo di arrivo di Marco e T_G il tempo di arrivo di Giovanni, l'incontro avrà luogo se e solo se $|T_G - T_M| \leqslant 20$. Ora se in un piano cartesiano ortonormato consideriamo i punti di coordinate (T_G, T_M), i casi possibili saranno rappresentati dai punti interni e dai punti del bordo del quadrato avente un vertice nell'origine e lato 60 (infatti dato che l'incontro era stato stabilito nell'arco di un'ora, si avrà $0 \leqslant T_G, T_M \leqslant 60$, avendo scelto di misurare il tempo in minuti).

D'altro canto i casi favorevoli saranno rappresentati solo dai punti del quadrato che soddisfano la disuguaglianza vista sopra. Usando la teoria della misura possiamo allora calcolare la probabilità usando le misure delle aree delle figure ottenute, perciò $P = \frac{60^2 - 40^2}{60^2} = 5/9$.

Un esempio meno elementare (che richiede la conoscenza del calcolo integrale) è il seguente:

Problema dell'ago di Buffon: "Un piano è diviso da rette parallele equidistanziate di $2a$. Un ago di lunghezza $2l$ (con $l < a$) viene lanciato a caso sul piano. Calcolare con quale probabilità l'ago incrocia una delle rette."

Detta x la distanza dal centro dell'ago alla più vicina retta parallela e φ l'angolo formato dall'ago con suddetta parallela, è chiaro che le quantità x e φ individuano completamente la posizione dell'ago (si veda Fig. 30.1). Tutte le possibili posizioni dell'ago cadono perciò in un rettangolo di lati rispettivamente a e π. Si deduce

Villani V., Bernardi C., Zoccante S., Porcaro R.: Non solo calcoli. Domande e risposte sui perché della matematica
DOI 10.1007/978-88-470-2610-0_30, © Springer-Verlag Italia 2012

che affinché l'ago attraversi una delle rette è necessario e sufficiente che si abbia $x \leqslant l\sin(\varphi)$. La probabilità richiesta è dunque pari al rapporto tra l'area intersecata dalla curva di equazione $x = l\sin(\varphi)$ all'interno del rettangolo e l'area del rettangolo stesso, ovvero

$$\frac{\int_0^\pi l\sin(\varphi)\mathrm{d}\varphi}{a\pi} = \frac{2l}{a\pi}.$$

La soluzione di questo problema consente tra l'altro di trovare un valore approssimato di π (sottolineiamo però che da un punto di vista computazionale non si tratta di un metodo di calcolo molto efficiente) stimando la probabilità sopra calcolata mediante la frequenza in un gran numero di lanci.

Tuttavia nel calcolo delle probabilità nel continuo condotto per via geometrica, detto brevemente *probabilità geometrica*, si celano molte insidie. Il matematico Joseph Bertrand (1889) ha prodotto a tal proposito un esempio significativo noto appunto come paradosso di Bertrand (cfr. capitolo 5.4).

Ma c'è finanche di più.

Pensiamo di "scegliere un punto a caso" nell'intervallo $[0, 1]$. Ogni punto può essere rappresentato da un allineamento decimale illimitato (con la convenzione che per i numeri decimali finiti tutte le cifre siano uguali a zero da un certo punto in poi). Ad esempio, il numero $\pi - 3$ ha un allineamento decimale (approssimato per troncamento) del tipo $0{,}141\,592\,653\,589$. La probabilità di "azzeccare a caso" una specifica cifra nell'allineamento decimale è ovviamente $1/10$, per cui la probabilità di azzeccare le prime dodici cifre di $\pi - 3$ è $(1/10)^{12}$, un numero estremamente piccolo! Se pensiamo di andare aventi all'infinito diventa plausibile pensare che l'unico valore che possiamo attribuire alla probabilità di azzeccare tutte le cifre di $\pi - 3$ è zero!

Dunque nel caso continuo, al contrario di quanto avviene nel caso discreto, lo studio di una v.a. X non può essere fatto studiando solo gli eventi del tipo $\{X = x\}$, visti che questi ultimi hanno tutti probabilità nulla.

Questo giustifica la necessità dell'introduzione di un apparato matematico che risulta essere ben più complesso rispetto a quello del caso discreto. Esso si basa sull'uso della teoria dell'integrazione e della misura.

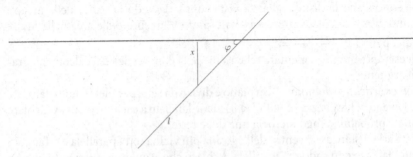

▲ **Figura 30.1**

Capitolo 30 • Probabilità nel continuo: cosa cambia rispetto alla probabilità nel discreto?

273

Data la complessità dell'argomento riteniamo opportuno consigliare i lettori eventualmente interessati a consultare un testo specifico sull'argomento (per esempio [Dall'Aglio, 2003] capitolo 5).

30.2 Il teorema del limite centrale

Crediamo però doveroso segnalare almeno un risultato significativo di tale teoria senza la pretesa di addentrarci in questioni prettamente tecniche: il *teorema del limite centrale*. Tale risultato riveste particolare importanza anche alla luce delle sue applicazioni negli ambiti più disparati.

Partiamo dall'ovvia constatazione che il caso possa essere considerato come il cumularsi degli effetti di numerosi fattori, singolarmente poco rilevanti. In altre parole una somma di un gran numero di variabili aleatorie. Convenendo che tali v.a. soddisfino opportune condizioni di regolarità (previste nelle ipotesi del teorema), si ottiene l'importante risultato che l'effetto del caso si manifesta come una v.a. continua detta *v.a. normale* o *v.a. gaussiana* (cfr. capitolo 20). Essa fu descritta per la prima volta da De Moivre nel 1733 e "riscoperta" mezzo secolo dopo da Laplace e da Gauss. La determinazione della probabilità attraverso tale variabile si effettua con il calcolo dell'integrale

$$\frac{1}{\sqrt{2\pi}} \int_{-\infty}^{z} e^{-x^2/2} dx.$$

Tale integrale non è esprimibile tramite funzioni elementari. Tuttavia i suoi valori possono essere calcolati in modo approssimato o tramite opportune tavole o ricorrendo a software statistici (anche i fogli elettronici sono provvisti di tale possibilità). Osserviamo ancora che si può dimostrare che tale variabile ha media pari a 0 e deviazione standard (per la definizione si veda il capitolo 31) pari a 1, per cui si è soliti definirla *normale standard* e denotarla con $N(0,1)$. La rappresentazione grafica della v.a. $N(0,1)$ ha la tipica forma di una campana (cfr. capitolo 20 Fig. 20.9), avente massimo in $x = 0$ e flessi in $x = \pm 1$. Traslando e dilatando la campana si ottengono delle v.a dette ancora normali ma di media μ e deviazione standard σ, denotate con $N(\mu, \sigma)$. Esse si possono ricondurre alla v.a normale standard tramite il cambiamento di variabile $\frac{x-\mu}{\sigma}$. In particolare si ha: $P(\{ \mu - \sigma \leqslant N \leqslant \mu + \sigma \}) \simeq 68,27\%$, $P(\{ \mu - 2\sigma \leqslant N \leqslant \mu + 2\sigma \}) \simeq 95,45\%$, $P(\{ \mu - 3\sigma \leqslant N \leqslant \mu + 3\sigma \}) \simeq 99,73\%$.

Numerose sono le conferme sperimentali dell'adattamento di svariati fenomeni al teorema del limite centrale. Questa osservazione ha una notevole validità pratica e giustifica entro certi limiti l'utilizzo della distribuzione normale nelle applicazioni. Come affermato dal prof. Giovanni Prodi (cfr. [Prodi, 1992] pag. 265):

"Questo teorema, di straordinaria potenza, ha quasi un tocco di magia: esso indica un procedimento di limite che partendo da una variabile aleatoria *qualsiasi* (*purché di varianza finita*) ci conduce alla distribuzione normale. Nessun enunciato potrebbe meglio sottolineare l'ordine che emerge dal disordine del caso. Tutto ciò spiega il successo della distribuzione normale, che fu applicata per la modellizzazione di innumerevoli fenomeni di tipo aleatorio: è evidente infatti che ogni qualvolta un fenomeno aleatorio si può considerare come sovrapposizione di molte componenti aleatorie fra loro indipendenti, si può supporre che esso venga descritto abbastanza fedelmente da una legge normale."

L'esempio principe è quello tratto dalla fisica sperimentale: è noto infatti che se uno stesso sperimentatore, o sperimentatori diversi, ripetono più volte la misura di una stessa grandezza, i risultati in generale non coincidono tra loro per effetto della presenza di numerosi piccoli errori casuali. Le misure però, in accordo con il teorema del limite centrale, tendono ad addensarsi in prossimità di un valore centrale, identificabile con la loro media aritmetica, dando luogo a una distribuzione di tipo gaussiano.

Vogliamo concludere mostrando esplicitamente un'applicazione di tale situazione.

Consideriamo la seguente situazione: *Carlo e Giacomo hanno l'abitudine di tirare una moneta per decidere chi pagherà il caffè. A fornire la moneta è sempre Carlo. Giacomo osserva che è toccato pagare a lui 64 volte su 100. Giacomo ha l'impressione che gli sia toccato pagare un po' troppo spesso, ma Carlo ha liquidato le sue proteste dicendo che si tratta solo di sfortuna. Cosa ne pensate?*

Denotiamo con X_i la v.a. che rappresenta il risultato dell'i-esimo lancio, cioè la v.a. che vale 1 se Carlo vince e 0 altrimenti. Si può dimostrare che X_i ha speranza matematica 1/2 e varianza 1/4. Il numero di vittorie di Carlo in 100 lanci corrisponde alla v.a. $X = X_1 + \cdots + X_{100}$. La v.a. X risulta essere una variabile aleatoria binomiale di media 50 e varianza 25. La probabilità che Giacomo vinca meno di 36 volte è data da $P(\{X < 36\})$. Il calcolo diretto è pressoché impraticabile (invitiamo il lettore a rendersene conto). Approssimando la v.a X con una v.a. gaussiana (X è il risultato di numerosi piccoli fattori casuali: i singoli lanci della moneta) si perviene a dover calcolare un integrale del tipo sopra visto. Tale integrale come già osservato non è calcolabile elementarmente. In realtà ribadiamo che per effettuare tale calcolo non c'è bisogno di procedere al calcolo del relativo integrale. Basta infatti usare o un opportuno software o delle opportune tavole che forniscono direttamente i valori cercati. Così facendo si ottiene che la probabilità cercata è circa 35%, un po' poco perché si possa pensare a semplice sfortuna!

In questo esercizio l'approssimazione normale è stata usata per stimare una legge binomiale di parametri n e p con n grande. La stessa idea può ovviamente essere usata per approssimare altre leggi di probabilità nel caso in cui i calcoli non ne consentano una determinazione diretta e si sia nelle ipotesi previste dal teorema.

Va comunque tenuto presente che il teorema del limite centrale è un risultato teorico che afferisce a un modello matematico e non alla realtà: in altre parole per la sua validità concreta bisognerebbe verificare nei fenomeni osservati le ipotesi del teorema, cosa nella pratica impossibile. Henri Poincaré osservava criticamente che "tutti" giuravano sulla distribuzione normale perché gli sperimentatori assumevano che essa fosse stata dimostrata matematicamente mentre i matematici la ritenevano acquisita sperimentalmente.

Capitolo 31
Quali rapporti intercorrono tra la probabilità e la statistica matematica?

31.1 Statistica descrittiva e statistica inferenziale

Per comprendere il senso della domanda occorre innanzitutto fare alcune precisazioni terminologiche. Cominciamo col presentare cosa si intende per "statistica" e più specificamente per "statistica matematica". Il termine *statistica* venne introdotto nel diciassettesimo secolo con il significato di "scienza dello stato", per indicare i metodi e le procedure necessari per raccogliere e ordinare informazioni utili alla pubblica amministrazione: stabilire la composizione della popolazione, redigere tavole di mortalità e natalità, raccogliere dati sulla distribuzione della ricchezza, ecc. Sebbene la popolazione naturale di riferimento sia stata inizialmente quella relativa alla "popolazione umana di una data area geografica in una certa epoca", con il passare del tempo ci si è resi conto che il termine "popolazione" poteva avere un'accezione più ampia potendosi riferire ad esempio anche a colonie di batteri, molecole di un gas, ecc.

Nacque così una terminologia specifica che richiamiamo: si dice *unità statistica* la minima entità sulla quale si raccolgono informazioni; si dice *popolazione* l'insieme delle unità statistiche oggetto di studio; si dicono *caratteri* le proprietà che sono oggetto di rilevazione. I caratteri possono essere *quantitativi* o *qualitativi*. Mentre i caratteri qualitativi sono esprimibili tramite espressioni verbali (per esempio celibe/nubile, maschio/femmina, ecc.), i caratteri quantitativi sono esprimibili numericamente (eventualmente accompagnati dalla relativa unità di misura) e si dividono in discreti e continui. I caratteri discreti possono assumere al più un'infinità numerabile di valori (per esempio il numero di alunni in una determinata classe, il numero di batteri in una colonia, il numero di teste in una sequenza illimitata di lanci, ecc.), mentre i caratteri continui possono assumere un qualsiasi valore reale in un dato intervallo (per esempio la statura di una certa categoria di persone, o il peso, ecc.).

In ogni caso lo scopo precipuo della statistica era ed è tuttora quello di descrivere e riassumere una grande mole di dati tramite alcuni parametri significativi. Tali parametri sono usualmente di due tipi: *indici di posizione* (detti anche brevemente *medie*) (per esempio media aritmetica, media armonica, media geometrica, ecc.) e *indici di dispersione* (o *indici di variabilità*) (per es. varianza, scarto quadratico medio, ecc.).

Ricordiamo brevemente le sole definizioni che useremo nel seguito del discorso (il lettore interessato potrà reperire le altre definizioni riguardanti la statistica descrittiva consultando un qualsiasi testo di scuola secondaria superiore che tratti l'argomento), riferendoci per semplicità al caso discreto:

Villani V., Bernardi C., Zoccante S., Porcaro R.: Non solo calcoli. Domande e risposte sui perché della matematica
DOI 10.1007/978-88-470-2610-0_31, © Springer-Verlag Italia 2012

Definizione 36 (Media) *Data una popolazione costituita da n unità statistiche* $x_1, x_2, \ldots, x_n$ *si dice media della popolazione la quantità* $\mu = \frac{\sum_{i=1}^{n} x_i}{n}$.

Definizione 37 (Varianza) *Data una popolazione costituita da n unità statistiche avente media μ, si definisce varianza della popolazione la quantità* $\sigma^2 = \frac{\sum_{i=1}^{n}(x_i - \mu)^2}{n}$.

Definizione 38 (Deviazione standard o scarto quadratico medio) *Data una popolazione costituita da n unità statistiche avente media μ e varianza* σ^2, *si dice deviazione standard (o scarto quadratico medio) della popolazione la radice quadrata della varianza, e si indica con σ.*

Osserviamo che mentre l'uso della deviazione standard garantisce l'omogeneità dimensionale con gli elementi della popolazione, la varianza ha il pregio di fare a meno della radice quadrata, facilitando così i calcoli.

Allo scopo di enfatizzare il mero "carattere descrittivo" di quanto sopra presentato, si ricorre al termine *statistica descrittiva*. È evidente che in tutto ciò il calcolo delle probabilità non viene mai coinvolto.

Tuttavia sfogliando un qualsiasi testo inerente alla statistica, si vede come subito dopo i capitoli inerenti il calcolo delle probabilità e la statistica descrittiva, seguono degli altri capitoli in cui si parla di termini quali "statistica matematica", "statistica inferenziale", e simili.

La ragione di ciò è dovuta ad una semplice osservazione: quando si lavora sulla raccolta e sull'organizzazione dei dati, nascono subito alcune problematiche che "limitano" l'uso della statistica descrittiva. Facciamo un esempio: supponiamo che si voglia conoscere l'indice di gradimento di un certo spettacolo televisivo. Per fare questo occorrerebbe intervistare tutti gli abbonati alla televisione. Ci si rende subito conto che tale modo di procedere è poco praticabile per diversi ordini di motivi: per es. i costi della rilevazione e il lungo tempo necessario per poter reperire le informazioni.

Sarebbe molto più pratico eseguire la rilevazione non su tutta la popolazione bensì su un sottoinsieme limitato di unità statistiche. Tale sottoinsieme viene contraddistinto con la parola *campione*.

Osserviamo che in certe situazioni questo modo di procedere è addirittura obbligato: se per esempio si volesse valutare la durata di vita di un lotto di 10 000 lampadine, prima di metterle in commercio, non sarebbe certo una buona idea effettuare tale valutazione prendendo nota del tempo necessario affiché ogni lampadina si fulmini!

Ovviamente adottando questo modo di procedere sorge spontanea la seguente domanda: *entro quali ipotesi le conclusioni alle quali si giunge relativamente al campione esaminato possono essere considerate valide per l'intera popolazione?*

Tale situazione, non più deterministica data la rinuncia a reperire informazioni certe su ogni singola unità statistica, porta necessariamente a situarsi in un contesto aleatorio e quindi ad usare il calcolo delle probabilità.

La parte della statistica che si occupa di valutare il grado di attendibilità delle informazioni ricavate da un campione (estratto in modo casuale) quando queste

Capitolo 31 • Quali rapporti intercorrono tra la probabilità e la statistica matematica?

277

vengano estese all'intera popolazione, prende il nome di *statistica inferenziale* (dato che deduce dal campione cosa accade alla popolazione) o *statistica matematica* (dato che si usa il calcolo delle probabilità per poter trarre delle conclusioni).

Per poter capire in quali modi questo possa avvenire, proviamo a precisare i termini del discorso. Supponiamo di avere a che fare con una popolazione costituita da N elementi (o eventualmente infinita) da cui si estrae un campione di n elementi (con $n < N$ onde evitare il caso banale). Per poter usare gli strumenti del calcolo delle probabilità occorre garantire la casualità dell'estrazione. Orbene si può pensare di raggiungere lo scopo identificando gli N elementi della popolazione con N palline racchiuse dentro un'urna. La scelta del campione corrisponderà a una estrazione casuale di n palline dall'urna. Le estrazioni possono essere fatte in quattro modi diversi (cfr. capitolo 28), a seconda che si tenga conto o meno dell'ordine e a seconda che si operi o meno con reimmissione nell'urna delle palline estratte. Delle quattro modalità lo schema più logico da seguire sembrerebbe quello che non prevede la reimmissione, sarebbe infatti discutibile che in un campione una stessa unità statistica venisse considerata più di una volta. Tuttavia nella pratica si preferisce fare ricorso alla modellizzazione con reimmissione, ovvero ad uno schema bernoulliano. Questo perché si può dimostrare che se la popolazione è molto numerosa e la numerosità del campione è molto più bassa rispetto a quella della popolazione, la probabilità che in un campione bernoulliano figuri più volte lo stesso elemento è del tutto trascurabile.

Ora poiché sia il campione sia la popolazione possono essere analizzati tramite la statistica descrittiva, occorrerà fare delle precisazioni dal punto di vista delle notazioni. Per capire se ci si riferisce alla media e alla varianza rispettivamente della popolazione o del campione, si usano simboli diversi: generalmente μ e M rispettivamente per la media della popolazione e del campione, σ^2 e S^2 rispettivamente per la varianza della popolazione e del campione.

31.2 Problemi di stima e verifica di ipotesi

Una volta calcolate media e varianza del campione, quali informazioni si possono evincere relativamente agli stessi parametri sulla popolazione?

Distinguiamo due modi di affrontare il problema:

1 cercare di stimare media e/o varianza della popolazione;
2 una volta formulata una congettura, detta *ipotesi*, su una caratteristica della popolazione, stabilire in base ai risultati ottenuti dal campione se tale ipotesi possa essere accettata o rifiutata.

Nel caso 1) si parla di problemi di stima, nel caso 2) di verifica di ipotesi.

Partiamo dal punto 1). La risposta più semplice, ma anche più ingenua, è quella per esempio di assumere come stima di μ la media del campione, ovvero M (e analogamente per la varianza). Che questa posizione sia ingenua è presto verificato: se consideriamo una popolazione costituita dai seguenti elementi 6, 9, 12, 15, 19, 23 e da essa estraiamo il campione 19, 23 si ha $M = 21$, mentre con il calcolo diretto si ha che $\mu = 14$.

Le cose sono in effetti più complesse. Per pervenire alla risposta corretta supponiamo di poter estrarre dalla popolazione tutti i possibili campioni di numerosità n e di calcolare per ognuno di essi media e varianza. Possiamo allora definire una variabile aleatoria X che associa a un particolare campione estratto casualmente la sua media. Si può dimostrare che la speranza matematica di tale variabile aleatoria, corrispondente a $\frac{\sum_{i=1}^{n} X_i}{n}$, e indicata generalmente con $\overline{X}$ è esattamente uguale a μ, ovvero che $\overline{X}$ è una stima puntuale della media della popolazione tale che $E\left[\overline{X}\right] = \mu$ (in tal caso si dice che $\overline{X}$ è uno *stimatore corretto*[1] per μ). Analogamente la quantità $\widehat{S}^2 = \frac{n}{n-1}\sigma^2 = \frac{\sum_{i=1}^{n}(X_i - M)^2}{n-1}$ (detta *varianza corretta*) risulta essere una stima puntuale della varianza della popolazione tale che $E\left[\widehat{S}^2\right] = \sigma^2$ (quindi si tratta nuovamente di uno stimatore corretto).

Ovviamente per definire la v.a. X occorre avere la possibilità di estrarre tutti i possibili campioni e questo è praticabile, nella maggior parte dei casi, solo in via teorica. Per ovviare a questa limitazione si può usare un diverso modo di effettuare la stima noto come *stima per intervallo di confidenza*. In sostanza si rinuncia ad una stima puntuale a vantaggio della possibilità di determinare un intervallo in cui, con probabilità prefissata (e ovviamente sufficientemente alta), cada il valore incognito della media (o della varianza) della popolazione. Si può dimostrare che qualora sia nota la deviazione standard σ della popolazione, fissato un valore α (detto livello di rischio) con $0 < \alpha < 1$, si ha $P\left(\left\{M - z_\alpha \cdot \frac{\sigma}{\sqrt{n}} < \mu < M + z_\alpha \cdot \frac{\sigma}{\sqrt{n}}\right\}\right) = 1 - \alpha$. Il valore $1 - \alpha$ viene detto *livello di confidenza* (o *livello di fiducia*) perché rappresenta la probabilità (ovvero il grado di fiducia) che la media della popolazione cada all'interno dell'intervallo considerato (dove z_α rappresenta il valore assunto da una v.a. normale standard N tale che $P(\{N \leqslant z_\alpha\}) = 1 - \alpha/2$, cfr. capitolo 30).

Osserviamo che aumentando il livello di confidenza (ovvero $1 - \alpha$), diminuisce il livello di rischio (ovvero α), quindi aumenta z_α e dunque l'intervallo di confidenza diventa più ampio. In altre parole se si aumenta il livello di fiducia occorre essere disposti ad accettare una minore precisione sull'intervallo di confidenza.

E se la varianza della popolazione non fosse nota, come spesso avviene ad esempio in medicina? In tal caso basta sostituire al posto della varianza σ la varianza corretta $\widehat{S}$ e al valore z_α della normale il valore di un'altra v.a. detta variabile T di Student, indicata con $_{n-1}t_\alpha$ (cfr. [Abate, 2009]). Tutto questo vale solo nel caso in cui si supponga che la popolazione da cui si estrae il campione segua una distribuzione normale.

Quanto sopra esposto è abitualmente usato nelle nostre scuole da parte del docente di fisica. Egli infatti dopo aver fatto ripetere più volte agli allievi la misura di una certa grandezza, ne fa calcolare il valor medio e la deviazione standard per poi concludere che il valore "vero" della grandezza cercata si trova in un intervallo di centro il valore medio e semi-ampiezza la deviazione standard divisa per la

---

[1]In generale uno stimatore si dice corretto (o non distorto) se la sua speranza matematica coincide con il valore del parametro che si stima (cfr. [Baldi, 1998], pag. 201).

Capitolo 31 • Quali rapporti intercorrono tra la probabilità e la statistica matematica?

279

radice quadrata della numerosità del campione. In particolare nel fare calcolare la deviazione standard, l'insegnante non fa riferimento alla formula della definizione 38, bensì alla formula atta a calcolare $\widehat{S}$. Tale modo di procedere trova la sua giustificazione nel fatto che le misure effettuate dagli allievi costituiscono un campione estratto dalla popolazione di tutte le misurazioni possibili, della quale non si conosce la deviazione standard. L'insegnante fa effettuare agli allievi numerose misure. Questo poiché come regola pratica si può usare la distribuzione normale quando la numerosità del campione è maggiore o uguale di 30 (campione di grandi dimensioni), mentre si deve usare la distribuzione di Student quando la numerosità del campione è più piccola di 30 (campione di piccole dimensioni). Dunque l'insegnante sta implicitamente determinando un intervallo di confidenza per la media della popolazione del tipo $M \pm \dfrac{\widehat{S}}{\sqrt{n}}$. Si può dimostrare che in tal caso il livello di fiducia è del 68% circa (cfr. [Comincioli, 1993], pagg. 253-260).

Veniamo ora al punto 2). Come abbiamo detto inizialmente, si tratta di formulare una congettura (detta ipotesi) sulla popolazione e stabilire se accettarla o respingerla in base a un test effettuato su un campione. L'ipotesi riguarda in genere un valore incognito di un parametro della popolazione, usualmente la media o la varianza della popolazione. Nel seguito per esemplificare ci riferiremo solo alla media. Chiamiamo θ_0 il valore congetturato per la media della popolazione. Possiamo schematizzare il modo di procedere come segue:

- si estrae dalla popolazione un campione per il quale si calcola M;
- si confronta M con il valore θ_0 congetturato e sulla base di tale confronto si decide se l'ipotesi formulata può essere accettata o deve essere rifiutata.

Facciamo un esempio: *Una azienda produttrice di pile elettriche dichiara che la loro durata è di 800 h. Un'azienda interessata al loro acquisto su larga scala, esamina un campione di 100 pile accertando una durata media di 785 h. Si sa che la varianza dell'intera popolazione delle pile è di 3600 h². Cosa si può concludere relativamente alle specifiche della ditta produttrice al livello di significatività del 5%? e del 1%?*

L'azienda ovviamente deve cercare di decidere se la media dichiarata di 800 h (quindi la congettura è che $\theta_0 = 800$) corrisponda o meno a verità sulla base della conoscenza della media di 785 h calcolata sul campione.

In generale potranno presentarsi due alternative:

- $M = \theta_0$;
- $M \neq \theta_0$.

Nel primo caso (che si verifica assai di rado) si è stati solo fortunati o effettivamente si è autorizzati a concludere che anche la media μ della popolazione è uguale a θ_0? E nel secondo caso (quello più frequente) la differenza rilevata è da ritenersi significativa (e dunque $\mu \neq \theta_0$) oppure si tratta solo di una mera casualità e quindi la differenza va ritenuta talmente insignificante da presupporre che $\mu \neq \theta_0$?

In generale l'ipotesi formulata, detta *ipotesi nulla*, viene indicata con H_0 ed è del tipo $H_0 : \mu = \theta_0$ (che è appunto la congettura sulla media della popolazione che si vuole verificare), cui viene contrapposta un'alternativa, detta *ipotesi alternativa*, indicata con H_1, che può essere del tipo $\mu \neq \theta_0$ (ipotesi bilatera), del tipo $\mu > \theta_0$ (ipotesi unilatera destra) o infine $\mu < \theta_0$ (ipotesi unilatera sinistra).

Per dirimere la questione ci viene in aiuto nuovamente il calcolo delle probabilità. L'idea sarà quella di accettare l'ipotesi nulla tramite appunto un modo di procedere di natura probabilistica: partendo dal presupposto che, se le differenze riscontrate sono da attribuirsi al caso, differenze molto elevate tra M e θ_0 sono piuttosto rare, mentre differenze lievi sono piuttosto frequenti, si tratta di trovare un modo per "misurare" quanto si debba ritenere significativa la differenza. Presupponendo che la distribuzione di tali differenze, essendo di natura casuale, sia di tipo normale, si fissa un numero α detto livello di significativà, in corrispondenza del quale si determina un intervallo del tipo $[-z_\alpha, z_\alpha]$ (detta regione di accettazione). Se la differenza $M - \theta_0$ casca in tale intervallo, l'ipotesi nulla viene accettata, altrimenti rifiutata. In altre parole l'intervallo trovato costituisce la zona per la quale si è disposti ad ammettere che la differenza riscontrata sia appunto dovuta al caso.

Nuovamente, come già sottolineato nel caso degli intervalli di confidenza, se la varianza della popolazione non è nota, occorre sostituirla con la varianza corretta e usare al posto della distribuzione normale la distribuzione di Student.

Tornando al nostro esempio, poniamo $H_0 : \mu = 800$ e $H_1 : \mu \neq 800$. Essendo $M = 785$ e $\hat{\sigma} = 60$, determiniamo lo scarto (che viene standardizzato, per poter usare i valori della v.a. normale standard) $\frac{785-800}{\frac{60}{\sqrt{100}}} = -2,5$. Ora se poniamo $\alpha = 5\%$ si ha che la regione di accettazione è $[-1,96; 1,96]$, mentre posto $\alpha = 1\%$ si ha che la regione di accettazione è $[-2,58; 2,58]$. Quindi nel primo caso si rifiuta l'ipotesi nulla, nel secondo caso la si accetta.

I valori di α proposti nell'esempio sono quelli cui usualmente si fà riferimento in tutti i test. Come mai? Per comprenderne il motivo osserviamo che in nessun caso il ragionamento probabilistico usato per effettuare il test ci conduce a delle certezze, in altre parole l'errore è sempre in agguato. Difatti si può essere indotti a rifiutare H_0 quando quest'ultima è vera, o viceversa ad accettarla quando è falsa. Nel primo caso si usa dire che si commette un *errore di prima specie*, nel secondo un *errore di seconda specie*. Possiamo condensare quanto detto in una tabella:

	accettare H_0	rifiutare H_0
H_0 è *vera*	decisione corretta	errore di prima specie
H_0 è *falsa*	errore di seconda specie	decisione corretta

Alla luce di ciò possiamo reinterpretare il valore di α come la probabilità di commettere un errore di prima specie: infatti ammesso che l'ipotesi H_0 sia vera, se la differenza tra M e θ_0 cade nella zona di rifiuto, evento che appunto ha probabilità α, l'ipotesi H_0 viene rifiutata pur essendo vera. Analogamente si è deciso di chiamare β la probabilità di commettere un errore di seconda specie. Ovviamente un test ideale, per non essere soggetto a errori, dovrebbe essere condotto minimizzando contemporaneamente α e β. Ciò però non è possibile perché si può dimostrare (cfr. [Baldi, 1998] pag. 215) che fissata la numerosità del campione, quando si cerca di ridurre α aumenta β e viceversa. Dovendo fare una

Capitolo 31 • Quali rapporti intercorrono tra la probabilità e la statistica matematica?

281

scelta, si preferisce cercare di minimizzare l'errore di prima specie. Per comprenderne il motivo basti pensare a una situazione in cui si voglia valutare la nocività di una sostanza. È evidente che debba considerarsi maggiormente deleterio optare per la non tossicità quando invece la sostanza è realmente velenosa! Questo spiega la scelta di valori standard così bassi per il livello di significatività.

Crediamo che quanto esposto, pur non rendendo ragione in modo esaustivo dell'ampiezza delle problematiche e delle tecniche della statistica inferenziale, possa però sottolineare che il calcolo delle probabilità consente di governare il processo inferenziale caratterizzandone l'insita incertezza e limitandola entro precisi confini.

Capitolo 32
Perché molti pensano che i risultati dei calcoli probabilistici o statistici siano inaffidabili o menzogneri?

Nei capitoli precedenti abbiamo presentato numerose situazioni in cui il calcolo delle probabilità porta a dei paradossi o comunque a situazioni distanti dal "senso comune". La statistica non è da meno: già Trilussa (poeta satirico dialettale, 1871-1950) lo osservava in un celebre sonetto. Eccolo:

LA STATISTICA

Sai che d'è la statistica? È na cosa
che serve pe' fa' un conto in generale
de la gente che nasce, che sta male,
che more, che va in carcere e che sposa.
Ma pe' me la statistica curiosa
è dove c'entra la percentuale,
pe' via che, lì la media è sempre eguale
puro co' la persona bisognosa.
Me spiego: da li conti che se fanno
seconno le statistiche d'adesso
risurta che te tocca un pollo all'anno:
e se non entra ne le spese tue,
t'entra ne la statistica lo stesso
perché c'é antro che ne magna due.

Anche in questo caso si tratta ovviamente di una sorta di paradosso: nel sonetto infatti viene presa in considerazione solo la media aritmetica del numero di polli mangiati annualmente dagli individui di una (ipotetica) popolazione. Ma in statistica dopo aver calcolato la media aritmetica si introducono ulteriori indici atti appunto a misurare la maggiore o minore dispersione dei singoli valori intorno alla media. L'indice di uso più frequente è la deviazione standard (cfr. capitolo 31). Quanto più la deviazione standard è piccola, tanto più la popolazione considerata è omogenea; quanto più la deviazione standard è grande, tanto più la popolazione è eterogenea relativamente alla variabile in esame (nel caso del sonetto il numero annuo di polli mangiati da ciascun individuo).

L'omissione di tali informazioni nel sonetto dà luogo a un errore di prospettiva e di valutazione. Errori di questo genere sono nella maggior parte dei casi involontari, ma talora invece ci si può trovare di fronte a errori intenzionali atti ad avallare una tesi piuttosto che un'altra o addirittura al limite della truffa vera e propria.

Per mettere in guardia il lettore, presentiamo in questo ultimo capitolo un elenco (certamente non esaustivo) di alcuni di questi errori.

Villani V., Bernardi C., Zoccante S., Porcaro R.: Non solo calcoli. Domande e risposte sui perché della matematica
DOI 10.1007/978-88-470-2610-0_32, © Springer-Verlag Italia 2012

- **Si riportano i dati in forma parziale**

  Per esempio: *La ditta X afferma che, su un campione di 10 000 persone intervistate il 75% dichiara di preferire il proprio prodotto Y.*

Commento Ovviamente mancano quantomeno molte precisazioni essenziali. Ad esempio: in quale modo è stato scelto il campione? Quante e quali erano le preferenze proposte? È noto infatti che di fronte ad alternative poco attraenti le persone, per esclusione, sono portate a scegliere l'unica alternativa che pare "accettabile".

- **Si ricorre a rappresentazioni grafiche ingannevoli**

  Per esempio: *Il consumo annuo di latte per abitante è passato da 60 l nel 1950 a 90 l nel 2000.*

Commento La rappresentazione grafica utilizzata in Fig. 32.1 è fuorviante: le misure lineari della bottiglia di sinistra sono in effetti tutte aumentate del $90/60 = 1,5$, ma l'effetto visivo è ben diverso: l'area risulta pressoché raddoppiata e il volume pressoché triplicato! Questo in accordo con il fatto che detto λ il rapporto di similitudine tra due figure simili, il rapporto tra le aree delle due figure è λ^2, mentre il rapporto tra i volumi delle due figure è λ^3. La rappresentazione corretta è quella della Fig. 32.2, dove ad essere aumentato del fattore corretto non sono tutte le dimensioni lineari, bensì il volume originale.

O ancora *consideriamo i grafici rappresentati nelle Figg. 32.3 e 32.4. La Fig. 32.3 sembra indicare una crescita spettacolare laddove la Fig. 32.4 sembra indicare un andamento praticamente stabile.*

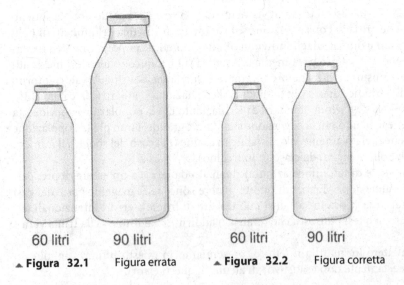

60 litri   90 litri   60 litri   90 litri

▲ **Figura 32.1**   Figura errata   ▲ **Figura 32.2**   Figura corretta

Capitolo 32 • Perché si crede che probabilità e statistica siano menzognere?

285

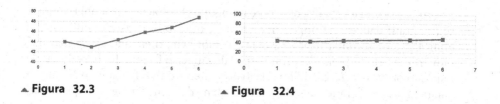

▲ Figura 32.3   **▲ Figura 32.4**

Commento   In realtà nelle due rappresentazioni si è usata una scala verticale diversa che a seconda della tesi che si vuole sostenere può suggerire una interpretazione surrettizia del fenomeno.

- **Ci si basa su ragionamenti pseudo-probabilistici per fare previsioni**
  Per esempio: *Se il primo figlio di una coppia è nato affetto da una malattia ereditaria rara, per compensazione sarà poco probabile che questo si ripeta.*

Commento   Per sfatare questa sorta di "compensazione delle disgrazie" è sufficiente ricorrere al teorema di Bayes (cfr. capitolo 28).

- **Non si tiene conto dell'indipendenza**
  Per esempio: *In lanci ripetuti di una moneta (e in generale in sequenze di prove ripetute) si tende a considerare più probabile una sequenza "maggiormente regolare".*

Commento   Si tratta di una credenza popolare purtroppo diffusa, ma fasulla. Per esempio molte persone sono portate a credere che la sequenza di lanci "TCTCTTCTCC" sia meno probabile della sequenza "TTTTTCCCCC" o della sequenza "TTTTTTTTTT". Questo fatto è stato già oggetto di discussione per quanto riguarda l'assenza di memoria nelle estrazioni del gioco del lotto (cfr. capitolo 29). Ribadiamo ancora che l'indipendenza delle prove garantisce la medesima probabilità di tutte le sequenze.

- **Si ritiene che anche piccoli campioni possano essere rappresentativi della popolazione**
  Per esempio: *In una città ci sono due ospedali. In quello più grande nascono in media 45 bambini al giorno, in quello più piccolo ne nascono 15. Com'è noto il 50% circa dei neonati è di sesso maschile. La percentuale esatta di maschi varia però di giorno in giorno. In alcuni giorni è superiore al 50%, in altri giorni è inferiore. Durante l'ultimo anno i due ospedali hanno registrato il numero di giorni in cui più del 60% dei neonati era di sesso maschile. Qual è l'ospedale che ha registrato il più alto numero di giorni di questo tipo?*

Commento   Di fronte a tale quesito sono possibili tre tipi di risposte:
- è indifferente;
- l'ospedale più grande;
- l'ospedale più piccolo.

La prima risposta è data da coloro che ritengono che poiché entrambi i campioni sono estratti dalla stessa popolazione non c'é motivo di registrare differenze significative. La seconda risposta è data da coloro che ritengono che la maggiore numerosità del campione del primo ospedale influenzi il risultato. In realtà l'unica risposta corretta è la terza: difatti la statistica inferenziale (cfr. capitolo 31) afferma chiaramente che i grandi campioni si discostano dalla media meno di quanto non facciano i piccoli campioni.

- **Si confonde l'indipendenza con l'incompatibilità**

  Per esempio: *È più probabile ottenere almeno un 6 lanciando 4 volte un dado o avere almeno un doppio 6 lanciando 24 volte una coppia di dadi?*

Commento Si tratta di un quesito storico: è uno dei quesiti posti dal Cavalier De Mérè a Blaise Pascal. Il Cavalier De Mérè ragionava in questi termini: la probabilità di ottenere un 6 lanciando un solo dado è 1/6. Con quattro lanci si avrà dunque una probabilità pari a $4 \cdot (1/6) = 2/3$. La probabilità di ottenere un doppio 6 lanciando due dadi è 1/36. Con 24 lanci dei due dadi si avrà dunque una probabilità di $24 \cdot (1/36) = 2/3$. Quindi la probabilità dei due eventi è la stessa. Il Cavaliere De Mérè aveva commesso un errore: quello di sommare la probabilità di un evento 4 volte nel primo caso, e 24 volte nel secondo, come se si trattasse di eventi incompatibili. Blaise Pascal osservò invece, correttamente, che l'uscita di un 6 (o di una coppia di 6) in un lancio non è incompatibile con le successive uscite del 6 (o di una coppia di 6) nei successivi lanci. In altre parole i lanci sono indipendenti, non incompatibili.

Pertanto la probabilità di ottenere almeno un sei su quattro lanci è $1 - \left(\frac{5}{6}\right)^4 \simeq$ 0,5177, mentre la probabilità di ottenere almeno un doppio sei lanciando 24 volte una coppia di dadi è $1 - \left(\frac{35}{36}\right)^4 \simeq 0,4914$.

- **Si ignorano i risultati del calcolo delle probabilità**

  Per esempio: *Consideriamo due giocatori A e B dotati rispettivamente di capitali iniziali di € a e € b, che giocano l'uno contro l'altro a una successione di scommesse di € 1, finché uno dei due perde tutto il suo capitale (rovina del giocatore). Supposto che A abbia in ogni partita probabilità di vincita pari a p, e che B abbia in ogni partita probabilità di vincita pari a q = 1 − p, esistono strategie che portano uno dei giocatori alla vittoria?*

Commento Questa situazione (nota appunto come rovina del giocatore) si presenta sistematicamente in diverse circostanze (si tratta di *passeggiate aleatorie con barriere assorbenti o riflettenti*, per le quali rimandiamo per esempio a [Baldi, 1998], pag 175). Orbene si può dimostrare (con strumenti non del tutto elementari) che non è possibile che il gioco prosegua indefinitamente: in altre parole prima o poi la rovina di uno dei due giocatori è certa. Molti giocatori incauti, e soprattutto ignari di tali risultati teorici, ritengono che in tali situazioni esistano strategie che assicurano una vittoria... rovinandosi la vita!

Capitolo 32 • Perché si crede che probabilità e statistica siano menzognere?

287

A cosa possono servire questi esempi, o esempi analoghi presenti nelle pubblicazioni che affrontano correttamente problematiche che coinvolgono la statistica o il calcolo delle probabilità?

Non abbiamo la pretesa di convincere della necessità di un comportamento razionale dettato da una conoscenza che in generale la matematica e in particolare il calcolo della probabilità e la statistica ci offrono.

Più modestamente abbiamo tentato di fornire ai nostri lettori (e tramite loro, speriamo, alle generazioni più giovani) una panoramica realistica della situazione, lasciandoli liberi di decidere i loro atteggiamenti nei confronti delle problematiche che coinvolgono il caso.

Bibliografia

[A.A.V.V., 1996] A.A.V.V. (1996). *L'Insegnamento della Logica*. Ministero Pubblica Istruzione - Associazione Italiana Logica Applicazioni.

[Abate, 2009] Abate M. (2009). *Matematica e Statistica*. McGraw-Hill, Milano.

[Adams, 2007] Adams A. (2007). *Calcolo differenziale 1 e 2*. Casa Editrice Ambrosiana, Milano.

[Antonini, 2008] Antonini S., Mariotti M.A. (2008). Indirect proof: What is specific to this way of proving? *Zentralblatt für Didaktik der Mathematik*, 40 (3) 401–412.

[Archimede, 1988] Archimede (1988). *Opere*. UTET, Torino.

[Arzarello et al., 1999] Arzarello F., Olivero F., Paola D., Robutti O. (1999). Dalle congetture alle dimostrazioni. Una possibile continuità cognitiva. *L'insegnamento della matematica e delle scienze integrate*, 22 B.: 209–233.

[Baldi, 1998] Baldi P. (1998). *Calcolo delle probabilità e statistica*. McGraw-Hill, Milano.

[Barozzi, 1998] Barozzi G. (1998). *Primo corso di Analisi matematica*. Zanichelli, Bologna.

[Batini, 2004] Batini M. et al. (2004). *Figure Geometriche e Definizioni*. Centro Ricerche Didattiche Ugo Morin, Quaderni della rivista L'Insegnamento della Matematica e delle Scienze Integrate.

[Battaia, 2007] Battaia L. (2007). Taylor, infinitesimi e approssimazioni. *URL: http://www.batmath.it*.

[Bellissima, 1993] Bellissima F., Pagli P. (1993). *La verità trasmessa. La logica attraverso le dimostrazioni matematiche*. Sansoni, Roma.

[Bellissima, 1996] Bellissima F., Pagli P. (1996). *Consequentia mirabilis*. Leo S. Olschki, Firenze.

[Bernardi, 1988] Bernardi C. (1988). Il paradosso dell'ipergioco e un teorema di Cantor. *Archimede*, XL (4) 204–208.

[Bernardi, 1994] Bernardi C. (1994). Problemi per la logica (ovvero, la logica per problemi). *L'insegnamento della Matematica e delle Scienze integrate*, 17 A-B (5) 507–521.

[Bernardi, 1997] Bernardi C. (1997). Come e che cosa dimostrare nell'insegnamento della matematica. *L'insegnamento della Matematica e delle Scienze integrate*, 20 A-B (5) 507–522.

[Bernardi, 2000] Bernardi C. (2000). *Linguaggio naturale e linguaggio logico: parliamo della "e"*. Progetto Alice, I.

[Bernardi, 2008] Bernardi C., Rossini G. (2008). Un problema da discutere. Controesempi e percentuali in una gara di matematica a squadre. *Archimede*, LX: 156–160.

[Bernardi, 2009] Bernardi C. (2009). Un problema da discutere - la caccia al 6 nel superenalotto; ha senso parlare di strategia in un gioco di azzardo? *Archimede*, LXI:207–212.

[Bevilacqua et al., 1992] Bevilacqua R., Bini D., Capovani M., Menchi O. (1992). *Metodi numerici.* Zanichelli, Bologna.

[Bonavoglia, 2007] Bonavoglia P. (2007). L'analisi infinitesimale al liceo classico. una sperimentazione dell'analisi non standard. *Progetto Alice*, VIII(24): 443–464.

[Borga, 1984] Borga M. (1984). *Elementi di logica matematica.* La Goliardica, Roma.

[Bottazzini et al., 1992] Bottazzini U., Freguglia P., Rigatelli Toti L. (1992). *Fonti per la storia della matematica.* Sansoni, Roma.

[Bourbaki, 1980] Bourbaki N. (1980). *Élément de Mathématique.* Masson, Parigi.

[Boyer, 2004] Boyer C. (2004). *Storia della matematica.* Mondadori, Milano.

[Boyer, 2007] Boyer C. (2007). *Storia del calcolo.* Mondadori, Milano.

[Chabert, 1999] Chabert J. (1999). *A History of Algorithms.* Springer, Berlin.

[Childs, 1989] Childs L. (1989). *Algebra un'introduzione concreta.* ETS Editrice, Pisa.

[Chimetto, 2006] Chimetto M.A. (2006). *L'approssimazione nella Didattica della Matematica.* Ghisetti e Corvi Editori, Milano.

[Clark, 2004] Clark M. (2004). *I paradossi dalla A alla Z.* Cortina Editore, Milano.

[Comincioli, 1993] Comincioli V. (1993). *Problemi e Modelli Matematici nelle Scienze Applicate.* Casa Editrice Ambrosiana, Milano.

[Copi, 1999] Copi I.M., Cohen C. (1999). *Introduzione alla logica.* Il Mulino, Bologna.

[Dall'Aglio, 2003] Dall'Aglio G. (2003). *Calcolo delle Probabilità.* Zanichelli, Bologna.

[Davis, 1985] Davis P.J., Hersh R. (1985). *L'esperienza matematica.* Edizioni di Comunitá, Milano.

[Dedò, 1962] Dedò E. (1962). *Matematiche elementari.* Liguori Editore, Napoli.

[DeMarco, 2002] DeMarco G. (2002). *Analisi uno.* Zanichelli, Bologna.

[Devlin, 1992] Devlin K. (1992). *Editoriale di Computers and Mathematics.* Notices AMS.

[DiNasso, 2003] DiNasso M. (2003). I numeri infinitesimi e l'analisi non-standard. *Archimede*, LV: 13–22.

[Eulero, 1748] Eulero L. (1748). *Introductio in analysin infinitorum.* Lausanne.

[Fiori, 2009] Fiori C., Invernizzi S. (2009). *Numeri reali.* Pitagora Editrice, Bologna.

[Giusti, 1984] Giusti E. (1984). A tre secoli dal calcolo: la questione delle origini. *Bollettino U.M.I.*, (6) 3-A.

[Giusti, 2002] Giusti E. (2002). *Analisi matematica 1 e 2.* Boringhieri, Torino.

[Haddon, 2005] Haddon M. (2005). *Lo strano caso del cane ucciso a mezzanotte.* Einaudi.

[Hilbert, 1970] Hilbert D. (1970). *I fondamenti della geometria.* Feltrinelli, Milano.

[Hughes, 1994] Hughes H. (1994). *Changes in the Teaching of Undergraduate Mathematics: the Role of Technology.* Proceedings of the International Congress of Mathematicians, Zurigo, Svizzera.

[Keisler, 2000] Keisler H. (2000). *Elementary Calculus An Infinitesimal Approach.* http://math.wisc.edu/~keisler/calc.html, ii edition.

[Klein, 2004] Klein F. (2004). *Elementary Mathematics from an Advanced Standpoint.* Dover Publications Inc., New York.

[Kline, 1999] Kline M. (1999). *Storia del pensiero matematico.* Einaudi, Torino.

[Leonesi and Toffalori, 2007] Leonesi S., Toffalori C. (2007). *Matematica, miracoli e paradossi - Storie di cardinali da Cantor a Gödel.* Mondadori, Milano.

[Lolli, 1988] Lolli G. (1988). *Capire una dimostrazione.* Il Mulino, Bologna.

[Lolli, 2005] Lolli G. (2005). *QED Fenomenologia della dimostrazione.* Boringhieri, Torino.

[Lolli, 2007] Lolli G. (2007). *Sotto il segno di Gödel.* Il Mulino, Bologna.

[Maffini,] Maffini A. Le origini dell'analisi non-standard: quattro passi nel mondo degli infiniti e degli infinitesimi in atto. *http://math.unipa.it/~grim/analisi-non-st.pdf.*

[Maor, 1994] Maor E. (1994). *The story of a Number.* Princeton University Press.

[Maracchia, 1987] Maracchia S. (1987). *Breve storia della logica antica.* Euroma La Goliardica.

[Matiacic, 2006] Matiacic A. (2006). Un matematico ad "affari tuoi". *Archimede,* 58: 171–178.

[Mendelson, 1972] Mendelson E. (1972). *Introduzione alla logica matematica.* Boringhieri, Torino.

[Mendelson, 2003] Mendelson E. (2003). Qualche osservazione scettica sull'analisi non-standard. *Archimede,* LV: 59–62.

[Mumford, 1997] Mumford D. (1997). *Calculus Reform - For the Millions,* volume 44 n. 5. Notices of the AMS.

[Nagel, 1992] Nagel E., Newman J. (1992). *La prova di Gödel.* Boringhieri, Torino.

[Nelsen, 1993] Nelsen R. (1993). *Proofs without words: exercises in visual thinking.* The Mathematical Association of America.

[Nelsen, 2000] Nelsen R. (2000). *Proofs without words 2: more exercises in visual thinking.* The Mathematical Association of America.

[Niven, 1981] Niven I. (1981). *Maxima and Minima without Calculus.* The Dolciani Mathematical Expositions of MAA.

[Odifreddi, 2001] Odifreddi P. (2001). *C'era una volta un paradosso. Storie di illusioni e verità rovesciate.* Einaudi, Torino.

[Palladino, 2005] Palladino D., Palladino C. (2005). *Breve dizionario di Logica.* Carrocci, Roma.

[Peano, 1911] Peano G. (1911). Le definizioni in matematica. *Arxivs de l'Institut de Ciencies, Any,* 1, Numero 1.

[Peres, 1999] Peres E. (1999). L'inconsistenza dei sistemi per vincere al gioco. *Archimede,* LI: 91–98.

[Prodi, 1992] Prodi G. (1992). *Metodi Matematici e Statistici.* McGraw-Hill, Milano.

[Quarteroni, 2008] Quarteroni A., Saleri F. (2008). *Calcolo scientifico*. Springer-Verlag, Milano.

[Quarteroni et al., 2008] Quarteroni A., Sacco R., Saleri F. (2008). *Matematica numerica*. Springer-Verlag, Milano.

[Rosenthal, 1951] Rosenthal A. (1951). *The History of Calculus*, volume 58 n. 2. The American Mathematical Monthly.

[Sfard, 1991] Sfard A. (1991). *On the dual nature of mathematical conceptions: reflections on processes and objects as different sides of the same coins*, volume 22. Educational Studies in Mathematics.

[Shanker, 1991] Shanker E. (1991). *Il teorema di Gödel*. Muzzio, Padova.

[Sierpinska, 1985] Sierpinska A. (1985). *Obstacles epistemologiques relatif a la notion de limite*, volume 6, 1. Recherches en Didactique des Mathématiques.

[Sitia, 1979] Sitia C. (1979). *La didattica della matematica oggi: problemi, ricerche, orientamenti*, Quaderni dell'Unione Matematica Italiana, Pitagora, Bologna.

[Smullyan, 1985] Smullyan R. (1985). *Donna o tigre? ... e altri indovinelli logici, compreso un racconto matematico sul teorema di Gödel*. Zanichelli, Bologna.

[Toffalori, 2000] Toffalori C., Cintioli P. (2000). *Logica matematica*. McGraw Hill, Milano.

[Villani, 1985] Villani V. (1985). Una tassa sulle illusioni. *Archimede*, XXXVII: 180–187.

[Villani, 2003] Villani V. (2003). *Cominciamo da Zero*. Pitagora, Bologna.

[Villani, 2004] Villani V. (2004). Geometria e software geometrico. Il punto di vista di un matematico. *Progetto Alice*, V(V): 490–492.

[Villani, 2006] Villani V. (2006). *Cominciamo dal Punto*. Pitagora, Bologna.

[Villani, 2007] Villani V. (2007). *Matematica per Discipline Bio-Mediche*. McGraw-Hill, Milano.

[Zoccante, 2002] Zoccante S., Chimetto M. (2002). Antichi algoritmi e nuove tecnologie. *Progetto Alice*, III(7): 63–78.

[Zoccante, 2004] Zoccante S. (2004). La funzione seno: un percorso tra storia e algoritmi. *L'insegnamento della matematica e delle scienze integrate*, 27 A-B(6).

[Zoccante, 2006] Zoccante S. (2006). *L'approssimazione nella Didattica della Matematica*. Ghisetti e Corvi Editori, Milano.

[Zorzi, 2003] Zorzi A. (2003). Automobili, capre e π. *Archimede*, 4: 173–178.

Indice analitico

CONVERGENZE
Collana promossa dall'UMI-CIIM

M.G. Bartolini Bussi, M. Maschietto
Macchine Matematiche
2006, XVI+160 pp, 978-88-470-0402-3

G.C. Barozzi
Aritmetica
2007,VI+124 pp, 978-88-470-0581-5

R. Zan
Difficolt□in matematica
2007, XIV+306 pp, 978-88-470-0583-9

G. Lolli
Guida alla teoria degli insiemi
2008, X+148 pp, 978-88-470-0768-0

M. Donaldson
Come ragionano i bambini
2009, XII+154 pp, 978-88-470-1447-3

F. Ghione, L. Catastini
Matematica e Arte
2010, XVI+162 pp, 978-88-470-1728-3

L. Resta, S. Gaudenzi, S. Alberghi
Matebilandia
2011, XIII+336 pp, 978-88-470-2311-6

E. Delucchi, G. Gaiffi, L. Pernazza
Giochi e percorsi matematici
2012, XII+198 pp, 978-88-470-2615-5

F. Arzarello, C. Dan-, L. Lovera, M. Mosca, N. Nolli, A. Ronco
Dalla geometria di Euclide alla geometria dell□Universo
2012, XII+196 pp, 978-88-470-2573-8

V. Villani, C. Bernardi, S. Zoccante, R. Porcaro
Non solo calcoli
2012, XII+296 pp, 978-88-470-2609-4